1+X 职业技术·职业资格培训教材

美容师

三级

第2版

主　编　董元明

副主编　刘利明

编　者　陈文香　宋晓蕾　徐　蕾

主　审　张文英　程　敏　汪　霞

审　稿　殷秋华　张晓燕

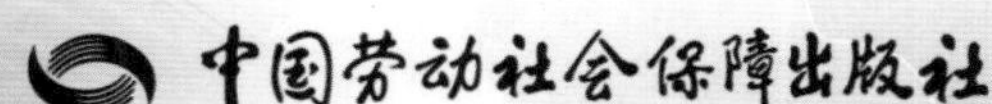

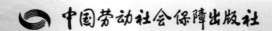

中国劳动社会保障出版社

图书在版编目(CIP)数据

美容师：三级/人力资源和社会保障部教材办公室等组织编写. —2 版. —北京：中国劳动社会保障出版社，2015

1+X 职业技术 · 职业资格培训教材

ISBN 978-7-5167-1582-6

Ⅰ.①美… Ⅱ.①人… Ⅲ.①美容-职业培训-教材 Ⅳ.①TS974.1

中国版本图书馆 CIP 数据核字(2015)第 088876 号

中国劳动社会保障出版社出版发行

（北京市惠新东街 1 号　邮政编码：100029）

*

北京市白帆印务有限公司印刷装订　　新华书店经销

787 毫米×1092 毫米　16 开本　13 印张　8.75 彩色印张　410 千字

2015 年 5 月第 2 版　　2019 年 12 月第 3 次印刷

定价：68.00 元

读者服务部电话：（010）64929211/84209101/64921644

营销中心电话：（010）64962347

出版社网址：http://www.class.com.cn

内 容 简 介

本教材由人力资源和社会保障部教材办公室、中国就业培训技术指导中心上海分中心、上海市职业技能鉴定中心依据上海 1+X 美容师（三级）职业技能鉴定细目组织编写。教材从强化培养操作技能，掌握实用技术的角度出发，较好地体现了当前最新的实用知识与操作技术，对于提高从业人员基本素质、掌握美容师的核心知识与技能有直接的帮助和指导作用。

本教材在编写中根据本职业的工作特点，以能力培养为根本出发点，采用模块化的编写方式。全书共分为 12 章，内容包括美容业概况、咨询与指导、美容院的经营与管理、疑难皮肤问题处理、美容营养学基础、芳香美容与 SPA 护理、减肥与塑身、美胸、中医美容基础、中医美容应用、整体造型、美容专业英语。

本教材可作为美容师（三级）职业技能培训与鉴定考核教材，也可供全国中、高等职业院校相关专业师生参考使用，以及本职业从业人员培训使用。

改版说明

《1+X职业技术·职业资格培训教材——美容师（高级）》自2011年出版以来，受到广大学员和从业者的欢迎，在美容师职业技能培训和资格鉴定考试过程中发挥了巨大作用。

然而，随着美容行业的迅速发展，美容从业人员需要掌握的职业技能有了新的要求，原有美容师职业技能培训和资格鉴定考试的理论及技能操作题库也进行相应提升。为此，人力资源和社会保障部教材办公室、中国就业培训技术指导中心上海分中心与上海市职业技能鉴定中心组织相关方面的专家和技术人员，依据最新的美容师职业技能鉴定细目对教材进行了改版，使之更好地适应社会的发展和行业的需要，更好地为广大学员参加培训和从业人员提升技能服务。

第2版教材以美容行业的发展为导向，适应时尚创新和市场流行的需求，围绕三级美容师应知应会培训大纲，根据教学和技能培训的实践及鉴定细目表，在原教材基础上进行了修改。

为保持本套教材的延续性，顾及原有读者的层次，本次修订围绕三级美容师应知应会培训大纲，根据教学和技能培训的实践及鉴定细目表，在原教材基础上进行了修改。新版教材在结构安排上尊重了原教材，在内容上根据部颁美容师职业标准进行了较大的改动，增加了疑难皮肤问题的处理和美容营养学基础，芳香美容、减肥与瘦身、美胸、中医美容基础知识和应用等章节，使教材内容更广更新，更具有实用性。在操作技能方面，紧扣三级技能鉴定考题。

本教材在编写过程中，化妆部分内容得到了何熠伦老师和孙柳老师的帮助，上海思妍丽职业技术学校提供场地支持。在此，对以上单位和个人提供的热情帮助表示衷心的感谢。

因时间仓促，教材中的不足和疏漏之处在所难免，欢迎读者及业内同人批评指正。

前　　言

职业培训制度的积极推进，尤其是职业资格证书制度的推行，为广大劳动者系统地学习相关职业的知识和技能，提高就业能力、工作能力和职业转换能力提供了可能，同时也为企业选择适应生产需要的合格劳动者提供了依据。

随着我国科学技术的飞速发展和产业结构的不断调整，各种新兴职业应运而生，传统职业中也愈来愈多、愈来愈快地融进了各种新知识、新技术和新工艺。因此，加快培养合格的、适应现代化建设要求的高技能人才就显得尤为迫切。近年来，上海市在加快高技能人才建设方面进行了有益的探索，积累了丰富而宝贵的经验。为优化人力资源结构，加快高技能人才队伍建设，上海市人力资源和社会保障局在提升职业标准、完善技能鉴定方面做了积极的探索和尝试，推出了1＋X培训与鉴定模式。1＋X中的1代表国家职业标准，X是为适应经济发展的需要，对职业的部分知识和技能要求进行的扩充和更新。随着经济发展和技术进步，X将不断被赋予新的内涵，不断得到深化和提升。

上海市1＋X培训与鉴定模式，得到了国家人力资源和社会保障部的支持和肯定。为配合上海市开展的1＋X培训与鉴定的需要，人力资源和社会保障部教材办公室、中国就业培训技术指导中心上海分中心、上海市职业技能鉴定中心联合组织有关方面的专家、技术人员共同编写了职业技术·职业资格培训系列教材。

职业技术·职业资格培训教材严格按照1＋X鉴定考核细目进行编写，教材内容充分反映了当前从事职业活动所需要的核心知识与技能，较好地体现了适用性、先进性与前瞻性。聘请编写1＋X鉴定考核细目的专家，以及相关行业的专家参与教材的编审工作，保证了教材内容的科学性及与鉴定考核细目以及题库的紧密衔接。

职业技术·职业资格培训教材突出了适应职业技能培训的特色，使读者通过学习与培训，不仅有助于通过鉴定考核，而且能够有针对性地进行系统学习，真正掌握本职业的核心技术与操作技能，从而实现从懂得了什么到会做什么的飞跃。

职业技术·职业资格培训教材立足于国家职业标准，也可为全国其他省市开展新职业、新技术职业培训和鉴定考核，以及高技能人才培养提供借鉴或参考。

新教材的编写是一项探索性工作，由于时间紧迫，不足之处在所难免，欢迎各使用单位及个人对教材提出宝贵意见和建议，以便教材修订时补充更正。

人力资源和社会保障部教材办公室
中国就业培训技术指导中心上海分中心
上海市职业技能鉴定中心

目　录

第 1 章　美容业概况

第 2 章　咨询与指导

第 3 章　美容院的经营与管理

第 4 章　疑难皮肤问题处理

第 5 章　美容营养学基础

第 6 章　芳香美容与 SPA 护理

第7章　减肥与塑身

第8章　美胸

第9章　中医美容基础知识

第10章　中医美容应用

第11章　整体造型

第12章　美容专业英语

第 1 章

美容业概况

学习单元1　美容业简介

【学习目标】

1. 了解国内美容行业的现状
2. 熟悉国内美容行业的发展

【知识要求】

一、国内美容行业的现状

美容是一门艺术，它比任何艺术都更直接地追求和塑造人的美。美容也是一门哲学，它研究诠释的是生命，它以人为本，力图完善人的容貌、形体、心态、情绪，使生命充满青春活力。美容师秉承"传播美的文化、缔造美的哲学"信念，为把美容行业推向新的高度而不懈努力。国内美容行业从20世纪80年代中期起步，发展至今已近三十年。美容行业经历了从起步阶段的摸索性成长、中级阶段的思考性发展及现在的蓬勃发展。行业总体呈现出规模式增长、技术水平飞速提高、就业人员规模迅速扩大、工资水平快速提高、营业收入大幅增长等特点。今天的中国已经成为国际美容业增长最为迅速及世界美容业关注的阵地，众多的消费群体、广阔的消费市场拉动了相关领域的快速发展。中国美容产业实际上已经形成包括美容、美发、化妆品、美容器械、教育培训、专业媒体、专业会展和市场营销八大领域在内的综合服务流通产业，具有广阔的空间和强劲的市场渗透力，已被纳入"十二五"服务业总体规划。

1．美容行业基本概况

（1）从业人数最多的行业之一。国内美容行业的就业人数在第三产业中处于激增态势。全国有近550万家各类美容、美发机构，6 000多家美容、美发培训机构，3 500余家化妆品生产企业，美容从业人员总数约4 000万人，成为第三产业中就业人数最多的行业。2012年，中国的美容服务业直接就业者达到800万人，营业总收入达到 1 762 亿元。按美容业的平均年增率进行保守估计，美容从业人员市场缺口巨大，吸引了大量年轻人投身这一行业。

（2）强盛的朝阳产业，有广阔的宏观前景。从 20 世纪 80 年代由美发发展到美容、化妆、SPA、形象设计等，这个行业无论从内涵还是外延都发生了相当大的变化：高额的利润、庞大的市场，每年有难以计数的美容新产品、高科技护理仪器、瘦身设备问世。美容产业属于强盛的朝阳产业，这种快速发展态势表明美容产业是完全竞争的成长型产业：产业的延伸内涵丰富，产业的宏观前景广阔，供求的弹性空间较大。

（3）美容业在国民经济中的地位凸显。《中国美容经济年度报告》指出，中国“美容经济”正在成为继房地产、汽车、电子通信、旅游之后的中国居民“第五大消费热点”。目前中国的美容业主要包括生活美容、整形美容、塑身减肥、美甲、美发、美容化妆品等几个细分市场。从市场整体来看，中国美容行业的各个细分市场都出现了持续增长态势，尤其是以医学美容为主的整形美容行业及美容化妆品行业的增幅更大，日益展现出诱人的前景。

中国美容业目前处于市场发展的较快增长期，美容业在 GDP 和第三产业中所占比重以及就业人数在第三产业中所占比重均呈增长态势。目前中国美容行业市场每年约 3 000 亿元，美容业占 GDP 比重为 1.80%，美容经济平均以每年 15%的速度递增，增长率远远超过了 GDP 的增长率，在国民经济中的地位凸显。

（4）从业人员的综合素质在提升。在起步阶段，美容院门槛较低，对美容师的学历一直没有明确的要求，因此从业人员文化素质相对偏低，接受教育的程度普遍偏低，从业人员大多学历不高，并且年龄偏小，主要通过内部的职业培训来完成技能教育。

随着美容行业的良性发展，对人才的要求也在提高，人才的素质与学历也在不断提升。企业需要的不仅是只会手法或者销售的美容师、美导，而且需要具有专业技能与理论并重的专业型人才。每年经劳动部门正式签发确认的美容教学机构培训出来的各级美容师约 25 万名，大中专院校也设立了相关专业，如医学美容专业，美容、美体专业等。美容教育正在从起初的短期培训转变为技能 + 学历的形式，受过专业理论和实际操作训练的美容毕业生加入美容行业，使从业人员学历得到了提升，行业人才的整体素质也有明显的提高（见图 1—1）。

（5）强大的需求性和可持续性。全球美容消费普及率最高的区域是亚洲，中国的消费市场尤为可观。伴随着中国经济的稳步成长及人民生活的日益富裕，人们的尚美追求日益强烈，美容消费已成为人们生活中不可或缺的新型生活方式。随着经济发展速度和生活水平的提升及行业的完善和成熟，美容业在管理水平、技术能力、经济实力方面都有了相当的经验积累，这种发展态势还将继续保持下去。此外，越来越多的高素质人士和专家学者也加盟到美容行业中，成为行业可持续性发展的重要支撑力量。

图 1—1　我国美容业从业者学历图

2．美容行业发展的基本特征

当今美容行业发展的基本特征呈现出产业化、集团化、成熟化、市场化、国际化的趋势和自律性增强、观念更新快、可持续发展的特性。我国美容业正以全新的姿态、良性转化的发展环境及蓬勃的创业激情，创造更加美好的发展前景。

(1) 产业化。我国美容产业从单一的店面服务，已发展为集美容、美体、医疗美容、化妆、美发、美甲、纹绣、形象设计、色彩等众多服务于一体的庞大产业链。同时，美容产业又衍生出相关的专业仪器、用品、用具、研发、生产、销售等综合性产业，并在每个领域中诞生了龙头品牌和龙头企业。

(2) 集团化。早期的美容业以美容小作坊为主体，经营方式也较单一。今天的美容业已形成了集科研、生产、销售、服务、培训于一体的集团化企业，如上海家化集团公司、天津柔婷集团等。经营方式走向综合，形式也日趋多样化。

(3) 成熟化。早期的美容业店面装修简易，设备用品简单，技术服务范围有限，服务内容单一。目前美容业整体已经成熟化，店面的档次及用具、用品、仪器的品质都发生了根本的改变，技术服务范围拓宽，而且细分服务项目，从业者的素质也大幅提高。

(4) 市场化。美容行业是延伸和拓展空间非常大的产业，已逐步延伸到美化、健康、养生、塑型四个层面。每一个层面经过纵、横向扩展后，生存空间都非常广阔。美容行业依赖市场化运作，已经形成产业规模，在各个领域出现了适合市场需求的优秀的特色品牌和特色服务机构，如思妍丽、美丽田园等。

(5) 国际化。中国的美容业早期较多借用了国外的名和壳，国际大师、国际名牌一度泛滥。但在加入 WTO（世界贸易组织）后的今天，我国美容行业呈现国内外双向互动、渗透日益宽泛和技术交流频繁的现象。我国的美容行业与世界美容业逐步接轨，国际化得到了切实的体现。

3. 美容行业新职业特点

随着我国美容美体业的快速发展，美容美体服务的特色化、项目的细分化特点表现得更加突出，带动了美容院人才职业结构的调整，并使得这一特殊职业群体呈现出一些新的特点。

（1）人员结构年轻化、知识结构跨度大。美容业就业人员年龄结构年轻化，平均年龄仅为 25.5 岁。在美容院里，以技术服务、沟通、销售为主要工作职责的人员年龄基本在 18～25 岁之间。即使是美容院的高层管理人员，如店长、院长等，平均年龄一般也在 23～30 岁之间。由于这种职业准入门槛相对较低，所以从业人员教育程度、知识结构跨度也较大，从初中到大专都有。随着人们观念的转变，美容行业因丰厚的待遇及不断提升的社会地位逐渐吸引了高学历人才，不少大学毕业生都愿意将美容业作为自己的就业意向，投身于这一行业。

（2）人员流动频繁化。近 80%的美容师几乎都有过至少一次的跳槽经历。他们跳槽最主要的原因是待遇因素，占 45%以上，约 34%的人为谋求更大发展空间而跳槽，15%的人因为美容院管理不规范而离开。在美容行业起步阶段，人员的快速流动对于学习新的技术、知识、技能或赢得更多的发展机会是有益处的，但美容师的频繁流动容易导致惯性行为或形成恶性循环，既不利于知识经验的系统储备，也不利于美容院的管理和发展。如果行业的准入资格及相关法律、法规执行力度达到一定程度，待遇得到改善，人才也有相对明确的职业定位，行业的跳槽之风可能会有所改善。

（3）人员定位细分化、服务特色化。顺应时代要求，目前美容院服务的项目品种繁多，服务具有特色，对人员定位更加细分。根据服务项目可分为美容师、美甲师、美体师、香熏师等；根据工作职责可分为美容顾问、美容院店长、美容主管等；根据美容师职业能力可分为初、中、高级及技师和高级技师等。

（4）晋升空间较大。职业发展空间是每个进入职场的人都在思考的一个问题，对美容师来说，职业晋升的机会相对比较多，有较大的发展空间。从初级美容师到高级美容技师，从美容顾问上升到美容导师、美容讲师、培训师、代理经销商、店长、老板，甚至生产企业和学校经营者等，美容行业的职位较多，选择的余地大。而且随着实践经验的日渐丰富及资本原始积累的完成，美容师晋升为高级管理者的也大有人在。

4．美容行业存在的主要问题

(1) 全国美容业管理体系亟待完善。全国美容业管理体系尚未真正形成，相应的法律法规不完备，工商、税务、卫生、物价、技监、公安、特业、消防、劳动保障等各部门的归口管理较为混乱，与美容业的高速发展形成了鲜明的对比。行业管理虽然较初期的无法可依、无章可循的中空状态有了改善，但行业管理仍缺乏力度，管理体系还需完善。

(2) 行业协会的职能和作用仍待加强。各级行业协会还未充分发挥职能和作用，不能完全承担起“完善、规范、提升、促进”的行业发展的历史使命。协会虽多，但存在管理分散、作用面窄的局限性。如何建立健全的协会管理体制、运行机构，如何配合政府相关部门尽快制定标准规范，还需不断探索，在实践中加以完善和发展。

(3) 全国美容市场秩序仍需规范。全国美容业尚无服务技术的鉴定准入机构，服务项目尚不规范，技术名称较为混乱，消费者对产品无法进行正确认知，服务质量及消费者合法利益得不到保障。

(4) 行业诚信度仍需提高。目前，美容行业经营行为存在短视，行业经营尚不透明，行业诚信度仍处在较低水准，缺少社会和行业的约束。夸大其词的宣传、虚假的炒作仍可见到，这不仅有损行业信誉及消费者利益，一些不良从业者的非行业行为也干扰了正常的市场发展秩序。

(5) 从业者素质仍需提升。虽然从业者的知识结构有所提高，但从业者素质明显参差不齐，亟待引进高学历人才。相对于行业的快速发展速度，职业教育水准仍需提高，以期拉升整个行业品质，提供更具优势的服务。

二、国内美容行业的发展趋势

从起初单纯开店赚钱发展至今，美容业已经呈现出许多新的发展趋势。

1．服务项目与内容

(1) 中医美容的深化发展。现代的中医美容学兴起于20世纪末，随着社会的不断进步及中医美容技术的不断创新，中药美容、推拿美容、气功美容、药食美容等逐渐为人们所认识。各种综合美容方法在增强体质、改善容颜、延缓衰老、保持青春美及健康美方面有着不容忽视的作用。传统的中医五行养生目前已被广大美容美体机构认识，并日益深入地指导着其实践操作，中医均衡养生正在日渐明显地成为美容行业的主流趋势，在全面均衡提升所有器官新陈代谢水平基础上有策略地进行组合性调理已成为美容院服务项目开发和营销传播的主要思路，用中医的方法使机体自然健美有着非常可观的前景。

（2）美容与医学结合更加密切。过去，许多人很少将美容与医学联系在一起。随着美容技术与医生的治疗方法相结合的医学美容的推广与实施，有效解决了许多长期困扰顾客的美容问题，越来越多的专业护肤中心开始运用矿泥美容品、精油产品，水疗等。美容与医学的结合，在今后必将得到更深入广泛的发展，对美容业产生更深远的影响。

（3）美容与新科技结合盛行。针对局部问题肌肤，包括痤疮、皮肤暗沉、皱纹、黑斑、晒斑等，单纯的护肤美容是不够的，需要借着特殊仪器、特殊保养品及专业护肤服务才能改善，脉冲光、回春型激光、肉毒杆菌、玻尿酸等新技术能使人达到“美丽”的效果。科技可以塑造美，现在的美容方式通过将声、光、电、水、氧等科技元素运用到肌肤护理中，比以往的生活美容更深入肌肤，能在短期内显现效果。同创伤性的美容相比，新技术更安全、健康；同传统美容相比，新技术操作简单、轻松，效果更全面。以仪器取代手法是美容行业的明显趋势。

（4）养生保健的逐步发展。《黄帝内经》中“不治已病治未病”是一个非常古老的养生理念，这个理念传承已久。美容业发展到今天，美容院已成为了中国现代女性生活中不可或缺的身心休息的最佳去处。如今大部分女性认为，单纯依赖美容手段保持年轻和靓丽是不够的，还必须保持和维护身体的各项机能正常，即保持人体阴阳的平衡统一。美容与养生保健结合，通过综合手段调节人体阴阳的平衡。强调整体调理、健脾活血、缓解压力、放松心情、全面解决皮肤问题的养生保健正在逐渐成为现代美容院的潮流，如体质养生法、经络点穴养生法、保健拔罐、保健刮痧等。这些护理方法注重先调心再养身，保证身心的平衡统一。

（5）男性美容渐成服务体系。在节奏繁忙的现代都市中，男性背负着各种压力，承担着更多的责任，失眠、焦虑、紧张、憔悴等问题接踵而至，所以他们更需要放松和减压。部分男性，特别是20世纪七八十年代出生的年轻人，他们越来越注重个人形象，需要美容保养。所以集高雅健身、美容和休闲于一体的男性美容会所应运而生，倡导一种人们乐于接受的时尚休闲健身方式，为男性营造一个自在、舒心、惬意的轻松空间，在护理身体的同时放飞心情。来到男性专业美容院消费的人士不仅要求美容护肤，而且相当一部分人是来休闲放松的，还有人来定期做身体保健。越来越多的男性对美容新技术趋之若鹜，男性美容逐步形成服务体系，男性美容观念的转变决定了其无限广阔的市场前景。

（6）美容心理咨询理念的导入。美容院除了提供美容服务外，还应该对顾客进行心理辅导。当顾客被皮肤或发质等问题困扰时，内心会烦躁不安，担心会影响美观。

他们到美容院进行皮肤护理时，一定会对护理效果寄予非常大的期望，但又会对美容师是否能解决其烦恼心存疑虑。这时，美容师如果能适时地与顾客交谈，倾听他们的诉说，并不失时机地灌输正确的观念，让他们重新树立信心，放心接受美容师的护理，将会达到事半功倍的效果。

2．美容院经营

(1) 美容院经营连锁化。在美容业，提供优质的产品和服务、建立良好的运作程序、形成良好的口碑和品牌的经营运作模式势在必行。就美容行业而言，连锁经营将是未来发展的主流。大型的连锁店在规模、组织、财力、人员等各方面都比小型美容院优越，且常以强势广告宣传加强其竞争实力。因此，连锁经营具有顽强的生命力与迅速的扩张力。

(2) 美容院经营信息化。美容院信息化经营不但比人工操作更准确和迅速，而且可通过电脑的分析，找到管理上的漏洞，降低经营风险，同时提升美容院的形象。电脑对美容院的经营非常重要，除了基本的资源管理，如顾客基本资料、美容次数、员工基本资料等，顾客的预约登记、客户资料追踪、进货款项处理、产品进出量、员工薪金、商品销售情况都可以由电脑进行处理和管理。另外，美容师在诊断肤质、选择保养类型时，有了电脑分析，不但会使顾客感觉专业，增加对美容师的信任，而且会使美容师工作起来更得心应手。

(3) 美容院形式多样化

1) 美容院实施会员制。高学历、高收入的白领女性和拥有事业成功的女性不断增多，她们已逐渐成为美容院最具消费能力和最活跃的顾客。她们对美容的要求已远远超出“面部美容”的范畴，而进入更深层次的“整体美容”及“心理美容”。这类顾客具有超前的消费意识，注重消费的附加值，属于成熟的消费群体。她们具有一定的美容知识，注重产品的品牌和内在品质，不追求短期的产品功效，以高档产品为主诉求。因此，她们需要寻找一个既能适合个人身份又能满足其社会身份的休闲服务场所——会员制美容美体俱乐部。

实施会员制的美容、美体俱乐部单体规模大，服务项目多，前期投资较高，环境布置讲究，对现场管理水平及从业人员的综合素质要求较高。实施会员制的美容美体俱乐部必须有“会员发展、管理、组织办法”和“会员章程”，并需精心设计会员卡的类别及所享受的权益，同时也要注重对会员资格的审查，必须通过入会费用的测算和精心经营，让会员卡升值，使会员感受到“至尊会员”享受到的“至尊待遇”，而避免会员卡只起美容卡的作用。

2) 休闲式综合美容、美体中心。这种类型的美容、美体中心对周围已有商业服务类配套设施有一定依赖性，不可独立生存，略受商圈的限制，强调交通的便利性。这类美容、美体中心在单体经营规模上较会员制俱乐部要小，但对美容、美发师的形体礼仪、接待技巧、专业素养、沟通技术有较高要求。服务项目的类别相对较少，除常规的美容、美发、减肥、健身、桑拿等之外，他们会通过一两个特色项目带动其他消费。

3）专业店。随着美容业越来越朝着专业化、精致化的方向发展，各类型专业店的设立与生存出现了巨大的市场空间。专业店无论是店面装潢、设备仪器，产品组合，还是技术、咨询，在每一个环节均传递着“专业”的信息。员工具备丰富的专业知识和产品知识，手法纯熟，熟练操作美容仪器、设备。专业店的类别主要有减肥、香熏、美甲、文刺与洗眉、形象设计、形体塑造、化妆品、调理美容、健康食品等，在专业的基础上凸显自己的经营或服务特色，为顾客提供大量的专业化咨询，形成良好的口碑。专门店更容易形成连锁化、网络化经营。

4）综合会所。综合会所是基于准确的顾客定位和需求分析，满足顾客与美容相关联的需求，以形成区别于同业美容院的经营形态。经营者利用不同经营形态的集客力，帮助顾客创造来店消费的理由，即美容的同时常有额外或意想不到的收获，强化并提升顾客的流量。综合会所就是将表面上看起来与美容业完全不同的经营业态与专业美容院结合，强调经营业态的衍生利益，为顾客提供“另类”便利，如与女性时装店、首饰店、布艺店、干洗店、茶艺店、饮品店等结合。

5）家庭式美容院。家庭式美容院指设于商住楼、住宅小区内，采用预约制的小规模美容院，有2～4张美容床，依靠口碑来拥有顾客。美容院具备温馨、亲切的家庭感觉和清新、整洁的环境。同时，员工具备丰富的美容知识、产品经验、美容技能及良好的顾客沟通能力。这种美容院适合真正热爱美容事业并愿意与客人分享心得的资深美容师经营，他们能令顾客产生信赖感。

学习单元2　美容市场的发展趋势

【学习目标】

1. 熟悉化妆品发展趋势
2. 熟悉美容仪器发展趋势

【知识要求】

一、化妆品发展趋势

在我国，自改革开放以来，化妆品工业发展迅速，化妆品市场需求潜力巨大，发展空间广阔，正处在成长期走向成熟期阶段。随着全球化妆品市场的成长及消费者需求的不断增长，全球化妆品市场也出现了一些新的值得关注的趋势。

1．天然美容化妆品依然盛行

随着全球环保呼声的日益高涨，消费者对化妆品安全性要求越来越高。化妆品的安全性不仅关系到消费者的身心健康，也关系到企业和行业的生死存亡。越来越多的消费者关注安全、健康、有效的护理方法。要求化妆品的原料必须来源于自然界中的动植物，主要是植物，尽量减少化学合成物、防腐剂、香精、色素等的使用，对于动物及其相关制品作为化妆品原料的提取必须严格，做到对人类无毒害。植物草本类护肤品的出现，尤其是中草药化妆品，随着与国际接轨，其出口量明显增加，天然美容化妆品依然盛行不衰，市场潜力巨大，发展空间广阔。

2．高科技产品不断开发

传统的护肤三部曲——洁肤、爽肤和润肤，一直是最基础的护肤步骤。但随着年龄的增长，皱纹、肌肤松弛等一些现象开始出现，光靠简单的基础护肤品已不能有效改善肌肤问题，于是人们对具有美容修复功能的化妆品的需求增加，高科技产品应运而生。

（1）生物工程技术。以生物高科技为特征的生物原料已成为美容化妆品业中更新换代的重要技术。生物工程包括基因工程、细胞工程、酶工程、发酵工程、生化工程和转基因工程。随着生物医学技术的发展，人工重组生物工程得以突破，生物细胞因子广泛地应用于美容化妆品，使得美容修复的概念在美容护肤中流行。科学家们利用 DNA 重组技术将人的某种蛋白质基因切割下来，组装到细菌中，让人的基因在细菌中按指令合成人的某种蛋白，获得具有生物效应的生物细胞因子。例如，表皮生长因子（epidermal growth factor，EGF）是由 53 个氨基酸组成的多肽物质，具有强烈的使细胞分裂、繁殖的作用，具有使皮肤光泽、滋润、柔软、防皱、祛斑、美白的多种功能，被称为美容因子。与 EGF 相似的生物工程因子有许多，如碱性成纤维细胞生长因子（bFGF）、酸性成纤维细胞生长因子（αFGF）、神经生长因子（NGF）、倍他转化生长因子（β-TGF）、干扰素（INF）等。添加高效生物因子的化妆品与传统化妆品的不同，前者能在分子水平上对受损细胞进行修复和调整，改善或更新其组织和代谢等；又如促进皮肤细胞的生长、预防皮肤受到各种损伤、调节细胞中色素的平衡等，再创建皮肤的最佳结构和状态，从根本上达到保健皮肤、延缓衰老的目的。

（2）纳米技术。1982年扫描隧道显微镜发明后，便诞生了一门以0.1～100纳米为长度研究分子的技术。如果把化妆品的原料粉碎到纳米级，它能增加皮肤的吸收率和对原料的利用率。传统工艺乳化得到的化妆品膏体内部结构为胶团状或胶束状，其直径为微米，对皮肤渗透能力很弱，不易被表皮细胞吸收。纳米技术应用到化妆品制造业中，能对传统工艺乳化得到的化妆品的缺陷进行很好改进。因为用纳米级功能原料通过纳米技术处理得到的化妆品膏体微粒可以达到纳米级状态，对皮肤渗透性大大增加，皮肤选择吸收功能物质的利用率随之大为提高，事半功倍地发挥护肤、疗肤效果。例如，维生素E（Vit E）即生育酚有延缓衰老的作用，如果外用的话很难通过皮肤而起作用，但采用纳米技术将其包裹起来带进皮肤里去，为表皮细胞所利用，它的嫩肤、除皱、延缓衰老的功能可成倍地增加。再如，二氧化钛（TiO_2）是美容化妆品行业中应用最广泛的防晒剂，如果把它粉碎到纳米级，既能散射紫外线，又能吸收紫外线，起到更好的防晒效果，而且对皮肤不会有刺激。

（3）太空工程技术。现今人类活动的领域从地球、海洋、大气层扩大到第四领域——太空。太空具有高洁净、无菌、强辐射、高真空、微重力的特点，是人类研制、开发新原料最理想的场所，在太空人类可以研制出高质量的原料，达到高效、高产的效果。例如，在地球上花费数年才能提取到的干扰素在太空中一个月就能完成。在地球上要从细菌活细胞所产生的数百种混合物中分离、提取出高纯度的干扰素，由于受地球重力的影响，其难度极大、数量极少、质量也不能保证，但在太空微重力的环境下很容易分离和提取出高纯度、大量的干扰素。在太空条件下提取各种生物工程因子也可以达到非常纯的效果，并且获得量大，极具发展前途。

3．美容化妆品的新原料层出不穷

（1）基因原料。21世纪是生命科学或基因科学的世纪，采用基因工程研究的原料称为基因原料。基因原料是当前基因技术和基因研究中最具潜力，同时也是较成熟的应用领域。EGF、白介素（interleukin）、碱性成纤维生长因子（bFGF）都属于美容基因或美容因子。我们脑垂体分泌的生长激素（HGH）可以促进新陈代谢，使人长高，用在美容化妆品中对皮肤有防皱、延缓衰老的功效。虽然它是激素，因为在脑下垂体中含量极少，也需要通过基因技术大量生产而获取。

（2）海洋原料（ocean ingredients）。海洋是生命最大的栖息地，海洋占地球面积70%，海洋中有机物是陆地上有机物的2倍，海洋中有无穷无尽的活性物质。现在已经从海洋中提取出3 000余种具有开发价值的生物活性物质，海洋是获取化妆品原料的无尽宝库，如甲壳素。甲壳素是从海洋里的蟹、章鱼等甲壳动物中提取出来的一种天然高分子化合物，同时也存在于菌、藻等低等植物的细胞壁中。甲壳素在美容化妆品行业用处广泛，把它们做成胶囊口服，膨胀后可以吸附比它体积大12倍的脂肪，从大便中排出，所以它们可用于减肥。把它们当原料配制成美容面膜，成膜后透气性好，吸水性极佳，既保湿、抗皱，又有抗衰老的效果。如果把甲壳素加入到护肤品中，其良好的保湿效果可以明显改善失水性（干燥性）皮肤。

（3）绿色原料。绿色原料就是采用天然原料，既有良好效果，副作用又少，更不会污染环境。

1）熊果苷。它是从熊果苷、越橘、草莓、沙梨、虎耳草等植物中提取的天然美白活性物质，也是一种酪氨酸酶抑制剂，可以在不影响细胞增殖的条件下，抑制黑色素的形成和使酪氨酸酶的活性降低。

2）沙棘。沙棘俗称酸刺，为胡颓子科沙棘属，落叶灌木或乔本灌木，雌雄异株。我国是沙棘大国，沙棘广泛分布于全国各地，绝大多数为野生。沙棘之树、根、叶、果都是宝。它所含的维生素C量远比有“维生素C王”美称的猕猴桃还高，而且还含有大量氨基酸、微量元素、不饱和脂肪酸、大量类胡萝卜素、黄体素等。沙棘油中还含有60%以上的棕榈脂酸和棕榈油亚麻脂酸，可以消除细胞膜上的自由基，防止脂质过氧化作用。将沙棘有效原料成分加入到化妆品中，有嫩肤、美白、除皱、抗衰老的作用，沙棘属于典型的绿色原料。

3）甘草。甘草黄酮是从特定品种甘草中提取的天然美白剂，既能抑制酪氨酸酶的活性，又能抑制多巴色素互变酶的活性，是一种快速、高效、环保的美白祛斑化妆品添加剂。同时，它还有抗氧化的能力，能清除氧自由基，具有抗炎、抗变态反应的作用。

（4）微生物原料。从无比庞大的微生物中可以提取有效的化妆品原料，不仅来源丰富，而且数量大。例如，从啤酒酵母菌的细胞壁里提取出来的（1，3）β-D葡聚糖、多糖甘露聚糖、蛋白质和矿物质可形成一种新型美容复合体unigucan G-51。它具有保鲜作用，所配制的化妆品具有抗过敏、美肤、抗皱、抗衰老、保湿等功能。它可以融合在乳剂、水剂和凝胶剂中，使用范围广泛。

（5）干细胞美容。干细胞是一种具有自我更新和产生分化能力的细胞，尤其是在早期胚胎发生过程中，它可以产生构成身体器官各种类型的组织，生物学家将它们称为“全能性细胞”(stem cell)。到了个体发育的一定阶段，甚至成体，仍有一部分细胞负责组织的更新和修复，如血液、肠道黏膜上皮、皮肤表皮等。干细胞存在于人的组织细胞中，把它提取出来以后在体外进行培养，可以孵化出各种组织细胞。

二、美容仪器发展趋势

1．仪器美容逐步取代简单的手工美容

随着时代的发展和生活水平的提高，美容护肤已成为一种时尚消费理念，关心自己容颜的女性多会定期到美容院进行护理。以往传统的手工护理只能依靠产品自身解决问题，因而仅停留在表皮层，无法根除肌肤真皮层的问题。按摩虽然能促进皮肤的血液循环，但无法改善松弛、皱纹、色斑等深层问题。由此看来，传统的手工护理已经远远不能满足现代人的需要。随着社会、科技的发展，美容产业也发生了巨大的变化。目前，在国外的美容院中，科技美容、仪器美容已经占到80%以上的份额，这在国内也成为大型美容院发展的方向，美容仪器正在逐步取代简单的手工护理，科技美容的新时代正向我们走来。最新的美容仪器当中含有光学、电学、声学、磁学、力学、热学等高科技新技术的应用，能够将护肤品中的有效成分迅速、深入地输送到肌肤深层，因而能够快速解决肌肤的营养饥渴问题，同时光、电及热效应的作用能够达到肌肤的真皮层甚至更深，解决肌肤深层老化而引起的问题。在人们生活水平的不断提高中，消费者的需求也在不断提高，仪器美容逐步取代简单的手工美容已经是大势所趋，人类在追求科技引领美容护肤的新时代。

2．高科技研发的美容仪器

随着信息时代的不断创新，美容客户的消费心理也正悄然发生改变，由于近年科学技术的进步和广泛普及，出现了一批追求科技、创新、时尚的高消费客户，各种高科技光学美容仪器应运而生。中国的美容业在近几年走向了仪器美容的“快餐时代”，各种美容院、美容机构对美容仪器的科学性及功能性也随之有了越来越多的需求。

现代美容方式越来越趋于理性，高科技美容通过医疗的技术（声、光、电、水、氧等）将科技元素运用到肌肤护理中，比以往的生活美容更深入肌肤，更能在短期显现效果，而较之创伤性的美容，高科技美容则更安全、健康。

越来越多的高科技仪器进入美容院，不仅仅意味着美容设备的更新换代，同时也预示着一个崭新的科技美容时代已经来临，并正在影响和引领美容业整体发展的新潮流，有力地推动着中国的美容院逐步走向高科技时代。

相关链接

高科技仪器介绍

1. Formax Plus 风华水嫩光波仪

这是一种把动力脉冲光（DPC）、射频（RF）应用和红外线（IR）三种应用合而为一的单一平台，它有助于面部、身体肌肤的年轻紧实，更能有效解决体表多余毛发。小小的三种光波却能大大缓解多种肌肤衰老症状，让肌肤如婴儿般柔嫩细致。无论晒斑、老人斑、毛孔粗大、小皱纹，还是皮肤松弛、下垂、体毛多，都可以通过 Formax Plus 风华水嫩光波仪进行护理，使肌肤更年轻、明亮。

2. 白瓷（黑脸）娃娃

这种仪器通过将医疗级纳米炭粉涂在脸上，让它渗入毛孔后，再用激光将炭粉粒子爆破，从而震碎表皮的污垢及角质，所产生的高热能量传导至真皮层，充分刺激皮肤细胞的更新和活力，激发胶原纤维和弹力纤维的修复，利用肌体的天然修复功能，启动新的胶原蛋白有序沉积和排列，从而瞬间祛除幼纹及皱纹、收缩毛孔、平滑皮肤，令肌肤恢复原有弹性。

第 2 章

咨询与指导

学习单元 1　美容心理学与美学相关知识

【学习目标】

1. 了解美容心理学的定义和内容
2. 熟悉美与审美心理
3. 熟悉并掌握现代人体审美观与美容观

【知识要求】

一、美容心理学概述

近年来，随着美容行业的纵深发展，美容心理学在服务工作中的重要性更加凸显。

1．美容心理学的定义

美容心理学是以心理学特别是医学心理学为基础，以美容特别是医学美容实践为领域的应用心理学分支学科。美容心理学是研究人类美容心理现象的科学，是构成美容科学整体的一个重要组成部分。它通过一定的方式、方法，塑造人们美好的心灵，改变人们不良的心理状态，进而使人形成美的心理品质。

2．美容心理学的研究对象

（1）个体容貌对人格形成的影响。

（2）容貌缺陷对人的心理的影响及容貌问题导致的各种心理障碍，包括各种容貌问题引起的神经症的心理咨询、心理诊断、心理治疗、心理疏导。

（3）容貌美的社会价值以及人们对美容的态度和文化观念导致的审美心理差异等社会审美心理学问题。

（4）容貌审美的心理学要素及美容实践中所设计的心理学问题。

3．美容心理学的研究内容

美容心理学的研究内容见表 2—1。

表 2—1　　美容心理学的研究内容

分类	研究内容
容貌审美心理学	主要研究容貌审美所涉及的审美心理学问题，如容貌的美感与丑感、美容中的审美关系、美容审美主体、美容审美客体
容貌发展心理学	研究体像的产生和发展、影响体像的因素，各年龄阶段对自身的审美心理，包括儿童阶段、青年阶段、中年阶段、老年阶段等
美容社会心理学	美容、美容医学与社会心理学有着十分密切的联系，美容社会心理学有十分广泛的研究领域，如美容医学的社会学特征、美容与社会态度、不同人群对美容的态度，包括对一般美容的态度、对社会美容的态度、对医学美容的态度等
美欲、求美动机和行为	研究人的心理需要与美欲的关系，包括美欲的概念、美欲的性质、美欲在需要层次中的位置；美欲的特点及美欲与其他心理需要的关系，如美欲与爱的需要、美欲与尊重的需要、美欲与交往的需要、美欲与自我表现的需要等
求美者人格与心理类型	研究容貌与人格的关系、容貌对人格的影响、容貌与病态人格、求美者的人格特征、美容求术者的心理特征、先天性容貌缺陷者的心理特征、后天性容貌缺陷者的心理特征、美容受术者心理类型等
美容受术者的心理	研究美容受术者的心理状态，包括美容受术者的一般心态、美容受术者的心理特征、美容术前心理疏导、美容手术后的心理反应及心理护理等
容貌缺陷心理学	以缺陷心理学为基础，研究容貌缺陷与心理障碍的关系、心理防卫与容貌缺陷者的心理补偿、容貌缺陷导致的心理障碍，如压抑、抑郁、悲观、缺乏信心、封闭自己等，美容与神经症、变态心理的关系，包括常见的美容神经症
美容心理咨询	研究美容心理咨询的基本含义、目的及内容，美容心理咨询的方式、技巧，美容心理咨询的原则等
心理障碍的诊断与治疗	研究美容心理诊断的意义和内容，美容心理诊断的方法和程序，常用的美容心理测验
心理美容疗法	研究心理与容貌的关系，包括容貌美的心理要素、心理对皮肤美的影响、皮肤美的神经心理学、体形与心理、心理对形体美的影响、心理对容貌的影响等

4．学习美容心理学的意义

通过美容心理学的学习，能使美容师了解求美者的心理状况，了解疾病对人的容貌、身体及心理的影响，了解容貌装扮对社会人际交往活动的心理作用，有助于增强美容师自身社会交际适应能力和对顾客的理解和指导。

二、美与审美心理

审美心理学是研究和阐释人类在审美过程中心理活动规律的心理学分支。所谓审美，主要是指美感的产生和体验，而心理活动则指人的知、情、意。因此，审美心理学也可以说是一门研究和阐释人们美感的产生和体验中的知、情、意的活动过程，以及个性倾向规律的学科。

1．美的含义

美是事物或现象的本质属性，不同类型的事物表现美的方式不同，不同种的事物通过不同的方式展现出自己的美，但其外显状态是随着时间和空间的改变而改变的，它是发展变化的。

（1）根据美被人们感知的程度，可将美分为基本美和一般美。基本美是指世界上一切存在的事物都具有美的属性，美是由事物的产生而存在的，它不会受其内容、外形和给人的印象的改变而改变；一般美是指人的外显需求或内隐需求得到满足且能被人感知到的现象。

（2）根据美的形成方式可将美分为自然美和人为美。自然美是指自然形成的没有经过人类加工过的事物或现象；人为美是指经过人为加工后才显示出美的事物或现象。

2．美感与审美意识

（1）美感。美感是根据个人美的需要而产生的对各种美的体验，是人接触到美的事物所引起的一种感动，是一种赏心悦目、怡情悦性的心理状态，是人们对美的认识、评价与欣赏。美感是指个体在审美活动中由于审美对象刺激感觉器官而引起的感知、想象、理解、情感等多种心理功能协调运动而产生的愉悦体验，它构成审美意识的基础和核心。

（2）审美意识。审美意识是主体对客观感性形象的美学属性的能动反映，即广义的美感。包括审美的感知、感受、趣味、理想、经验、观点和标准等各个方面，是审美心理活动进入思维阶段后的意识活动。人们常通过艺术来研究人的审美意识。人的审美意识首先起源于人与自然的相互作用过程中。自然物的色彩和形象特征，如清澈、秀丽、壮观、优雅、净洁等，使人在作用过程中得到美的感受，人也按照加强这种感受的方向来改造和保护环境，由此形成和发展了人的审美意识。审美意识与社会实践发展的水平有关，并受社会制约，但同时具有人的个性特征。审美陶冶人的情操，提高人的生活质量。

3. 美容与从众

（1）从众。从众是指个体的行为由于群体的压力或引导，向与大多数人相一致的方向变化的现象。

（2）从众与美容的关系。现代社会中人们的爱美热情和愿望已远远地超过了历史上的任何时期。美容作为爱美的一种具体表现，已从简单的描眉涂唇、梳妆打扮发展到今天的护肤养颜、形象设计、塑身减肥等。美容上的从众心理是普遍存在的，也是由女性本身的特殊要求所决定的，她们渴望被接受和喜欢（借由被大多数人认可而融入集体或被群体喜欢）。所谓“人云亦云”“跟着感觉走”，就是这一心理的明显表现。在这种从众心理的驱动下，爱美的女性不甘落后，纷纷效仿别人，积极投身于文眉、减肥、芳香 SPA 等一波接一波的热潮中。美容从业人员要把握时机，因势利导，引导美容业积极、健康、有序地向前发展。

4. 美容与流行

（1）流行。流行是一种普遍的社会心理现象，指社会上一段时间内出现的或某权威性人物倡导的事物、观念、行为方式等被人们接受、采用，进而迅速推广以致消失的过程，又称时尚。流行是人们对某种生活方式的随从和追求，涉及的范围十分广泛。流行是在一定时期内的社会现象，若时间持续较长，就会转化人们的习惯，成为社会传统。社会上流行的某些发式、音乐、动作、话语等，内容虽然各不相同，但它们都有一些共同的特征：新奇性、时效性和周期性。

（2）美容与流行。流行并不具有社会的强制力，它与风俗不同，违反风俗往往会遭到社会的反对，而不追随流行并不会遭到人们的指责，人们追求流行是基于心理上的种种需要。例如，求新、求异的流行心理就是以追求商品和非商品的新颖、奇特、时髦和与众不同为主要目的的消费心理，其核心是“时髦”和“盛行”。具有这种消费心理的顾客一般比较注重美容院的装修、规模、档次和新增设的美容项目，注重产品的品牌、质量、功能、包装、效果，注重环境、服务等方面的特色，追求流行、新奇、时髦或与众不同。对陈旧、落后、地方性的老牌子的产品及项目不愿问津。这些顾客求美心切，富于幻想，渴望变化，接受新事物快，经济条件也比较好，一般对商品的价格不太在乎。根据流行产生的原因和特点，美容工作者要善于挖掘题材，制造社会流行趋势，不断为企业推出新的产品和服务，营造积极的、可持续发展的市场环境。

三、现代人体审美观与美容观

审美观是一个人用什么样的审美观点、抱什么样的审美态度和运用什么样的审美方法对自然景观、社会生活、文学艺术和人生进行审美活动的总称，是一个人审美情趣和审美理想的集中表现。人体美的审美标准是复杂的，它既有统一性，又有多样性，不存在永恒的、绝对不变的标准。人们的审美在不同时期有着不同变化。随着时代发展及传统社会向现代社会的转型等变化，当前的审美观既受到传统思维模式的束缚，也受到现代观念的冲击。

1．崇尚健康活力美

人体生理功能健全和机体健康是容貌美的基础，任何一种美都离不开审美对象本身所具有的正常规律，人体美也不例外。如果人体生理功能有问题，会直接影响容貌的审美，并有可能形成容貌的生理缺陷，由此引发心理问题，进而影响人体美感。例如，面部神经麻痹者虽然发育良好，但神经传导发生障碍，不能支配所属肌肉活动，出现眼睑下垂、歪嘴等症状，破坏了面部对称和谐的关系而使美感消失；关节病变者行走时步履艰难，姿态僵直生硬，便失去美感。这些都说明，只有各个器官的功能正常，才能显示出人体之美。

中国古代崇尚纤柔、病态的美，现代人则崇尚健康且充满活力之美。

2．崇尚整体和谐美

人体的整体和谐来自均衡、对称、协调等形式美因素。人体的整体美是由多个局部构成的，各部分之间相互联系又相互制约。例如，一张小脸配上很大的鼻子就很不和谐；东方人的扁圆脸配上欧式双重睑也会感觉别扭；有的人五官单看很平凡，但是组合起来看却很协调，给人以美感。因此，整体和谐是人体美不可缺少的要素。我国早就有面部的“三庭五眼”，它阐明了人体面部正面观纵向和横向的比例关系。在传统的中国画法里，关于头身的比例关系有“立七、坐五、盘三半”的说法，西方的面部黄金分割法的黄金比值是1.618，若人体的各种比例关系均衡、对称、协调就会产生和谐感。

3．崇尚自然个性美

在古代，人们对女性美的认识和取向一般是柔弱的美、温柔贤淑的美、婉约含蓄的美、温文尔雅的美，所以林黛玉式、西施捧心式的美符合当时人们的审美观。进入现代社会，随着旧的思想牢笼和樊篱被打破，尤其是随着东西方文化的交流和互相影响，女性得到了前所未有的解放和自由。西方国家女性的热情奔放、活泼健康、豪爽开朗的性格深刻影响了东方女性对美的认识。人们对美的评价标准逐渐发生了变化，追求健康自然美、追求个性美、追求外向美成为一种时尚。美没有永恒的标准，一个时代有一个时代的特点，在这个标新立异的时代，每个人都是独一无二的，弘扬自然个性美也是时代的特征。

四、美容心理需要

1．需要的概述

（1）定义。需要是人脑对生理需求和社会需求的反映，即人的物质需要和精神需要。它既是一种主观状态，也是一种客观需求的反应。

需要是指人们缺乏某东西而产生的一种“想得到”的心理状态，通常以对某种客体的欲望、意愿、兴趣等形式表现出来。

（2）需要分类

1）自然需要（生物性需要）：进食需要、饮水需要、睡眠和觉醒需要、性需要。

2）社会需要：劳动需要、交往需要、成就需要。

（3）需要层次。需要的层次理论是美国心理学家马斯洛提出来的。人的需要包括不同的层次，由低层次向高层次发展。层次越低的需要强度越大，人们优先满足较低层次的需要，再依次满足较高层次的需要。马斯洛把需要分为五个层次，即生理需要、安全需要、归属与爱的需要、尊重的需要和自我实现的需要。

2．美容心理需要与其他心理需要的关系

“爱美之心，人皆有之”，对美的向往和追求是人类的天性。它与原始的饥渴需要、性欲需要、安全需要等有直接的联系，是建立在原始本能上的社会化的文明需要。一个人的容貌符合社会对人体审美的要求，就会得到更多的认同、肯定和赞赏，使个人获得良好的社会适应感和自信心。

（1）美欲的概念。美欲是人在社会生活中逐步感知和形成的需要。美欲是人的最基本追求，是一种本能，是人们在解决生理、心理问题后进入的自身生命美感阶段。也就是说，在保证生理、心理健康的同时，美欲是人的最基本追求。

“美欲”是让社会认同的需要，不被社会接受的人是痛苦、寂寞的。“美丽”是获得关爱的通行证，无论是具有外形的美还是拥有美的内涵，都是社会所选择的美。

（2）美欲与爱的需要。人生于社会，需要周围人的关爱，在社会生活中，美可以轻松地带来友谊、爱情甚至众人的仰慕之情。人们总是自觉不自觉地用符合社会审美观的评价标准来认识自己的容貌，并努力通过各种途径使自己的容貌达到社会的审美

要求。在历史上曾有不惜用裹足、束腰等牺牲健康的行为来换取该时代所认可的美的案例，男性同样会为获得女性的爱而美化自己。

(3) 美欲与自我实现的需要。在社会生活中，有吸引力的人易于在初次见面时获得好感，从而较容易获得成功；反之，有肢体缺陷的人常不容易被接受，行事不能如意，易受挫折。

3．求美动机与产生的原因

求美动机与人的多种心理需要均有关联，根据求美的动机和心理，求美者的类型大致有以下几种：

(1) 单纯性动机。祛斑、除痣、减肥等功能性求美动机，以及一些审美观正确、目的较为单纯的求美动机属于这一类，单纯为了“美貌”“好看”。事实上，单纯性动机的背后仍是心理、社会层面的动机，单纯性的求美动机只是相对于复杂的从属性求美动机而言。

(2) 从属性动机。从属性动机是为了满足社会心理需要而产生的求美动机，如恋爱、婚姻、求职的需要，适应时代、环境的需要，从众与模仿（追星）的需要等，是在单纯性改变外表之外更高层次的、复合性的求美动机。

(3) 病态求美动机。病态求美动机是指超出了一般正常人心理需要的求美动机。这种动机产生的原因复杂，一般由异常的心理、情绪、思维、人格或精神疾病等所导致，如自恋型人格障碍等。这类求美动机超出了正常的美容范围，求美者容易对护理效果、治疗结果不满意，但还是会持续不断地再次要求护理或治疗，容易出现问题而导致恶性循环。美容师要重视对这类顾客的心理评估，根据患者的动机鉴别其是否存在病态心理，从而防止不良结果的出现。

美容心理护理是美容实践过程中的一个重要环节。求美者的心理特征十分复杂，了解求美者的求美动机、心理特点及护理方式、心理护理要点，对取得满意的美容效果意义重大。

相关链接

人们的美容动机

随着经济的不断发展和人们生活水平的日益提高，对美的追求更加高涨，走进美容院的人日趋增多。探究美容热的原因，就要了解人们的美容动机。通过问卷调查，人们美容的动机情况如下：

- 延缓衰老——84.4%。
- 放松享受——65.6%。
- 增强自信心——54.2%。
- 工作的需要——35.4%。
- 追赶时髦——19.8%。
- 维系婚姻——15.6%。

4．美容心理需求

美容师要下功夫了解顾客的美容心理，掌握顾客的美容需求，以此解决顾客美容的实际问题，赢得顾客的信赖，使之成为稳定的客源，因为美容市场的竞争就是客源的竞争，争取和维持顾客是美容院生存和发展的使命，是保障美容院长效经营的法则。

美容心理需求的类别和相应特征见表2—2。

表2—2　美容心理需求的类别和相应特征表

美容心理需求类别	美容心理需求特征
求美心理	美容院的顾客多为女性。天生爱美的女性都想通过美容来更加美化自己，变得更加靓丽、健康、青春常在
求轻松心理	高度紧张和快节奏生活使现代人的精神负担日渐沉重，繁忙的日常事务和复杂的人际关系困扰着人们，因而现代人最沉重的负担不是来自体力，而是来自精神。美容院向顾客提供的正是这令人“放松”的生活方式
求平衡心理	用脑过度使人们的脑力与体力失去平衡，简单、轻松的生活令人觉得单调乏味，而过于复杂、紧张的生活又会使人觉得难以应付。所以人们要在这两个极端之间寻找一个平衡点，以求在变化与稳定、复杂与简单、新奇与熟悉、紧张与轻松等矛盾心理中寻找一种平衡
恐惧心理	人的皮肤随着年龄的增长会出现皱纹、斑点，并失去弹性和光泽而逐渐老化。女性出于这种害怕自己的皮肤过早老化而使青春流逝、容颜衰老的心理，走进美容院寻求驻颜防衰之法
虚荣心理	一些女性想以美容来增强自己的自信心，更想得到他人的赞许。还有一些女性则以消费名牌美容产品、步入高档美容院炫耀自己的经济实力、社会地位、消费层次和品位，向别人夸示自己，以获得某些心理上的满足

相关链接

美容与身心疾患

1. 心因性多饮多食症——肥胖症

肥胖症的发生是多因性的，饮食习惯与食量过多是重要原因，性格内向、喜静、运动不足的人多具有发生肥胖的可能性。有人发现当情绪波动时有74%的肥胖症患者食量增加，而非肥胖症者在心理障碍时则吃得较少。另外，肥胖人随着体重的增加，活动日渐减少，从而形成一种恶性循环。

2. 心因性厌食——神经性厌食症

随着减肥热潮的高涨，减肥失当的患者越来越多，一种比较严重的减肥并发症——神经性厌食症也接踵而至。神经性厌食症主要见于25岁以前的女子，是由于食欲降低致使体重极度下降而引起的一种疾病。日本学者从近10～20年对此病的观察研究中发现，其死亡率已由5.9%上升至15%。有些少女错误地认为越瘦越美，惧怕肥胖。她们的减肥要求往往过高，减肥措施又不合理，致使出现明显的消瘦仍在减肥。

学习单元2 美 容 咨 询

【学习目标】

1. 熟悉咨询的作用
2. 掌握咨询的方法与技巧
3. 掌握讲解和解疑答惑的方法
4. 能够正确处理纠纷

【知识要求】

一、美容咨询的概述

咨询是通过某些人头脑中所储备的知识经验和通过对各种信息资料的综合加工而

进行的综合性研究开发。在中国古代“咨”和“询”原是两个词，“咨”是商量，“询”是询问，后来逐渐形成一个复合词，具有询问、谋划、商量、磋商等意思。咨询是心理学的应用分支，目的是帮助人应对生活中的困扰，更好地发展，增加生活的幸福感。咨询工作人员必须具备三种素质：令人信赖的专业知识背景，足够的专业技术、技能和良好的职业道德规范。美容咨询对专业美容师来说也是一项颇具挑战性的任务。

1．美容咨询的作用

（1）明确顾客美容方面的疑难问题，帮助顾客应对形象和容颜中的困扰。

（2）可增进顾客信赖度。美容心理咨询是美容师与顾客沟通、交流、互相理解最重要的途径，良好的咨询可以增进顾客对美容师专业服务的信赖。

2．美容咨询所需条件

（1）注重首轮印象是美容咨询的前提条件。美容师和顾客初次见面的瞬间即给顾客留下第一印象，通常顾客首先会以第一次的印象来判断此美容师是否有亲和力及能否值得信赖等。有亲和力是促成合作的起因，只有具有了合作意向，才会使双方进行合作。顾客其次看美容师的脸色、表情及肌肤状态，观察她是否为人信服。假如美容咨询师本身的皮肤问题比顾客还要严重，那么，即使对顾客提供再好的建议，也难获得其信赖。

（2）理解顾客是美容咨询的必要条件。一般进行咨询时，美容师要全神贯注地倾听顾客对美容问题的诉求，洞察、揣摩顾客心理，并更进一步理解顾客的苦楚或期望，与之相共鸣，进而能设身处地站在顾客的立场提出解决方案。为了取得顾客的信赖，美容师需要具备温柔亲切的接待态度、优雅的言语措辞和令人信赖的专业技术。

（3）因人而异的接待方式是美容咨询的重要条件。来美容院的顾客都带着不同的美容、美体困扰，希望获得专业的指导和护理。所以美容咨询师就要仔细观察顾客的皮肤状况及体型问题，与顾客积极沟通，严肃应对，收集正确的素材和资料，因人而异地提出切实的解决方法或建议。

3．美容咨询的注意事项

（1）说话方法。美容师最佳的说话法是和蔼可亲的语调中带有说服力，要面带笑容，平视对方的眼睛，通过及时观察顾客的反应情况判断他们是否愿意继续谈话，并设法与顾客说话的节奏保持一致。而对顾客非常在意或涉及隐私的问题时，美容师应放低声音提出相关建议。这种为顾客着想的说话方法会增加对方的安全感，使咨询顺利进行。

（2）聆听方法。“善言者即善听者”，专业的美容师懂得善听，就会使顾客无话不谈。聆听是美容咨询环节中最重要的部分，足以影响之后所要进行的美容技术服务。

因此，美容师在聆听时应遵循以下基本原则：

1）美容师在听对方说话的途中需适时回应，可使谈话顺利进行，但不可在谈话告一段前时提出批评或评论，要听到顾客完整的表达。

2）聆听时，美容师需要配合顾客的喜怒哀乐来改变表情，但不可太夸张。

3）聆听时，美容师一定要面对顾客，注视对方的眼睛。

4）美容师需听清楚顾客的心事，彼此获得共鸣，让双方沟通可以顺利进行。

5）不需勉强就能够了解顾客想法的谈话为最佳。

6）当美容师和顾客的沟通步调无法一致时，美容师应配合顾客调整自己的节拍，适时地做相同的动作，让顾客有亲切感，对聆听法也很有效果。

（3）态度、言语措辞。美容师要以轻松平和的态度面对顾客，说话要有礼貌，并根据顾客的年龄，分别使用不同的礼貌用语。

（4）穿着打扮

1）注重整体清洁感。在美容院里美容师必须穿工作服，应以整体的清洁感为穿着和打扮的基本原则。

2）穿着应便于活动。

3）化妆及发型。化妆要使人感觉自然、清新、有精神，要使用适合自己特点的色彩或加强局部的修饰，使装饰更具有个性化。

二、美容咨询的方法和步骤

1．美容咨询的方法

美容咨询主要是作用在顾客的心理层面，而能影响顾客心理的因素。美容咨询不仅要注意完美的第一印象和美容师的体贴应对，还要注重进行咨询的环境与气氛等。影响顾客五感的要件都可以改变顾客的心情，也是美容师不可忽略的。美容院应创造舒适温馨的美容环境，如轻松的音乐、怡人的芳香、柔和的照明及协调的色彩等，让顾客的身心得到满足和放松。

（1）询问。来到美容院的顾客有各自不同的目的，有的期待有效果的美容，有的是来舒缓放松一下，有的是为婚前保养。所以咨询师首先必须详细了解顾客来美容院的动机，掌握顾客的需求，并依据顾客的性格，询问一些与其知识程度及心理对应的问题。

1）开放式询问。这是咨询师提出的没有预设的答案，顾客也不能简单地用一两个字或一两句话来回答的问题。咨询师通常使用“什么”（原因）、“为什么”（获得事实、资料）、“愿不愿意”（征求意见）等词来发问，让顾客就有关皮肤、容貌、体型等方面的问题详细地说明。一般来说，含有“什么”的询问往往能获得一些事实及资料。例如，对于患青春痘的顾客，美容师可询问其形成原因、恶化理由及是否愿意护理。

使用开放式询问时，咨询师应重视良好的咨询关系基础，离开了这一点，就可能使顾客产生一种被询问、被剖析的感觉，从而产生阻抗。

2）封闭式询问。咨询师提出的这类问题带有预设的答案，顾客的回答不需要展开，从而使咨询师可以明确某些问题。封闭式询问通常使用“是不是”“对不对”“要不要”“有没有”等词，而回答也只能使用“是”“否”等简单字眼。

这种询问常用来收集资料并加以条理化而获取重点。若过多地使用封闭式询问，就会使顾客陷入被动回答之中，其自我表达的愿望和积极性就会受到压制，使之沉默甚至有压抑感。面谈应使顾客有机会充分地表达自己，而封闭性询问则剥夺了顾客的这种机会。

（2）讲解。顾客是为了消除自己的苦恼，才会抱着希望到美容院寻求解决的方法。美容师必须有足够的专业知识应对，并用纯熟的专业技术指导顾客的日常保养。

1）讲解美容项目的功效、原理。

2）讲解美容项目的方法及步骤。

3）介绍所用的产品。

4）讲清美容护理的时间安排。

5）讲解美容项目的效果。

（3）解答疑难。美容师要以自信与诚意的态度建立亲切的人际关系。站在顾客的立场思考，为顾客解疑释惑，并给出正确的答案。

1）解答顾客对美容效果的质疑。

2）解答顾客护理疗程期间皮肤问题复发或加重的质疑。

3）解答护理过程中出现的暂时性现象并正确认识。

4）当顾客与美容师的审美观不一致，美容师要释疑。

（4）探究个案原因，从而对症下药。

1）对于前来寻求服务的顾客，在了解其苦恼原因和要求之后，美容师应再继续咨询其是否因看到宣传海报或经人介绍才来美容院的。由于促成顾客美容动机的因素有很多，可借此了解顾客对于美容的认识程度。详细评估顾客的身体状况、日常生活方式和生活环境等，美容师才能有的放矢地制定护理方案。

2）不同的个案原因不同，应向顾客说明整个状况，从而对症下药，并简单扼要地向其说明将来要进行的美容服务项目、方式及效果。

3）提供并说明简易的居家保养方法，使顾客能尽力与美容师配合，提高美容功效。

4）根据顾客的预算和期望，为其设计合理的有效果的项目和疗程。

2．美容咨询的步骤、要点、注意事项（见表 2—3）

表 2—3　　美容咨询的步骤、要点、注意事项

步骤	要点	注意事项
初次面谈	1. 笑容满面，和蔼可亲 2. 让顾客有充裕的时间 3. 从一般的话题开始谈（季节、兴趣、流行、美食等）	1. 给顾客以安心的表情、言辞和态度 2. 不要一坐下来就马上开始谈话 3. 从确认姓名、出生年月等转移到一般话题，同时探求性格、生活环境等
培养信赖感	1. 缓和紧张感和距离感，带给顾客亲近感 2. 了解顾客来美容院的目的	1. 首先考虑消除不安全感、紧张感，必须有亲切的谈话 2. 按照顾客来的目的决定谈话方式
听、触摸、看、等候	1. 听取顾客倾诉苦恼 2. 无条件予以积极的关心 3. 共同的感性的理解 4. 询问	1. 听清楚顾客的苦恼 2. 不要掺入自己的想法，表现出积极的关心 3. 在顾客与美容师的各种体验中找出共同的因素 4. 把重点放在顾客的心情上
重复发言	1. 确认形成苦恼的原因 2. 诱导顾客自觉发现问题	1. 从应答中确认原因，找出苦恼的因素 2. 诱导顾客自觉找出消除苦恼的方法 3. 改变日常生活习惯等
言语的表现	1. 看顾客的表情 2. 视顾客的态度 3. 听顾客的声音	1. 判断对方的常识水准，予以回应 2. 简易扼要地说明美容效果
结束判断	1. 咨询结束时间 2. 出现即将结束的状况时 3. 即将结束而情况较差时 4. 使顾客自觉、自信	1. 认为已达成当初设定的目标时 2. 共同思考情况转差的原因 3. 自己判断不会再回到以前的状态时

三、顾客类型与咨询建议

顾客类型与咨询建议见表2—4。

表2—4　　顾客类型与咨询建议

顾客类型	特征	咨询建议
需求性	1. 对皮肤的改善有急迫的需求 2. 对美容效果和显效时间非常注重，对价格不太关心 3. 购买或接受服务后，会对效果极度关心	1. 对美容效果的评价务求留有余地，以期换取对方的信任 2. 此类顾客一般都有较强的消费能力 3. 由于此类顾客多关心效果，而对价格不甚关心，在销售时可采取以价格论成效的方法推销高价位服务
可有可无型	1. 以体验为主，消费随意，无明显的目的性，常有从众心理 2. 消费时间、地点和金额不定，带有明显的可推迟性	1. 首次服务的效果和沟通十分重要 2. 引导成为长期顾客
讲面子型	1. 消费一般以高档营养型护理为主 2. 对服务要求严格，务求高消费，较易被说服 3. 自尊心极强，易被说服 4. 对价格较敏感，但一般能接受 5. 常在短时间内进行大量消费 6. 多为群体消费，具有攀比性	1. 高品质的产品、服务和价格是与此类顾客地位和心理相适应的最佳选择 2. 群体消费中的攀比性促动消费
渐进型	1. 逐渐了解并消费，寻求对人的了解和自我心理上的放松 2. 注重心理的满足和沟通 3. 消费价格高低不等，但消费金额相对稳定，一般可持续消费，但其消费数量不易扩大 4. 消费时常有“隐蔽性消费”的要求	1. 这是美容师最该尊重和爱护的顾客群，由于消费稳定，因此这一群体是维持美容院基础消费额的关键 2. 这一群体也是美容院口碑传诵和新产品推广使用的重要群体
免费型	1. 消费态度十分强硬，满不在乎，或者温柔体谅 2. 消费价格十分昂贵或以满足基本消费为主	这是唯一不需要销售建议的群体，此群体常表现出明显的极化特点

四、护理计划建议

为了正确判断美容咨询所获得的资料，并结合专业的美容服务，美容师在从事咨询工作时，皆应使用咨询记录卡，并以此记录追踪顾客的状况，掌握顾客的护理效果，为顾客拟订更完善的、科学的护理计划。

美容咨询记录卡见表 2—5。

表 2—5　　美容咨询记录卡

<table>
<tr><td colspan="3">咨询卡</td></tr>
<tr><td>咨询日期：________</td><td>姓名：________</td><td>性别：________</td></tr>
<tr><td>年龄：________</td><td>联系电话：________</td><td>E—mail：________</td></tr>
<tr><td colspan="2">地址：________</td><td>既往美容史：________</td></tr>
<tr><td colspan="2">过敏史：________</td><td>医疗资料：________</td></tr>
<tr><td colspan="2">职业：________</td><td>介绍人：________</td></tr>
<tr><td colspan="3">皮肤状况</td></tr>
<tr><td colspan="2">一般情况</td><td>面部问题状况</td></tr>
<tr><td colspan="2">皮肤类型：</td><td>粉刺：</td></tr>
<tr><td colspan="2">毛孔大小：</td><td>面疱：</td></tr>
<tr><td colspan="2">湿润性：</td><td>色斑：</td></tr>
<tr><td colspan="2">皮肤厚薄：</td><td>微细血管破裂：</td></tr>
<tr><td colspan="2">皮肤色泽：</td><td>疤痕：</td></tr>
<tr><td colspan="2">弹性：</td><td>酒糟鼻：</td></tr>
<tr><td colspan="2">光洁度：</td><td>皱纹：</td></tr>
<tr><td colspan="3">备注：</td></tr>
<tr><td colspan="3">护理建议</td></tr>
<tr><td colspan="2">1. 日常护理</td><td>2. 美容院护理方案</td></tr>
<tr><td colspan="2"></td><td></td></tr>
</table>

五、顾客投诉处理

处理客户纠纷是一个政策性和技巧性比较强的问题，美容院在为顾客服务的过程中，难免会与顾客发生纠纷，对于顾客纠纷的处理也是美容咨询服务工作中的重要内容。店面对顾客纠纷处理得好坏将在很大程度上影响其经营业绩，并关系到美容院的信誉与长期健康发展。所以，一般店面都非常重视对顾客纠纷的处理工作，有效地掌握处理顾客投诉的方法、技巧及留住顾客显得尤为重要。

1．把握服务原则

以不变应万变，因人而异地采取不同的方法。

（1）满足顾客需要是首要任务。

（2）永远不要同顾客争辩。

（3）站在顾客的立场看问题，换位思考。

2．培养四种能力

（1）观察。身体语言在面对面接触时传达了55%的信息。

（2）倾听。做出相应的反应，并不断地归纳总结。

（3）询问。适时地提问，制定一份投诉登记表。

（4）表达。语调、音量控制得当，合理调整以迎合顾客。

3．顾客纠纷的处理过程（见表2—6）

表2—6　顾客纠纷的处理过程

顾客纠纷的处理过程	应对方法	避免情况
倾听顾客的抱怨	仔细聆听顾客的抱怨，理解顾客的心情	中途打断顾客陈述，与顾客发生冲突
向顾客道歉	立刻向顾客真诚地道歉，婉转耐心地向顾客解释	直接指出顾客的错误，强词夺理
提出解决方法	提出合理的解决问题的方法，迅速采取补救行动	暗示顾客也需承担责任
改进工作	找出工作上的薄弱环节，不让同样的问题再发生	同样的问题再次发生

4．处理顾客投诉的几个关键环节

（1）方便顾客投诉。提供投诉电话、传真、电子邮件，或在柜台受理。

（2）让顾客发泄。帮助顾客把注意力转移到解决问题上来。

（3）解决实际问题。针对不同顾客提供不同的解决方案。

（4）送别顾客。确认顾客投诉的问题已得到解决，了解顾客是否对解决问题的途径满意。

5．寻找解决方法

要解决好与顾客的纠纷，美容师必须首先找出顾客不满的原因，然后针对原因采用相应的处理办法。可以让顾客优先提出解决方法，美容师就会清楚自己所处的确切情形，明白做什么才能使顾客满意。当顾客没有解决的办法或拒绝提出时，才是美容师提出解决办法的适当时机。要减轻顾客的不愉快，美容师可采取以下解决方法：

（1）对浪费顾客的时间表示歉意。

（2）让顾客提出解决方法。

（3）如果顾客没有解决方法，美容师可重新约时间，并为顾客提出一些补偿以平息其怒气。

（4）再次约见顾客时，按时与其见面，并提供最好的服务。

相关链接

突发事件的处理

紧急事故在每种行业都可能发生，而急救的常识对美容院从业人员非常重要。

（1）擦伤。皮肤若因意外而破皮或擦伤，应该涂上皮肤消毒剂“安尔碘”（俗称碘伏）等消毒药水。

（2）灼伤。灼伤是由于高温、化学物质、放射性、电离辐射等作用于肌体而引起的组织损失，多由美容师（操作人员）使用美容器械、美容产品不当而引起。

1）诊断要点。明确引起灼伤的原因，分清热灼伤、化学灼伤、辐射灼伤等，深度判断标准如下：

Ⅰ度灼伤时皮肤表面红肿、疼痛，但无水泡，此型最轻。

Ⅱ度灼伤分为两型，浅Ⅱ度灼伤皮肤变红伴剧痛，表面形成水泡，水泡破裂后可见表面鲜红皮肤；深Ⅱ度灼伤有或无水泡，感觉迟钝，水泡破裂后表面皮肤苍白，有小出血点，水肿严重。

Ⅲ度灼伤时，灼伤处皮肤成革样或焦化、炭化，无痛觉和水泡。

2）初级处理。立即脱离高温环境。避免破坏灼伤创面的完整性。必要时拨打120，请专科医生医治。

（3）电击伤。电流在电势差的作用下，通过人体所造成的损害称为电击伤。

1）预防。在使用电动美容仪器前，应仔细阅读仪器说明书，掌握该仪器的电压、电流及操作程序，正确安装使用。

2）现场急救。电击伤后应立即切断电源或以绝缘体使患者脱离电源，立即将患者移至安全处，松解衣扣、皮带，清除口腔内的异物、黏液，使患者仰额抬颌，保持呼吸通畅。情况严重时，拨打120请求急救。

学习单元3 培 训 指 导

【学习目标】

1. 熟悉初、中级美容师的特点
2. 掌握对初、中级美容师的指导方法
3. 熟悉对中级美容师指导的要求与注意事项

【知识要求】

培训指导人员既是知识的传授者，也是学习者，同时还是下级美容师的引导者、培训课程的研制者、培训指导的组织者。

一、培训指导人员的基本素质

培训指导人员的工作特点决定了培训指导师应具有一系列特定的基本素质，即职业道德、知识修养及培训指导能力。

1．培训指导人员的职业道德

师者，传道授业解惑也。培训指导人员首先应热爱培训指导工作，自觉地将精力和感情投入到培训中，在追求社会价值的过程中找到个人的幸福与快乐，实现人生的真正价值。

培训指导人员在精通专业知识的同时，应该更多地吸取最新的知识和相关的信息，用严谨的态度和方法进行指导。

培训指导人员日常的言行举止也会影响受训人员，所以培训指导人员需要以身作则、言传身教。

2．培训指导人员的知识修养

知识是培训指导人员素质的一个基本内容与重要基础，培训指导人员丰富的知识修养不仅可保证培训质量，还可以拓展初级、中级美容师的视野，激发学员的求知欲。所以，培训指导人员需要具备通用性知识、专业知识、培训知识，能够指导学生学习及发展。

3．培训指导人员的能力

培训指导能力是指培训指导人员从事培训活动所必须具备的能力，培训指导人员的培训、指导能力和培训指导效果密切相关，他们必须具备语言表达能力、了解沟通能力、独立创造能力、实际操作能力、应变能力等。

二、初级美容师技术指导

1．对初级美容师进行技术指导的核心

初级美容师的特点见表 2—7。指导初级美容师的核心要点见表 2—8。

表 2—7　　初级美容师的特点

初级美容师特点	1. 面对陌生的行业，初学者有待了解、认识美容知识，他们具有好奇、求知、探索的意识
	2. 初学者需要一个适应过程，以循序渐进的方式对专业知识理解、熟悉、掌握，学习和训练的速度相应会较慢
	3. 从技术方面讲，初学者易教，但要培养良好的工作态度和习惯需要时间的沉淀。此阶段尤为重要

表2—8　　指导初级美容师的核心要点

指导初级美容师核心要点	
指导初级美容师核心要点	1. 提高学习兴趣。通过生动形象的示范、指导，充分调动初级美容师的学习积极性，使之自觉主动地学习
	2. 从严要求。指导过程从严要求，注重细节的培养，让学员从学习美容的启蒙阶段就认识到对消费者安全负责和对美的追求的根本保障之一就是具有良好的技术水平
	3. 工作认真、负责、敬业。做到一丝不苟、准确到位，注重每一项技术细节，增强美容师的责任感和紧迫感。美容岗位无小事，不可忽略任何细微之处，发现问题及时指正，养成良好习惯，树立良好形象，为成为优秀的美容高级人才奠定基础

2. 指导初级美容师的方法

针对初级美容师的特点，培训指导人员在进行技术指导时应掌握如下方法：

（1）讲解正确、清楚，语意表达准确、易懂。对每项技术的操作程序、操作要领的指导，要正确讲解、陈述清晰。

1）熟知每项技能的操作程序、操作要求、注意事项。

2）能抓住主要环节，讲解清晰、简练、准确。

3）能通过不同的表述方式表达清楚内容。

4）语言生动，肢体语言丰富。

（2）技能操作规范、准确。进行技术指导的一个重要环节就是演示技能操作程序，这也是最直接的一种教授方法。通过基本动作的示范使学员更直观地了解动作要领，进行模仿，进而掌握要领。高级美容师的技能操作标准直接影响初级美容师对技术的掌握，因此高级美容师在进行技术指导、演示操作时应严格遵循以下几个要点：

1）演示技能动作要准确、到位。

2）操作要熟练，动作要连贯、规范。

3）反复地实践，对初级学员实训指导应注意两个环节：

①技能动作准确性的训练。详尽讲解之后，高级美容师在指导初级阶段学员时应循序渐进，不急于求成，将重点、注意力放在技能动作准确性的训练上，使学员清晰、准确地掌握每个细节操作动作的准确性。

②动作熟练程度的训练。加强技能操作熟练程度的训练，熟练掌握全套的美容技术需要一个艰苦的过程。但初级学员只有准确、熟练地掌握了相关技术后，才能独立上岗。因此，高级美容师在指导、训练时应注意严格把关。

（3）善于发现问题，能够及时纠正。高级美容师在进行技术指导时，要注意观察，善于发现问题且能及时发现问题，并予以及时纠正，熟知学员常出现的技能操作问题并跟踪指导，使学员彻底改掉操作中的错误，正确无误地达到操作要求。

3．指导初级美容师时应注意的问题

初级美容师的技能要求可以分为四大类：皮肤护理、化妆、修饰美容及美容仪器的使用，指导初级美容师时可从三方面入手。

（1）培养良好工作习惯。“没有规矩，不成方圆”，工作中形成的规矩和良好的工作习惯是做好美容工作的最基本的保证。

1）工作程序。工作要有条不紊、从容不迫，熟记各项护理的操作程序。

2）卫生消毒。卫生消毒是保证消费者和美容师自身健康安全、防止交叉感染的必要措施，要严格遵循卫生消毒要求。

3）仪容举止。端庄大方也是优质服务的保障之一。

（2）基本技能的训练。初级美容师是打基础的阶段，为了保证初级技术质量，对于基本技能中的基本功要加强训练，发现问题要及时纠正。

（3）技术动作训练要准确、到位。美容技能中的技术操作水平直接影响服务的质量。技术动作不准确、不到位是一个突出的问题，主要反映在以下几个方面（见表2—9）。

表 2—9　　美容技术操作中易出现的问题表

服务项目	服务流程	易出现的问题
皮肤护理	准备工作	1. 包头动作不熟练，松紧掌握不当 2. 忘记为客人围放颈巾 3. 美容仪器未事先调试，奥桑喷雾机未预热
	清洁	1. 忘记卸妆或卸妆不彻底 2. 膏体取用不慎，带入顾客口、鼻、眼中 3. 洗面海绵、纸巾、棉片、棉签使用不准确或不熟练
	按摩	1. 膏体取用不当，用料过多或过少 2. 按摩动作不规范，按摩方向不对 3. 按摩频率、速度、力度掌握不准确 4. 按摩不够柔贴、点穴不到位

续表

服务项目	服务流程	易出现的问题
皮肤护理	面膜	1. 调膜时兑水量掌握不好，调膜动作不熟练 2. 敷膜时动作不协调、不熟练、走向错误 3. 敷膜部位不当 4. 膜面厚薄不匀，边缘不光滑
	仪器操作	1. 基本程序不熟练 2. 基本手法不正确或未掌握 3. 忽略美容仪器使用的注意事项与禁忌
化妆	化妆用具	1. 化妆工具选用不当 2. 化妆工具操作方法不当或不熟练
	化妆技术	1. 色彩搭配不合理 2. 色彩晕染不到位 3. 运用色彩晕染时，对五官修饰不到位 4. 妆面不干净

4. 技术培训指导的要求与注意事项

(1) 对指导的要求

1) 熟练、准确、系统掌握美容师初级阶段的技能及规程，并能进行示范。

2) 熟知技能中易出现的问题，并有敏锐的观察能力，能及时发现问题。

3) 能对初级美容师进行认真、耐心、细心、严格的技术指导与训练。

4) 加强语言表达能力的训练，准确无误地讲述技术要求与操作要点。

(2) 注意事项

1) 忌急躁、不耐心。

2) 忌敷衍、不认真，对出现的问题未纠正。

3) 忌讲述不清楚、无条理。

4) 忌示范动作不规范、不到位。

5) 忌专业不熟练，看不到问题而无从指导。

三、中级美容师技术指导

高级美容师要想正确地对中级美容师进行技术指导，首先必须了解中级美容师的特点。中级美容师的特点见表 2—10。

表 2—10　中级美容师的特点

中级美容师特点	能够较熟练地运用美容技术完成日常工作，并能对一些常见的损美皮肤做出准确的判断和处理常见的问题
	技能的熟练度提升，能够发现一些问题并提出解决方案和见解
	能够发现技术的差别性，但技术不全面
	能够对新知识、新信息进行积累，增加自己的知识量，但知识面不广

1．对中级美容师进行指导的要点与方法

（1）指导要点

1）巩固技术、技能。提高熟练度，提升纠错能力。

2）拓展知识。扩大知识面，增加知识深度。

（2）指导方法

1）示范。

2）检查。

3）互查。

4）请顾客谈感受。

5）利用多媒体手段辅助培训及指导。

2．培训指导的要求与注意事项

在指导初级美容师的基础上，还应在下列方面加强注意：

（1）系统掌握初、中级全部技能的技术操作规程，以及两个级别技能之间的差异。

（2）熟练、系统、准确地掌握初、中级的全部技能，并能随时、准确地对每一项技能进行准确、熟练的示范。

（3）熟知初、中级技能操作中易出现的问题。

（4）能够敏锐、及时地发现操作技能中的问题，并给予准确的指正与辅导。

第3章

美容院的经营与管理

学习单元 1　美容院的经营

【学习目标】

1. 了解美容院经营的概念和特点
2. 熟悉美容院的营运条件
3. 熟悉美容院的基本设备

【知识要求】

一、美容院的经营概念和特点

1．美容院经营的基本概念

经营是根据企业的资源状况和所处的市场竞争环境对企业长期发展进行战略性规划和部署、制定企业的远景目标和方针的战略层次活动。它解决的是企业的发展方向、发展战略问题，具有全局性和长远性。

现代的经营是一门科学，它包括经营思想、经营策略、经营方式和经营范围，据此建立系统的有效结构和运转秩序。美容院经营是指美容院自主地适应和利用环境，面向市场，以商品生产和商品交换为手段进行规划和部署，旨在实现自身远景目标。我们常说“美容院是出售美丽和梦想的场所”，因为美容院不仅能改善顾客的外在形象、容貌和形体，而且能满足顾客的心理需求，给顾客以享受美容服务而带来的愉悦的心灵感受。因此，美容院的经营者要学习新的知识、吸收新的信息以武装丰富自己，这样才能制定出具有全局性和长远性的发展规划。

2．美容院经营的基本要点

美容院的经营除了要有系统的经营管理制度，还要有独到的经营风格和经营气氛。美容院经营气氛的好坏会对来美容院消费的顾客和在美容院工作的员工产生很大的影响。

（1）美容院形象经营。美容院的形象经营包括店面形象和店内形象：店面形象包括招牌、色彩、橱窗、海报、装修风格、卫生环境、交通便利性等；店内形象包括接待台、休息处、收银处、美容室、经理室、洗手间、楼梯等区域规划，还包括灯光布局、店内色彩、店内装饰风格、所播放音乐等。作为美化人、传播美的高级场所，美容院应营造出温馨、整洁、舒适、具有现代感的氛围。

（2）美容院员工经营。美容院为顾客提供的技术与服务都是依靠员工完成的，美容院要想生意兴隆，员工素质是不容忽视的。员工素质包括服务人员的着装、礼仪、表情、情绪、化妆、个人卫生、技术、美容知识、接待技巧、沟通技巧、销售技巧等。

（3）美容院顾客经营

1）给予顾客满足感。光临美容院的顾客通常是因为不满意自己的皮肤、身材或精神状态，自己打理又没时间或相应技术，不得不光顾美容院来塑造自己的形象。如果美容院能让顾客有满足感，享受美容的乐趣，更能消除精神上的压力，不仅可以达到顾客变美的要求，更可以实现因为“美化”而带来的愉悦。

2）给予顾客亲切感。在顾客接受美容的时间段，要让顾客感受到美容院的用心经营，如卡通人偶的摆设、小饰品的装饰，或者花草的设计等，都能让顾客感受到温馨和亲切。

3）给予顾客热忱的服务。待客亲切热情，微笑服务，尽量满足顾客的要求，为顾客提高周到而全方位的服务。

二、美容院的营运条件和基本设备

美容院运营前的企划工作是决胜的关键，美容院的企划工作往往可以弥补开业准备的不少漏洞和弊端。知己知彼才能百战不殆，美容经营者通常要了解经营意图和本身条件，亲身观摩其他美容院的优缺点、顾客群的确定、选择适合的产品和价位，制定标准的顾客服务流程，做营销策略以留住顾客，选择美容院位置，筹备资金，决定装修风格等。美容经营者学习如何企划并最终设计整套完善的企划正是“有计划经营”和成功发展的基石。

1．美容院的营运条件

（1）准备工作

开设美容院必须持本人及员工的有关证件（法人身份证、房地产产权证或租赁协议书、美容师的上岗证或初中级美容师证等）向有关政府管理部门（工商行政管理部门、税务部门、卫生部门、房地产管理部门等）申请批准。

美容院获得法人资格应具备下列条件：

第一，依法成立。

第二，有必要的财产或经费。

第三，有自己的名称、组织机构和场所。

第四，能够独立承担民事责任。

取得企业工商营业执照及必要的卫生部门的许可证和税务部门的纳税登记的一般程序如下：

1）持本人身份证、美容师上岗证或技术等级证（有效证件）、房屋产权证或租赁合同到当地卫生行政部门办理卫生许可证。

2）持卫生许可证、身份证、房屋产权证（租赁合同证）或其他有效证件到当地公安部门办理特殊行业许可证。

3）持卫生许可证、特种行业许可证、身份证等有效证件到当地工商行政部门办理美容厅或美容院营业执照。

4）持营业执照正副本、有效印章和其他证件到当地税务部门登记领取税务发票。

（2）投资。根据美容院投资金额确定规模和地址，因为繁华地段的租金和其他费用都较高。

（3）地点选择。美容院的成功关键是地址的选择，店铺的所在地与周边商圈的属性息息相关，所以首先要分析即将开设的美容院所在地的各种商业因素，然后根据选址原则来确定（见表 3—1）。

表 3—1　　美容院地址选择原则

地址选择原则	参考意见
便利性	美容院的位置以方便顾客来店为主旨（包括交通、停车等）
盈利性	目标人群的消费能力，利润空间有多大
发展性	选定设店的地点不仅要观察目前，更要展望未来人口增加及区域的发展性
连锁的可能性	分店与分店间因商圈、消费状况不同应有适当的位置距离界定，才不会造成顾客流失
相乘的效果	找出累积吸引力的形态，以便与同类店相互依存，借同类店比邻以吸引顾客，提高消费比率，达到不同种类店面互补的相乘效果

（4）美容院的定位。作为一个经营实体，美容院必须有明确的定位。所以投资者在投资前需要对目前的市场进行全面的调查、了解，然后经过透彻的分析判断，最终

建立明确的目标，找到准确的市场定位。首先确定店名定位，如专业美容厅（院）、美容店、综合美容美体中心、美容美发等，然后才能考虑门面装饰和招牌写法。其次确定经营定位，如目标顾客定位、价格定位、产品定位、服务定位、规模定位等（见表3—2）。

表3—2　　美容院定位

因素	内　容
市场地位定位	卖什么？是产品、服务还是技术
品牌形象定位	产品的品牌形象，企业塑造的形象
消费群体定位	服务对象定位，如年龄层次、消费层次等
服务项目定位	开展多样化的服务项目或单一的以美容、美体为主体
规模定位	根据资金、消费群体、品牌等因素而定

（5）美容院设计。无论是古朴自然、豪华典雅，还是神秘虚幻，美容院的环境空间应给人舒适、明亮、优雅、整洁的印象，通过视觉、听觉、嗅觉、触觉、味觉对顾客心理加以刺激，培养顾客的积极感觉。美容院设计是营销的一种，应精心设计。

1）店面广告设计。店面广告是指设置在店面周围、入口、内部的广告。店面广告范畴很广，招牌、名称、装潢、橱窗设计及商品陈列都包括在其中。

成功的店面广告设计应遵循以下三个原则：

①简练、醒目。店面广告要想在琳琅满目的广告中引起注意，必须以简洁的风格、新颖的格调、协调的色彩突出自己的形象。

②重视陈列设计。商品陈列、悬挂及展示柜的摆放等要强调和渲染经营场所的特殊品牌气氛。

③强调现场效果。由于店面广告具有直销特点，设计者必须深入实地了解营业店内部经营环境，研究美容院的特色，力求设计出最能打动顾客的店面广告。

2）橱窗设计。橱窗是以商品为主体，通过背景衬托，并配合各种艺术效果对商品进行介绍和宣传的综合性艺术形式。一个主题鲜明、风格独特、色彩协调的橱窗能起到改善美容院整体形象的作用。

橱窗陈列通常包括五种类型：

①综合式。将不相关的商品综合陈列在一个橱窗内，以组成一个完整的橱窗广告。这种陈列由于商品之间差异较大，设计时一定要谨慎，避免显得杂乱。

②系统式。按照商品的不同品类组合陈列在一个橱窗内。

③专题式。以一个广告专题为核心，围绕某一个特定的主题，组织不同类型的商品进行陈列，向顾客传递一个明确的信息，如绿色护肤品陈列等。

④特写式。运用不同的艺术形式和处理方法，在橱窗内集中陈列新产品、特色商品，以强化广告宣传效果。

⑤季节式。根据季节变化，把应季商品集中进行陈列，以满足顾客应季购买的需要，有利于扩大销售。

3）内部设计。美容院的内部设计主要依赖所要推出的美容项目而定，一般情况下，美容院的内部设计主要包括以下几个方面：

①接待区（咨询区）。接待区是美容院和顾客接触最频繁的地方，应以方便为主，通常设在左区或进门后的正中央，应在营业店中尽量占一个较大的空间。接待区（咨询区）的设备包括供接待员使用的椅子和桌子，以及供顾客坐的舒适椅子，接待区的桌上应该备有电话、预约登记表、计算机及收银机、刷卡机。吊衣架、伞架都应该放在靠近门口的地方。接待区内还要有供应饮品的设备，以便让顾客有宾至如归的感觉。产品、海报等的展示也应该陈列在接待区中，陈列架的色调以浅色为主，灯光宜柔和，避免强光直射而引起商品变质。

②等候区。等候区布置应以舒适为主，以便让顾客乐于耐心等待。等候区可设沙发、茶几1～2组，摆设花草、鱼缸、工艺品供观赏，可备有期刊、报纸、宣传资料供顾客翻阅，放置电视机让顾客消磨时间。另外，等候区还可提供茶水、小食品等。如果店面较宽敞，可以考虑设置VIP室，客人在等候时可以舒服地躺卧。

③操作工作区。这一区域应保持干净，设备要整洁完善，室内安静并具有良好的隐私性，其空间以能容纳一位顾客、一位美容师和所需的设备、材料且不拥挤为度，多采用长方形的房间。装修及布局要稳重、现代，并显示出专业性，营造出舒缓的气氛，使客人感到完全的放松。

④化妆间和洗手间。小型美容院设女间即可，大型美容院宜分设男女间，装修及布局要温馨、自然、专业（体现女性化和小资情调）。

⑤储藏间。放置产品、物料等。

⑥其他

a．灯光。以反射光为主但在护理区有较明亮灯的单独开关（便于调节在处理问题时灯光的光线）。光有多种来源，色相偏冷的有日光灯光，较暖的有白炽灯光等。不同的光源会导致物体产生不同的色彩，即相同的景物在不同光源下会出现不同的视觉色彩，所以要合理运用光源。

b．音乐。房间、各功能区域都有音箱，可播放背景音乐。在护理区和化妆区的音响声音可调节。

c．排气通风管道。保证空气对流。

d．足够的上下水通道和用电容量。

4）店面色彩。颜色是美容院设计中非常重要的部分，合理运用颜色可以令营业店产生一种独特的气氛。不同颜色可以让人产生不同的感觉，一般而言，偏红或黄色给人一种温暖的感觉，偏蓝或白色给人一种冷漠的感觉，绿色、紫色较中庸，而各种浅粉色给人以温馨感。

一般在操作区和接待区中使用绿色，可以给人带来舒坦和宁静的感觉；蓝色一般用于较狭窄的区域，如休息室，可以拓宽视觉空间；黄色具有愉快和刺激的感觉，可以使用在咨询室和零售区域。

2．美容院的基本设备和用品

（1）美容设备和用品。美容院根据服务客户的需要和经营定位选择相应的设备、设施。例如，确定以高档消费者为服务对象，需求和流行必不可缺，美容院就要提供特殊服务项目，如SPA，也需要提供相应的特殊服务设备、设施，如光子治疗仪、美体仪、BIO、M6、L6等高端仪器。美容院常用的设备和用品见表3—3。

表3—3　美容院常用的设备和用品

分类	设备名称	相应用品用具
一般设备设施	冷热水装置、淋浴设备、消毒柜（红、紫外线）、洗衣机、饮水机、干手器等，照明、音响、通风设备	垃圾桶、杂物架、拖把、水桶、抹布、卫生纸、洗手液、消毒液，空气清新剂、洁厕净等
基础设备、设施	美容床、美容镜台、美容椅、全身镜（包括化妆台）、修眉工具、电吹风、小推车	床单、毛毯、盘子、毛巾、小毛巾、小碗、刮板（挑棒）、毛刷、纱布、棉签、纸巾、75%酒精、2%碘酒溶液、3%双氧水
专业设备	奥桑蒸汽机、电动美容仪器、阴阳电离子导入仪、多功能美容仪、高频电疗仪、真空吸啜电疗仪、超声波美容仪、皮肤检测仪、红外线灯、放大灯	洗面奶、清洁霜、按摩膏、化妆水、面膜粉 、润肤品、痤疮针、蒸馏水、精华素
特殊设备	减肥仪、测脂仪、健胸机、蜡疗机、脱毛机	减肥霜等护理产品

（2）美容护肤品。美容院专业用护肤产品一般由各家美容院自行决定，根据市场上现有的产品和经营定位进行不同的选择，加盟连锁性质的美容院的护肤产品由加盟企业统一配置。

(3) 家具、办公用品。美容院的家具和办公用品和一般企业相同，根据需要增添空调、音响、投影、计算机、打印机等办公用品、用具。但顾客接待区的桌椅、柜等要有美容行业的特点。

三、美容院的公共关系

公共关系的英文为 Public Relations，缩写为 PR，简称公关。Public Relations 也可译为公众关系，既可理解为“与公众的关系”，也可理解为“公众间的关系”。处理好公共关系是美容院的发展中很重要的一环。

无论美容院规模大小，都要建立良好的公共关系与社会关系，才能使自己的事业立于不败之地。美容院的公共关系与其他行业一样，是行业与公众之间、政府之间的一种社会关系。美容院的公共关系分类和相处要点见表 3—4。

表 3—4　　美容院的公共关系分类和相处要点

关系分类	相处要点
与消费者之间	要把消费者当上帝对待，研究消费者及消费者对美容院的信息反馈
与领导之间	在工作中是领导和被领导的关系，在生活中应该是兄弟姐妹、朋友的关系，老板应该爱护员工，员工应该尊重老板
与政府相关部门间	美容院常与工商、税务、公安、街道、卫生、城管、消防、水电部门等有着密切的联系，要尊重办事人员，协调处理好这些公共关系
与周边商家	与周围商家和平共处
与同行业及供应商	保持与同行业和供应商之间的联系，及时了解行业的新进展

学习单元 2　美容院的管理

【学习目标】

1. 掌握员工管理基本方法
2. 掌握顾客管理基本方法
3. 掌握产品管理基本方法

【知识要求】

经营与管理的概念既有联系，又有区别。经营必然存在着管理，但就管理的含义而言，它是在人们共同劳动中，旨在放大集体功效的活动，而经营则主要指商品经济中旨在提高经营效益和经济效果的经济活动，带有开放、市场竞争的性质。

美容院管理是对美容院的生产经营活动进行组织、计划、指挥、监督和调节等一系列职能的总称。

美容院管理是从其所具有的经济实体性的角度，将美容院日常店务管理、员工管理、顾客管理及产品管理和仪器设备管理相结合，使社会效益与经济效果相统一的经济管理活动和过程。

一、员工管理

美容院是为人们提供美容护理、皮肤保健等内容的美容服务场所，在为顾客提供服务的同时，也是一种以营利为目的的机构。美容院要想盈利，首先要做好管理，而在管理工作中，最重要的就是管好人，即美容院的员工。时至今日，美容院的管理方式和技巧也需要改善，力求达到最有效的效果，让员工对工作充满热情。

1．员工管理的原则和要求（见表3—5）

表3—5　员工管理的原则和要求

原则	要求	运用	具体操作
严格要求	必须遵行，必须很明确	执行法	提出哪些要求做——《工作职责》《服务标准》
严肃评价	坚持原则，对错分明	检查法	如何做出评价——《工作绩效评估办法》
严明赏罚	公正、公开	处理法	如何给予赏罚——《奖惩制度》

2．员工管理的方法

（1）招聘时精心挑选适合美容院的员工。必须从招聘抓起，面试时，切忌因缺人而盲目录用不适合美容院的人。为了招到合适的人，美容院在面试时，应将应聘者的离职原因、待遇和工作环境等问题问清楚，然后分析他们是否适合本店，要耐心挑选想要的人才，然后用心培养他们、留住他们。

（2）制定合理的规章制度，严格按规章制度办事。美容院的员工虽然不多，但规章制度必须齐全。规章制度应包含考勤制度，休假规定，薪水提成、奖惩制度，职位、级别提升的要求。

在考勤制度里，全勤给予什么奖励，迟到、早退会受到什么样的处罚等情况都必须说清楚，休假情况在员工面试的时候就要告知，告知他们每月休几天假及怎么休，各个职位级别的提升要求在员工通过试用期以后，应及早告知，让他们知道要晋升就要努力，这样也可以培养良好的工作竞争氛围。

(3) 人性化管理。俗话说，“无规矩不成方圆”，但美容院的员工管理只用规章制度是远远不够的，在用规章制度进行约束的同时，还应充分体现人性关怀，让员工感受到这个集体的温馨和良好的氛围。美容院店长不仅要关心大家的工作状况，还要倾听、理解、开导他们，让他们在美容院过得舒心。

只有员工都喜欢美容院，她们才会在这里长期工作下去，所以，人性化管理很重要，光用规章制度只会让员工反感、远离这个地方。每个美容院经营者都应该真心对待员工，尊重他们，关爱她们。

3．员工管理技巧

(1) 情感沟通管理。这是人本管理的最低层次，也是提升到其他层次的基础。在该层次中，管理者与员工不再是单纯的命令发布者和实施者。管理者和员工除工作命令之外还有其他沟通，这种沟通主要是情感上的沟通，以理服人而不以权压人，从关心爱护的角度进行批评教育。

(2) 员工参与管理。员工参与管理也称为“决策沟通管理”，管理者不再局限于对员工的问寒问暖，员工已经参与到工作目标的决策中，营造出一个知人善任、用人不疑、不断授权的宽松环境，同时又注意适当监控。例如，节日促销活动方案由主管提出方案，然后和员工一起讨论。员工只有参与制定方案才能更快、更好、更有效地执行方案。

(3) 员工自主管理。随着员工参与管理的程度越来越高，美容院对业务熟练的员工或知识型的员工可以实行员工自主管理。管理者可以指出公司整体或部门目标，让每位员工为美容院拓展、扩大业务制订自己的工作计划和目标，经过管理者同意和员工讨论后可以实施。

(4) 人才开发管理。为了更进一步提高员工的工作能力，美容院要有针对性地进行一些人力资源开发工作。员工工作能力的提高主要通过三个途径，即工作中学习、交流中学习和专业培训。美容院应该不断提供学习交流的机会，让下属感到受重视，让他养成严格管理自我的习惯，并逐渐形成使命感。

(5) 企业文化管理。企业文化说到底就是美容院的工作习惯和风格。企业文化的形成需要公司管理的长期积累。员工的工作习惯无非朝好坏两个方向发展。如果美容院不将员工的工作习惯朝好的方向引导，就会向坏的方向发展。企业文化的作用就是建立一种导向，而这种导向必须是大家共同认可的。

4．团队建设

美容院的员工是否具有团队精神是美容院的战斗力所在，更是美容院战胜困难、走向成功的关键，在美容院内部营造一种坦率交流的氛围是至关重要的。

（1）有效交流的四条法则（见表3—6）

表3—6　有效交流的四条法则表

法则类别	法则内容
你将怎么办	这五个字是管理者可用于听取内部意见最有力的基础。许多成功的美容院管理者经常问员工一句话：“如果你处在我的位置你将怎么办？”
让我们交谈	懂管理的管理者在每次会议中要求每一个员工都要发言，都要对美容院的工作提出一些建议和意见，给大家一个良好的双向交流的空间和舞台，以求集思广益
设置意见箱	员工们之所以不敢直接或个别向管理者提意见，主要是因为怕受惩罚或被视作捣蛋鬼和抱怨者而孤立起来。美容院可安置一个意见箱，挂在员工的休息室，所有员工都可以投递不署名的意见，然后由管理者做出公开、及时的回复
新手咨询	美容院为新员工召开交流会，所有的员工都要参加“新手咨询”活动，每人必须花半天时间向新手传授他们所有不知道的专业知识。作为新咨询者，他们必须注意同事们如何有计划、有步骤地工作，并提出每个能想象到的问题，了解为什么和如何进行这项工作，如“你为什么要这样做？”“你怎么会做这些？”和“你过去是否想过要这样做？”等。这种简单却有力的方法在打开双向交流通道中是很有效的

（2）培养员工的合作能力。在每一个团队中，每个成员的优缺点都不尽相同。美容院应该发掘、寻找团队成员积极的品质，并且向他们学习，在团队合作中克服自身的缺点和消极品质。团队强调的是协同工作，较少有命令指示，所以团队的工作气氛很重要，它直接影响团队的工作效率。如果团队的每位成员都不断完善自己，那么团队的协作就会变得很顺畅，团队整体的工作效率就会提高。

（3）管理者是团结员工的核心。如果把美容院比作一个健康的充满生机的“苹果”，那么，管理者就是果实中坚强而富有凝聚力的核心。管理者有责任爱护每一个员工的创造力和维护员工的自尊心，有责任团结每一个员工，并引导他们以统一的步伐前进。

相关链接

提高士气的几句话

1. 还有什么问题吗？（尊重员工的态度表现。）

2. 在下结论之前，看看还有什么可能性？（培养员工三思而后行、考虑周全的工作习惯。）

3. 还能找到多少相关的信息？（培养员工学习新知识，新技能。）

4. 你提供的新信息改变了我的观念。（肯定员工的力量。）

5. 你的意思是……（不直接否定别人。）

6. 请帮我想个办法！（重视员工，让员工感觉你和他是休戚相关、荣辱与共的。）

7. 这方面怎么改进会更好一些？（培养员工精益求精的工作作风。）

8. 你还有什么好主意？

这些语言常常能够激发员工的积极性和创造力，并让他们意识到责任感且充满信心，让他们知道帮助美容院解决问题是值得为之努力的。

二、顾客管理

1．顾客管理的观念与准则

一位营销学专家深刻地指出，失败的企业常常是从找到新顾客以取代老顾客的角度来考虑问题。而成功的企业则是从保持现有的顾客并且扩充新顾客，使得销售额不断增长，销售业绩越来越好的角度考虑问题。对于新顾客的销售只能看作是锦上添花，有可能是一锤子买卖。没有老顾客作为稳固的基础，对新顾客的销售也只能是对所失去的老顾客的抵补，总的销售量是不会增加的。所以，美容院必须树立一个观念：老顾客是你最好的顾客。

美容院必须遵守的一个准则：使每一个购买产品的人能成为终身顾客。

2．认识顾客

（1）顾客不靠我们而活，而我们却少不了他们。

（2）顾客不是我们争辩的对象，当我们在口头上占了上风，那也是我们失去他们的时候。

（3）顾客有权利自由选择购买我们或竞争者的产品。

（4）顾客是我们最重要的人物，也是我们有工作及收入的原因。

（5）对顾客来说，接触顾客的员工就是代表整个公司。

3．识别顾客的需求，因人而异提供服务

顾客有下列需求：

（1）受欢迎和被记住的需求。

（2）被照顾和被协助的需求。

（3）被理解和重视的需求。

（4）及时和有序服务的需求。

（5）被尊重和称赞的需求。

顾客差异性很大，要求也有所不同。工作很忙的顾客希望美容师手艺高且动作迅速；时间宽裕的顾客则希望悠然自在的服务。所以，符合顾客个性的服务也是满足顾客要求的一门技术，但这门技术是与美容的服务紧密联系在一起的。

相关链接

顾客的性格类型

顾客在美容院停留的时间平均为一次1～2小时，这与在商店购物的时间比起来算是非常长的了。这样，一方面，顾客体会店内气氛的机会就相当多。但另一方面，时间长了损害顾客的机会也会增多。因此，为了不败坏顾客的心情，美容师有必要了解顾客的性格类型：

1．力量型。容易兴奋，爱好强烈，喜欢改变（态度：肯定、直接、语速较快）。

2．活泼型。乐观、聪明、爱好强烈，但不易改变（态度：肯定、亲切、语速轻快）。

3．合理型。性情固执，对周围事物不熟悉，规规矩矩，一丝不苟，对别人的关心不加理睬，爱好始终不强烈，不易兴奋（态度：稳重、语速慢）。

4．完美型。爱好强烈，不易兴奋，适应力强，对人对事要求都十分严格（态度：激发想象、富有激情、语气优雅、尽量以将来的效果作为吸引）。

4．顾客满意构成的要素

顾客满意仅仅是顾客的一种感知，是期望被满足的感知，包括以下几个方面：

（1）商品本身的价值。

（2）商品的附加价值。
（3）现场营造的气氛。
（4）服务人员的待客方式。
（5）相关行业的评价。

相关链接

顾客流失的原因

1. 事故及突发事件——1%。
2. 搬迁（公司、单位、家）——2%。
3. 自然因素（喜新厌旧、改变偏好、太忙）——4%。
4. 听从亲友劝告——5%。
5. 找到更便宜的产品（价值因素）——9%。
6. 更好效果、更好品质的追求——11%。
7. 没能重视顾客——68%。

综上所述，美容院的经营管理，是一个系统庞大而又关注细节的体系，把每一件平凡的事情做好就是不平凡，把每一件简单的事情做好就是不简单。因此，如果知道了没有去做或执行了但没有关注细节，在美容这个以服务为纽带、以女性为主要消费群体的行业里将会被淘汰。

三、产品管理

美容院产品的管理包括产品的选用和销售。美容院是护肤品使用的前线，护肤品是美容院经营的基础，护肤品的好坏直接影响美容院的经营。让顾客放心地从美容院得到所需要的正确护肤咨询和指导，接受美容院提供的皮肤保养服务并购买产品，是美容师必须学会的基本功，是美容院的生存之本。

1．美容院产品的选用

（1）掌握产品原料的配制和作用。要想正确把握自己选择的产品，美容师对产品的原料及配制有一定了解是很有必要的。犹如一位医生为病人开药方，一定要知道此药方的成分和作用，否则就无法为病人开出有效的药方。美容师只有了解产品的原料及配制的一些基本情况和作用，才可能正确选择和使用产品，并对顾客进行必要的专业护肤指导，从而获得他们的信赖。例如，什么是蛋白酶，什么是透明质酸，SOD（超氧化物歧化酶）的作用是什么等，一旦了解了这些，美容师在选择和推荐产品时才可能做到心中有数。

（2）掌握产品的实际功效。首先，产品需要通过做临床试验验证其效果，这样才既不会因产品选择错误损伤顾客的肌肤而有损美容院的信誉，也不会因盲目进货而造成经济损失。试验可从产品的气味、手感、质地或者用后的效果进行判断。当然，效果是指相对结果，如顾客感觉舒服，用后肌肤状况有一定的改善等，而不是要求立竿见影、反差悬殊。如果产品在用过一次之后效果惊人，则要谨慎从事。从常规来讲，皮肤保养是循序渐进的过程，高速蜕变在某种意义上则意味着“危机四伏”。

（3）注意地域差异。我国幅员辽阔，南北水土、气候、饮食习惯等差别很大，各地人群的肌肤状况也因此不同。例如，同样是南方，珠三角一带由于日照时间长，温度高，气候潮湿，加之饮食等原因的影响，一般人的肌肤毛孔粗大，油脂分泌旺盛，易生粉刺。而在长三角一带，由于四季相对均衡，风和日丽，饮食清淡，水质温和，人们的肌肤相对较为细腻。同一产品在珠三角适用，在长三角就不一定适用。因此，各地美容院不能盲目断定某一产品为最佳产品，对产品使用一定要因地制宜，并仔细观察与分析产品对不同人肌肤的作用和疗效，有针对性地选择和使用产品，而不要人云亦云。只有这样，选购产品的准确性、成功率才会高。

2．美容院产品的销售

在美容院的日常经营中，除了为顾客提供各种美容服务赚取营业收入外，美容院还可在产品的销售中获取更高的营业额，而且这部分的收益将占有很重的比例。如何增加这方面的营业收入是当前美容院最关注的问题之一。

（1）让顾客认识美容院产品的专业性。为什么顾客不接受美容院专业人士所推荐的专业性产品呢？因为产品本身没有什么广告宣传，美容院的专业人士又不主动向顾客推荐产品，当有新产品的时候也只是趁新鲜才介绍一下。顾客当然也就无从了解专业产品的好处，因而忽略美容专业产品。另外，重要的一点是美容院没有让顾客认识到专业人士才是专业产品的真正代言人。只有专业人士才会对顾客的皮肤、毛发有发言权，他们针对不同性质的肤质和发质，推荐顾客使用不同的专业产品，这是专业人士在推介产品时必须给顾客强调的意识。因为顾客本身不是专业人士，无法判断自身皮肤状况并正确购买产品。顾客如果判断错误或错误购买产品，可能会产生相反的效果，皮肤甚至会越用越糟。因此平时美容师在与顾客沟通时，要掌握时机，利用自己的专业知识引导顾客进行专业保养品的购买。

（2）美容院产品销售的原则（见表3—7）

表 3—7　　美容院产品销售的原则

原则	内　容
动之以情	首先美容师主动微笑迎客，让顾客感受到一种亲切的氛围，然后注意观察其穿着打扮、脸部表情和身体语言，倾听顾客的需求，包括对方的时间需求，以便对症下药。如果对方不急迫，美容师应以闲聊家常的方式投其所好，自然地进入美容话题，并通过做皮肤检测，了解顾客过去使用化妆品的经验及成效，给予详细的专业咨询和具体建议。若顾客盛气凌人，美容师应心存“生意不成仁义在”的心理，仍以亲切得体的态度应对，并赠送保养简介以留余地。若碰到犹豫不决的顾客，美容师可运用专业知识，针对顾客实际需求加以解释，再引用使用效果显著的顾客实例，若能配合实例照片举证更佳，从而达成交易
晓之以理	为了增加顾客对美容院的认知与踏实感，美容师应以保养或化妆的实际示范来吸引顾客，显示自身的实力
乘胜出击	顾客被美容师的销售技巧所打动，这时美容师应以感性方式激发对方的购买欲望。顾客的购买欲望持久性不会太长，美容师最好能把握时机判断顾客的实际问题，介绍合适的项目产品，达成销售
旁敲侧击	如果有了固定的老顾客，这不仅肯定了美容院的项目，而且也增加了彼此的亲和力。适时给予鼓励和赞美也会赢得顾客对美容院及美容师的信任。在无所不谈的交情中，美容师也可循序渐进地将产品介绍给顾客。若顾客一时不接受，也不要强迫，以免吓跑顾客，将到手的客源推给竞争对手
立竿见影	对于偏好时髦新颖、追求时尚的顾客，美容师采取直接推荐产品的办法反而有立竿见影之效。常来的顾客必然常谈论美容常识，美容师可根据其实际情况投其所好，必有效果。若是新顾客，美容师可观察其外表装饰和言谈举止，直截了当告诉对方新产品及其需求的产品或服务，一定有立竿见影的效果
持之以恒	对于美容师的说服技巧，一些固执己见的顾客若无动于衷的话，美容师只有以时间或配合印证自己的实力来打动他们
维系顾客	做好顾客资料既可以及时提醒顾客按期保养，观察顾客的美容实效加以记录，适时调整护理计划，也可以从顾客资料中了解其个性、喜好、健康状况、生活状况等，以便做好沟通
节假日促销	对于节假日的销售，厂商多会以特价优惠或赠送精美礼品配合。配合特殊日子举办活动，如化妆造型、美容保养课程等，可以吸引不少顾客，并和他们多进行沟通，了解顾客心理，再加强售后服务与联系，必能使客源不断、生意兴隆

第 4 章

疑难皮肤问题处理

学习单元 1　皮肤病的常见症状

【学习目标】

1. 了解皮肤的自觉症状
2. 熟悉皮肤原发损害
3. 能分辨斑疹、丘疹、水疱、脓疱、结节和囊肿

【知识要求】

皮肤在维护机体的健康方面起着十分重要的作用，因为皮肤具备着近乎完美的生理保护功能，如屏障作用、感觉作用、调节体温作用、吸收作用、分泌和排泄作用等。皮肤作为人体的第一道生理防线和最大的器官，时刻参与机体的功能活动，维持着机体和自然环境的对立统一，机体的任何异常情况也可以在皮肤表面反映出来。

皮肤病是皮肤受到内外因素的影响后，其形态、结构和功能均发生变化而产生的病理过程，并相应地产生各种临床表现。

一、自觉症状

自觉症状是患者的主观感觉，如痒、痛、烧灼感及麻木等。自觉症状常因致病因素或诱发原因、病情、个体敏感性不同而有差异。有的疾病伴全身症状，如畏寒、发热、乏力、关节痛、食欲不振等。

1．瘙痒

瘙痒简称痒，是最常见的自觉症状，是一种引人欲搔抓或摩擦的不愉快的感觉。痒的程度轻重不一，有阵发性和持续性、局限性和广泛性之分。机械性刺激、生物性的刺激（如植物的细刺、动物纤毛及毒刺）、变态反应及机体的代谢异常均可引起瘙痒。某些化学介质，如组胺，可为致痒介质。

2．疼痛

疼痛是指机体因疾病或创伤所致的感觉苦楚，为辨别伤害机体刺激强度的感觉。疼痛的性质各异，可为刺痛、割痛、跳痛、剧痛、钝痛、灼痛或电击般阵痛。

3．烧灼感

皮肤表现出一种烫热的主观感觉，又称灼热，可单独出现也可与瘙痒、疼痛同时出现，如灼痒或灼痛。

4．麻木

麻木是指机体失去冷、热、触、压、痛等知觉的无感觉表现。症状轻者仅有痛觉、触觉、温度觉的减弱，即感觉减退。

其他自觉症状尚有蚁行感、麻刺感等表现。

二、他觉症状

他觉症状是指可看到或摸到的皮肤黏膜损害，故又称皮肤损害，简称皮损或皮疹。它是诊断和鉴别皮肤病的主要依据，分为原发性损害和继发性损害。

1．原发损害

原发损害是指首先出现的原始性损害，是特有病理过程所产生的初期损害，包括斑疹、斑块、丘疹、水疱与大疱、脓疱、风团、结节及囊肿等。

(1) 斑疹与斑片。斑疹与斑片是皮肤病症状中最常见的原发损害之一。斑疹为不凸起也不凹陷的可见而不可触知的、与皮面平行的色素变化性皮损。斑疹常为圆形、椭圆形或不规则形，边缘清楚或模糊。斑片是指相互融合成较大（直径超过 2 cm）的斑疹，其直径可达 15～20 cm，如红斑、黑斑（见图 4—1）、色减斑、咖啡斑、脱色斑等。

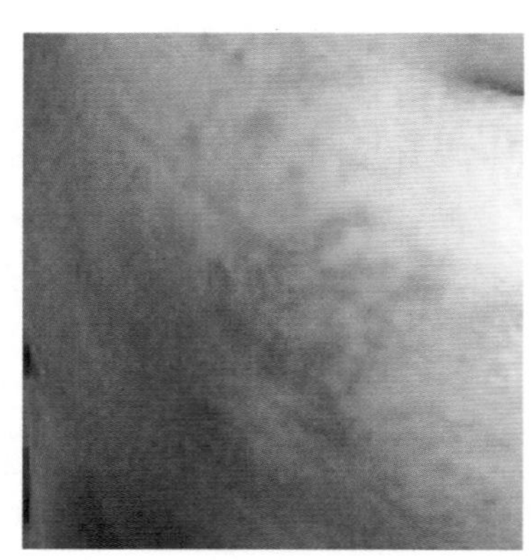

图 4—1　黑斑

斑疹与斑片引起的原因比较复杂，形态多种多样，分布部位各有特点（见表 4—1）。

(2) 丘疹。丘疹为局限性隆起皮肤表面的实质性损害。视诊可看到，触诊可触及丘状损害，一般范围较小，其直径通常在 1 cm 以内，若丘疹扩大或丘疹互相融合成扁平隆起呈片状则称为斑块。丘疹的形状各异，多为圆形，也可为扁平形、多角形、锥形、脐状、蒂状及盘状等。颜色可以是红色、白色、褐色等。丘疹可发生在全身各部

表 4—1　　斑疹病因分类表

斑疹病因分类	常见病因	举例
微生物	病毒	麻疹、风疹
	细菌感染	猩红热、丹毒
	螺旋体感染	梅毒疹
物理性	火激红斑	红外线照射
	冻疮红斑	长期寒冷
	光毒性红斑	强烈日光照射
变态反应性	药物红斑性皮疹	磺胺类、解热镇痛药
	接触性皮炎	化妆品、皮毛

位或毛囊、汗腺的部位。丘疹存在时间可长可短，数目可多可少，可柔软或坚硬，表面光滑或粗糙，可呈乳头状或表面覆以鳞屑，可散在各部位或群集分布。丘疹自觉症状轻重不同，有瘙痒等症状或无任何自觉症状，如毛囊炎初起为红色充实性丘疹（见图 4—2）。

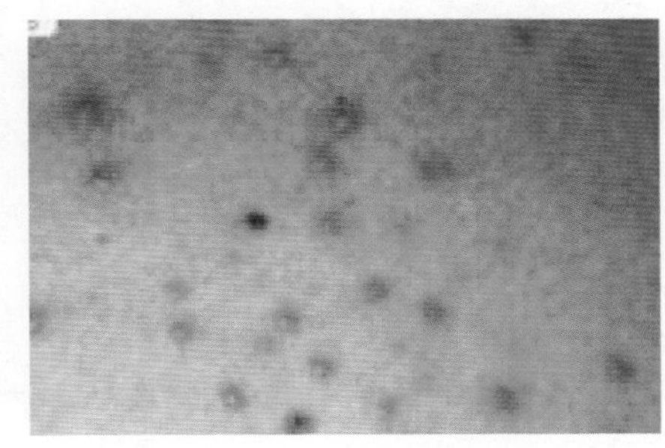

图 4—2　毛囊炎的红色丘疹

多种皮肤病可表现为丘疹。有的仅为丘疹单独表现，有的同时伴有其他皮损，丘疹发生的病变位于表皮或真皮上部（见表 4—2）。

斑丘疹为介于斑疹与丘疹之间的稍隆起的皮疹。

表 4—2　　丘疹的机理和原因

丘疹的机理	常见问题	病理原因
代谢产物的堆积	皮肤淀粉样变	为真皮乳头淀粉样蛋白沉积
表皮或真皮细胞局限性增生	寻常疣、扁平疣、银屑病	表皮细胞的过度增生使表皮局限性隆起
炎性水肿 细胞浸润表皮或真皮	化脓性炎性丘疹	以嗜中性粒细胞浸润为主
	慢性炎性丘疹	以淋巴细胞浸润为主
	变应性丘疹	以嗜酸性粒细胞浸润为主

（3）水疱和大疱。水疱和大疱为高出皮肤的疱疹，内含有水液。直径小于 0.5 cm 者称为小疱，直径大于 1 cm 者称为大疱。疱内的液体多为浆液，呈淡黄色。疱液含有

血液时呈红色，称血疱。

水疱的形成大多是由于炎症反应的结果，如细菌、病毒、寄生虫（疥虫）或变态反应引起的，常见的有天疱疮、带状疱疹等（见图 4—3）。

（4）脓疱。脓疱是指表皮或表皮下形成的腔隙，内容物为脓液的疱疹。大多数脓疱是化脓性细菌感染引起的皮肤防御性炎性反应，疱周有红晕，如传染性脓疱疮。脓疱也是美容皮肤科常见的一种情况，如脓疱型痤疮（见图 4—4）。

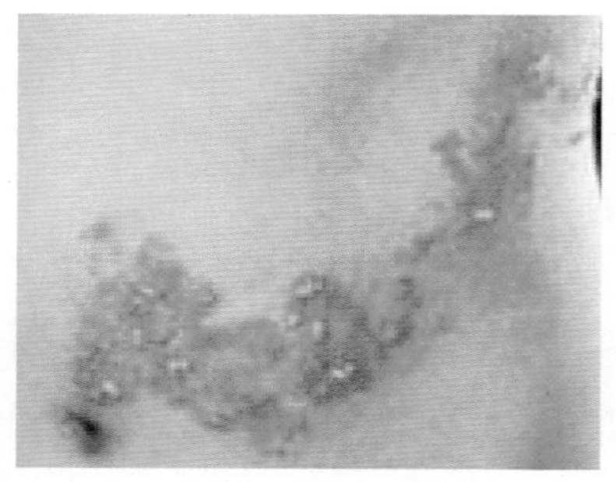

图 4—3　带状疱疹

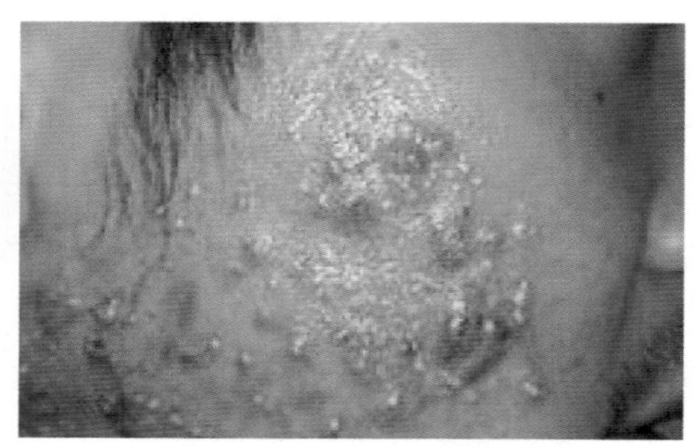

图 4—4　脓疱型痤疮

（5）风团。风团为真皮浅层水肿引起的暂时性、局限性、隆起性损害。其特点是发生突然，伴有瘙痒。皮疹消退快（一般不超过 24 小时），消退后不留痕迹，俗称“风疹块”（见图 4—5）。

（6）结节。结节为可触及的圆形或类圆形局限性实质性块物，病变可深达真皮或皮下组织。可由炎性浸润（如结节性红斑）或代谢物沉积（如结节性黄色瘤）所致。皮损成圆形或椭圆形，可隆起于表面，亦可不隆起，需触诊方可查出，触之有一定硬度或浸润感。结节可吸收消退，亦可破溃成溃疡，愈后形成瘢痕（见图 4—6）。

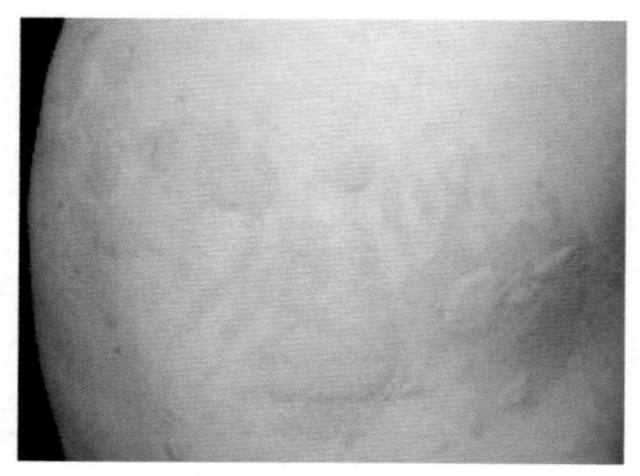

图 4—5　风团

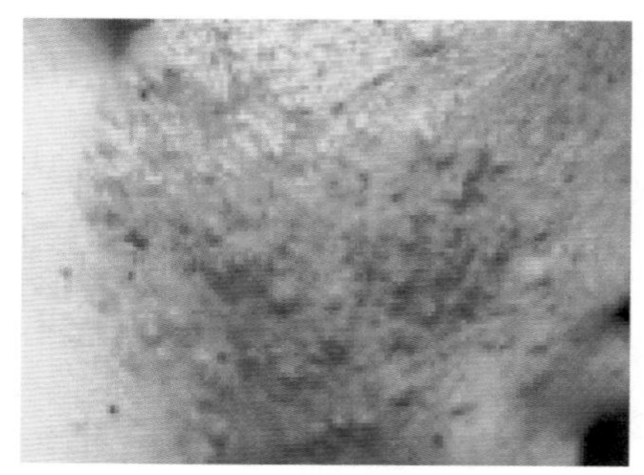

图 4—6　结节性痤疮

(7) 囊肿。囊肿为含有液体或半液体的囊状结构，大多为圆形，突出皮肤表面为半圆形。一般多位于真皮及皮下组织。因有囊壁包裹故边缘光滑整齐，与周围组织粘连少，故触之光滑有弹性及囊性感，其表面皮肤多无炎症而呈正常皮色（见图 4—7）。

(8) 毛细血管扩张。毛细血管扩张是指毛细血管或静脉末端扩张。这些血管呈丝状、星状或蛛网状改变，大多为鲜红色，玻璃片压迫后不退色，呈单发或多发，发展缓慢，或发生后无明显增大。毛细血管扩张可限于某部位，范围也可较广泛，既可以是局部的改变，也可以是某些疾病的特殊表现形式。毛细血管扩张可以原发，如血管痣、遗传性良性毛细血管扩张等，也可以继发硬皮病、酒渣鼻等疾病，还可见于过度溶解角质所致（见图 4—8）。

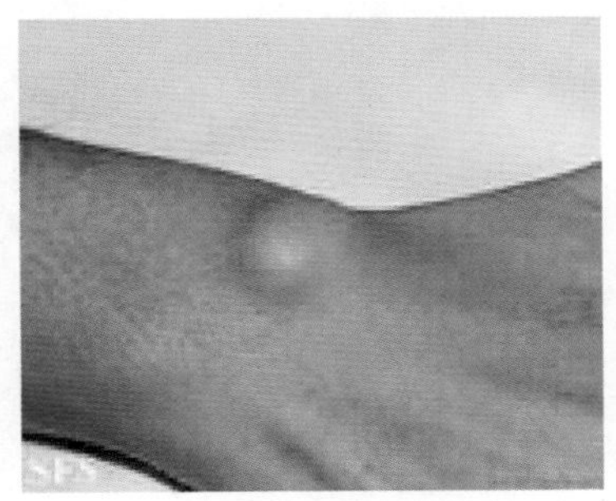

图 4—7　囊肿

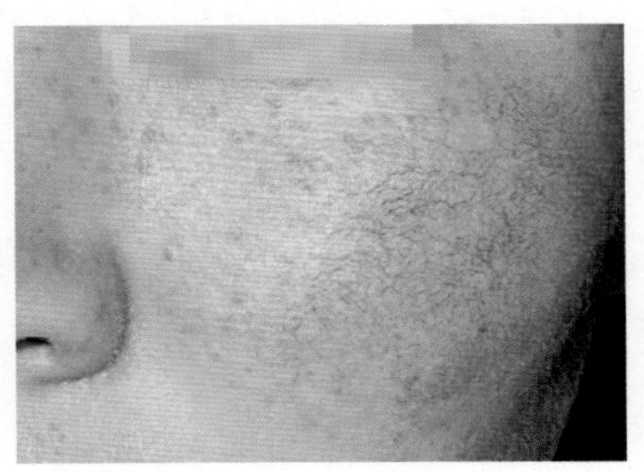

图 4—8　毛细血管扩张

2．继发性损害和色素变化

继发性损害系由原发性皮损经过搔抓、感染或治疗不当及机械性损伤所致。继发性损害包括鳞屑、糜烂、结痂、溃疡、瘢痕、皲裂、萎缩、浸渍、抓痕及苔藓化。继发性色素变化是指在原损害消退后，患处遗留下永久或短时期的色素减退或增加。

(1) 鳞屑。鳞屑指脱落或即将脱落的表皮角质细胞，表现为大小、厚薄及形态不一的干燥或油腻的碎片，也可呈糠皮状、鱼鳞状或大片状。在正常情况下，由于新陈代谢的关系，表皮角质层也在不知不觉地脱落。当皮肤炎症或角化过度、角化不全时，即产生可见的鳞屑。

(2) 浸渍。浸渍指皮肤皱褶处角质层因长期潮湿、浸水使角质层吸收较多水分后而松软、发白甚至起皱的状态。

(3) 糜烂。糜烂指皮肤表皮或黏膜上皮缺损，露出潮红、湿润的表面。糜烂多由水疱、脓疱破裂或浸渍处表皮脱落形成，愈后不留疤痕。

(4) 溃疡。溃疡是指皮肤或黏膜的深达真皮以下的缺损。溃疡形态、大小、深浅随病因而异，愈后有疤痕形成。溃疡面可有浆液、脓液、坏死组织或痂皮覆盖。

（5）痂。痂也称结痂，指皮损表面的浆液、脓液、血液及脱落组织等干涸而成的附着物。由浆液形成的痂呈淡黄色，较薄，多见于皮炎湿疹的糜烂面。

（6）苔藓样变。苔藓样变也称苔藓化，是指皮肤局限性厚片。皮现粗糙变硬、干燥脱屑、皮沟加深、皮嵴突起等类似革样的表现，触之如树皮。苔藓样变多因摩擦或搔抓等使角质层及棘细胞层增厚，真皮慢性炎症浸润所致(见图4—9)。

（7）瘢痕。瘢痕是指真皮或更深层的组织缺损或破坏后由新生结缔组织修复而形成的损害。损害高于皮面者为增生性瘢痕，低于皮面者为萎缩性瘢痕，而与皮面平的为平滑瘢痕。

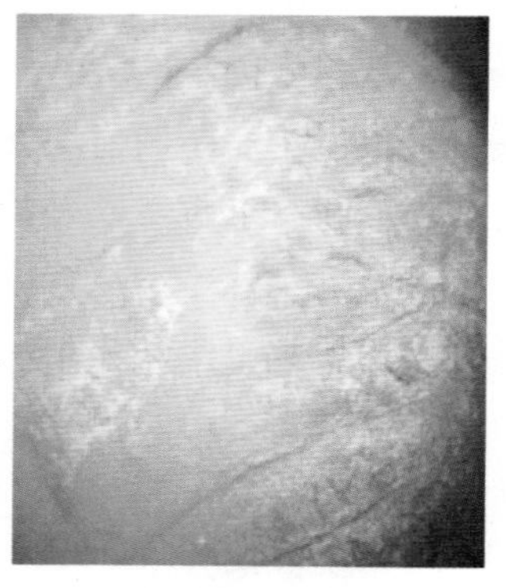

图4—9　苔藓样变

学习单元2　疑难皮肤问题

【学习目标】

1. 熟悉扁平疣、银屑病、脂溢性皮炎等的特点及症状
2. 掌握扁平疣、银屑病、脂溢性皮炎的防护方法
3. 了解、熟悉毛周角化病和汗管腺瘤等的特点及症状

【知识要求】

一、扁平疣

扁平疣是人类乳头瘤病毒引起的皮肤上突出的病变，又称青年扁平疣，中医称“扁瘊”。表面多扁平光滑，无明显不适，好发于青少年面部、手背等处。常呈慢性病变过程，属良性疾病，可以治愈，无严重危害。它的病原体和寻常疣一样，是由人类乳头状瘤病毒感染人体皮肤所造成的皮肤赘生物（见图4—10)。

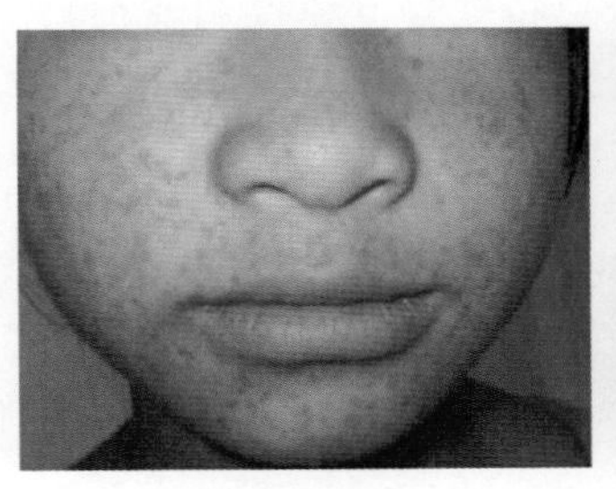
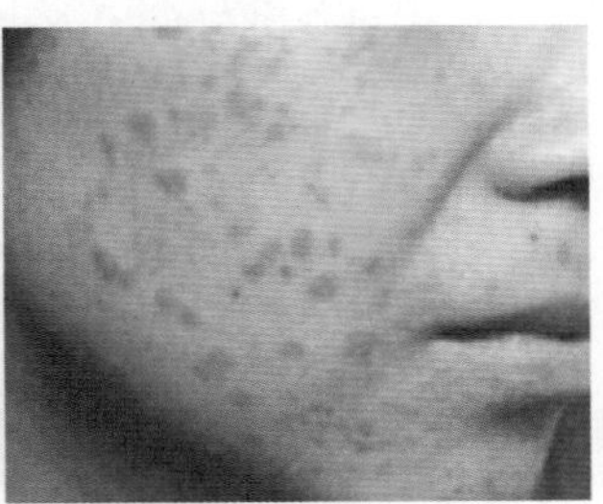

图 4—10 扁平疣

1. 扁平疣的临床特征

临床表现为皮色或粉红色的扁平丘疹多见于面部和手背，无明显的自觉症状，病程呈慢性，可通过直接或间接的接触传染。扁平疣好发于青少年，又称青年扁平疣。扁平疣多发于颜面部、手背和前臂部等处，可分散分布，表面光滑，数目较多，也可密集成片，有时可见因搔抓而沿抓痕呈串珠状排列。

扁平疣的形态多种多样，可呈圆形、椭圆形或多角形等，为针头至黄豆大小。扁平疣光滑，高出正常皮肤表面呈小丘状。

扁平疣颜色可如同正常皮肤或呈淡褐色，一般无自觉症状或感微痒，在初发病时，皮损发展及增多较快。因扁平疣的疣体中有大量活跃的病毒，当局部被搔抓时，疣体表面和正常皮肤可产生轻微的破损，这时病毒很容易被接种到正常皮肤上而产生新的疣体。一旦出现明显瘙痒或其周围皮肤发红通常预示着皮损将要消退。本病有自限性，如不治疗通常 1～2 年内或更久而自行消退。愈后不留痕迹或仅有暂时性色素沉着，常因数目较多而影响容貌。

扁平疣发病突然，多于不知不觉中发生，不仅可以自身传染，还可通过接触传染，有时与患有扁平疣者密切接触就很容易被感染。所以，美容院尤其要做好消毒工作。

2. 扁平疣的病因

扁平疣由人乳头状瘤病毒（HPV）感染引起，HPV 经直接或间接接触传播到达人皮肤和黏膜上皮细胞，通过微小糜烂面的接触而进入细胞内，停留在感染部位的上皮细胞核内复制并转录。

一般认为，人体免疫功能紊乱、机体抵抗力下降易诱发该病。

3. 扁平疣的防护要点

提高机体免疫力，避免搔抓。治疗方法较多，如抗病毒，但有时效果并不明显。

(1) 本病可突然消失，不留瘢痕。

（2）外用药物可采用维a酸软膏、咪喹莫特软膏（免疫调节剂）、阿昔洛韦药片与软膏（抗病毒）等治疗。

（3）物理治疗包括冷冻及激光治疗。

（4）严重者可口服异维a酸胶囊治疗。

二、银屑病

银屑病俗称“牛皮癣”，是一种常见的易复发的慢性炎症性皮肤病，瘙痒、鳞屑和可见的斑块是困扰患者的主要问题。特征性损害为红色丘疹或斑块上覆有多层银白色鳞屑。青壮年发病最多，男性发病多于女性，北方多于南方，春冬季易发或加重，夏秋季多缓解。临床上有四种类型，即寻常型、脓苞型、红皮病型和关节病型。寻常型银屑病最为常见，病情较轻，本病呈慢性经过，治愈后容易复发。

1．银屑病的临床特征

（1）牛皮癣初发时为针头至扁豆大的炎性扁平丘疹，逐渐增大为钱币或更大淡红色浸润斑，境界清楚，上覆多层银白色鳞屑（见图4—11）。

（2）银屑病皮损形态可表现为多种形式。急性期皮损多呈点滴状，鲜红色，瘙痒较明显；静止期皮损常为斑块状或地图状等；消退期皮损常呈环状、半环状。少数皮疹上的鳞屑较厚，有时堆积如壳蛎状。

（3）刮除表面鳞屑,则露出一层淡红色发亮的半透明薄膜，再刮除薄膜，则出现小出血点。

（4）银屑病继发红皮病者称红皮病型银屑病，皮疹有少量渗液，附有湿性鳞屑。初起为小脓疱，伴有发热等症状者称为脓疱型银屑病。合并关节病变者称为关节型银屑病（见图4—12、图4—13 ）。

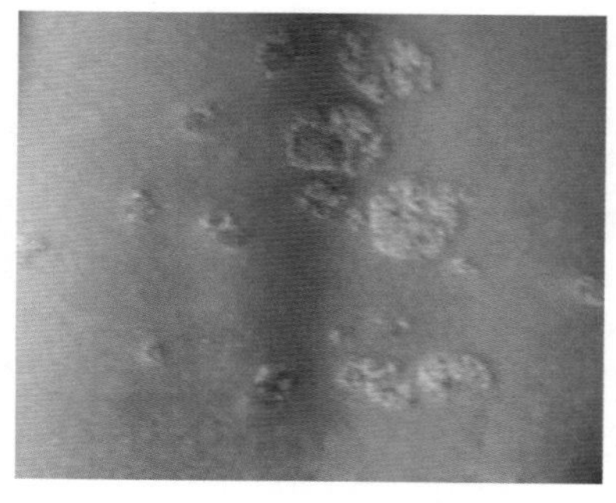

图4—11　银屑病

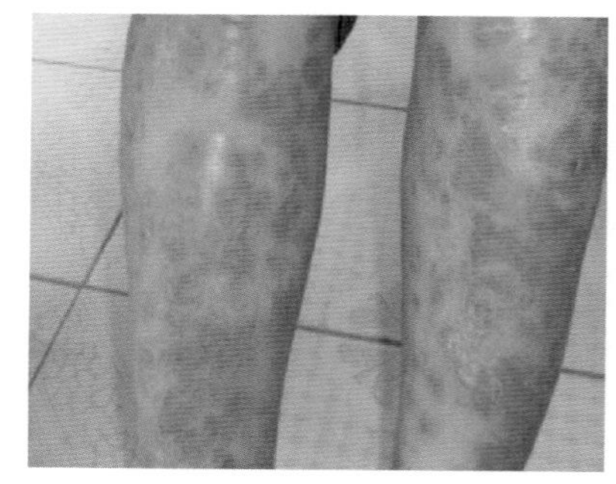

图4—12　红皮病型银屑病

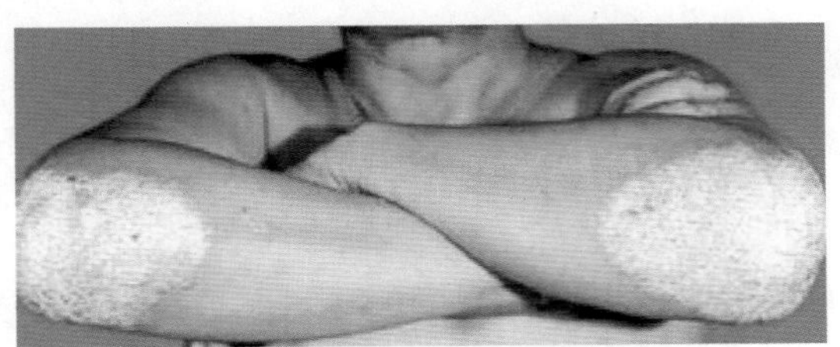

图 4—13　关节型银屑病

(5) 银屑病皮损可在身体任何部位对称性发生，好发于肘、膝关节伸侧和头部，少数病人指（趾）甲和黏膜亦可被侵。

(6) 银屑病发病常与季节有关，有夏季增剧、秋冬自愈者，也有冬春复发、入夏减轻者。

2．银屑病的病因

银屑病最初被认为是一种角质形成细胞的生化或细胞缺陷造成的表皮疾病。但近年的发现表明，它属于多基因遗传的疾病，存在多种激发因素，如创伤、感染、药物等都可能在易感个体中诱发该病，与免疫功能异常、代谢障碍及内分泌变化等有关。

(1) 感染。尤其是细菌感染可以诱发或加重银屑病。45%的银屑病患者中可以存在诱发感染。链球菌感染，尤其是咽炎是最常见的诱因，链球菌感染可以引起点滴状银屑病发病。有时，鼻窦、呼吸道、胃肠道、泌尿生殖系统感染也可以引起银屑病加重。人类免疫缺陷病毒（HIV）感染也可以加重银屑病。

(2) 内分泌。低血钙是脓疱型银屑病的一个诱因。

(3) 精神压力。精神压力和银屑病的关系已经非常明确，它既可以诱使银屑病发病，也可以加重已有的银屑病。加重往往在精神刺激后几周到几个月内发生。

(4) 药物。锂制剂、干扰素、β-受体阻滞剂和抗疟药可以使银屑病加重。激素快速减量可以造成银屑病泛发或导致脓疱型银屑病。

3．银屑病的防护方法

银屑病的预防指避免患者病情的加重和复发，即延长缓解期而言。保持良好的生活习惯、不嗜烟酒对银屑病患者尤为重要。另外，感冒、咽喉发炎会使疾病复发或加重，要适当进行体育锻炼，避免过于疲劳，注意休息。提高身体素质、保持心身健康是预防银屑病的关键。精神和心理因素在银屑病的发病中占有重要位置，因此放松心情在预防中也很重要。

(1) 日常生活注意事项。居住条件要干爽、通风、便于洗浴。清洗患处时，动作要轻柔，不要强行剥离皮屑，以免造成局部感染，如红、肿、热、痛等，容易影响治疗，使病程延长。

（2）银屑病患者日常的洗澡护理

洗浴次数。如有条件宜每天洗澡，如果能洗某些药浴或矿泉浴则更好。

洗浴的温度。一般水温在35～39℃之间，也可以根据皮损的类型选择水温。例如，寻常型进展期及红皮病型、脓疱型、渗出型皮损不宜接受过强的刺激，水温应低一些；而对静止期皮损，特别是明显肥厚的斑块型皮损，水温则可高一些。

洗浴时间。洗浴时间根据患者所选水温高低及个人的耐受情况而不同，一般以20～50分钟为宜。如果水温低、患者的耐受性较大，洗浴时间可以长一些，而水温高、患者的耐受性较差，则应短一些。

洗浴方式。洗浴方式应以浸浴为宜，并且不可过度搔抓皮损，亦不可使用浴巾等用力搓擦。

（3）银屑病治疗。银屑病治疗的目的在于控制病情，延缓其向全身发展的进程，减轻红斑、鳞屑、局部斑片增厚等症状，稳定病情，避免复发。常用的治疗方法如下：

1）外用药。对于新发的面积不大的皮损，尽可能采用外用药，药物的浓度应由低至高，如维生素 D_3 类似物、糖皮质激素、维A酸凝胶和霜剂等。

2）内用药。内用药如甲氨蝶呤（MTX）、维A酸类（维A酸类药物可以调节表皮增殖和分化及免疫功能等）、糖皮质激素等，可采用免疫疗法和生物制剂疗法等。

3）物理疗法。物理疗法可应用紫外线、光化学疗法（PUMA）、宽谱中波紫外线（BB－UVB）疗法、窄谱中波紫外线（NB－UVB）疗法、水疗等。

三、脂溢性皮炎

脂溢性皮炎是发生于皮脂腺分布较丰富部位的一种慢性皮肤炎症。由于机体内皮脂腺分泌功能亢进，皮脂过多地排出而堆积在皮肤上，使堆积处皮肤发生慢性炎症性病变。其表现为头皮多脂、油腻发亮、脱屑较多，为鲜红或黄红色斑片，表面附有油腻性鳞屑或痂皮，常伴有不同程度瘙痒，成年人多见，亦可见于新生儿。

1．脂溢性皮炎的临床特征

常见于皮脂腺分泌比较旺盛的青年人及成年患者，好发于皮脂腺分布较丰富的部位，常自头部开始向下蔓延，典型损害为褐色或淡黄红色斑片，边界清楚，上有油腻性鳞屑或结痂，伴有不同程度的瘙痒。由于部位和损害的轻重不同，临床表现亦有区别，这里主要介绍头面部的脂溢性皮炎（见图 4—14）。

（1）头皮。开始为大片灰白色糠秕状或油腻性鳞屑性斑片，以后逐渐扩展融合成大斑片，边界清楚，对称分布，自觉瘙痒，呈慢性经过，易反复发作。严重者全头皮均覆有油腻性臭味与厚痂，并可伴有脂溢性脱发。

（2）面、耳、颈。常由头皮蔓延而来，面部以前额、眶上、眼睑、鼻唇沟尤甚。初起患处发红，出现粟粒大小的丘疹，其色淡红，久则融合成黄红色鳞屑性斑疹，上覆油腻厚痂，如膏似脂，瘙痒不止，眉毛常因搔抓而稀少脱落，鼻唇沟及耳后可有皲裂（见图 4—15）。

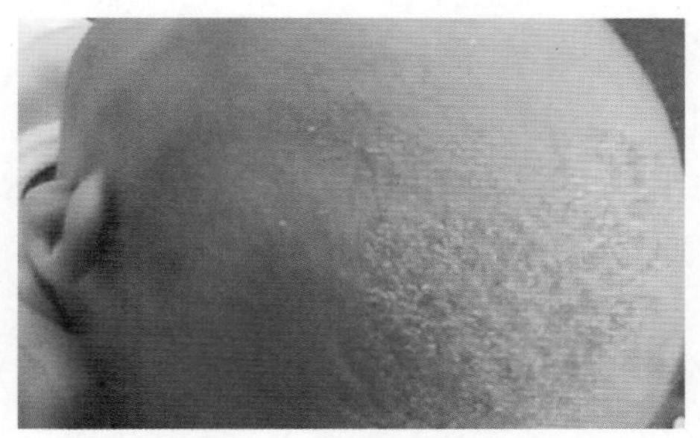

图 4—14　头部脂溢性皮炎

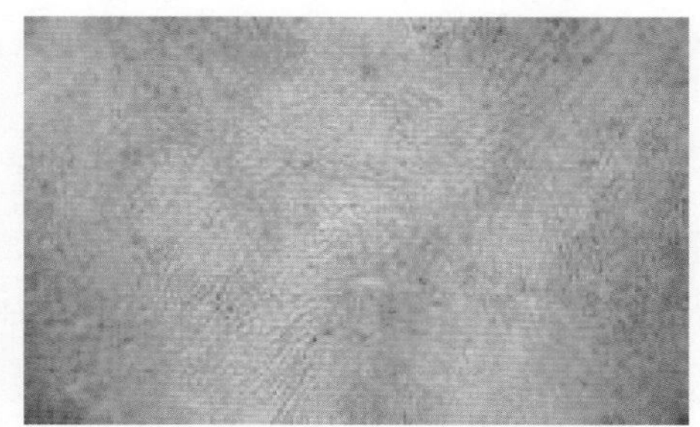

图 4—15　脂溢性皮炎

（3）胡须部。胡须部脂溢性皮炎有两种类型，一种是皮损发红，可有淡褐色结痂，状似胡须，常称之为须疮；另一种则表现为泛发性红色，白屑较多，可见脓疱，有疤痕形成。

2．脂溢性皮炎的病因

脂溢性皮炎的发病原因尚未清楚，一般认为可能与免疫、遗传、激素、神经和环境因素有关；有的认为与消化功能失常，食糖、脂肪过多，精神紧张，过度劳累，细菌感染，维生素 B 族缺乏等有一定关系；也有人认为与性腺分泌紊乱有关，雄激素分泌亢进所致皮脂分泌过多。除此以外，在皮脂溢出过多的基础上，皮肤表面正常菌群失调，所以脂溢性皮炎可继发真菌和细菌（痤疮丙酸菌）感染，并发痤疮症状，还可继发对真菌、细菌的过敏反应等。

中医一般认为脂溢性皮炎的发生与肾阴不足、相火妄动或肺胃血热上冲相关，热毒不得疏通，而致局部新陈代谢与血液微循环发生障碍，并继发皮疹、丘疹或斑片与油腻状鳞屑的症状。

3．脂溢性皮炎的防护方法

（1）防护要点

1）原则。限制多糖、多脂饮食，忌食刺激性食物，避免搔抓，生活起居规律。

2）每晚用温水涂少量硫黄香皂或硼酸皂洗脸，清除面部油腻，清洁皮肤。

3）需耐心坚持治疗，不要滥用药物，特别是激素类药物。

(2) 脂溢性皮炎的治疗

1）局部治疗。去脂、杀菌、消炎和止痒。

①复方硫黄洗剂（库氏洗剂）每晚1次外用，5%硫黄软膏外用；硫化硒香波（希尔生）或硫黄软皂每周1～2次洗头。

②抗真菌制剂，如2%酮康唑洗剂（商品名采乐）或1%联苯苄唑香波洗发、洗澡，3%克霉唑乳膏、2%咪康唑乳膏、联苯苄唑乳膏等均可选用，但应注意此类药物可能对皮肤有刺激性和致敏作用。

③维生素 B_6 乳膏、护肤乳膏、维生素E乳膏等，可轮换选用，每日1～3次。

④在皮疹炎症重、瘙痒明显时，可酌情加用糖皮质激素制剂，如0.05%地塞米松软膏等，选择一种，每日1～2次外用。注意面部及皮肤薄嫩部皮损不宜长期应用，以免出现激素局部副作用，如痤疮、毛细血管扩张、皮肤萎缩及色素改变等。

2）系统治疗

①复合维生素B，2片，每日3次口服；维生素 B_6，10～20 mg，每日3次口服；复合维生素B注射液，2 mL，每日或隔日1次肌内注射。

②抗组胺类药物。可选择1～2种口服以达到止痒目的。

③糖皮质激素。主要在炎症明显或皮疹广泛而其他治疗不能控制时短期应用，可予泼尼松，20～40 mg/d，分2～3次口服。

④抗生素类药物。重症皮脂溢性皮炎或有明显渗出时，选择米诺环素50～100 mg，每日2次口服或红霉素口服，或抗真菌剂如依曲糠唑0.1～0.2 mg，每日2次口服。疗程1～2周。

3）中医治疗。潮红、渗液、结痂时可以清热、解毒、利尿为治则，用龙胆泻肝汤加减。仅有痒而无渗出时，以养血、润燥、祛风、清热为治则，用祛风换肌散加减。

4．脂溢性皮炎的鉴别诊断

(1) 头部银屑病。损害颜色鲜红，表面覆有多层银白色鳞屑，头发呈束状，剥离有点状出血，同时出现身体其他部位银屑病的皮损（见图4—16）。

(2) 玫瑰糠疹。始发于颈部、躯干及四肢近端，一般不侵犯头部。常先有母斑，皮损呈椭圆形，皮疹与皮肤长轴或皮纹走向一致，鳞屑较薄，不带油腻（见图4—17）。

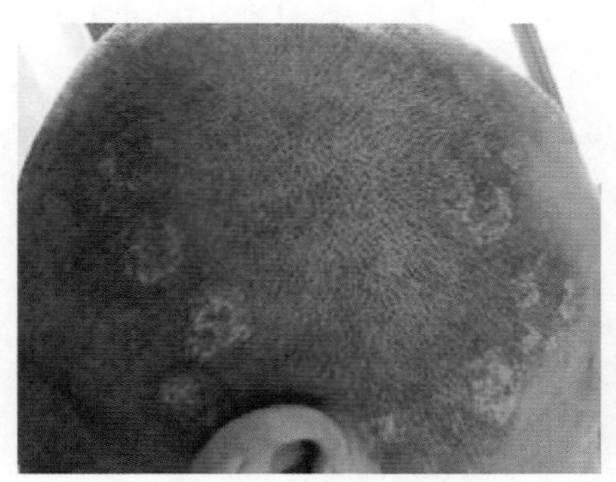

图 4—16　头部银屑病

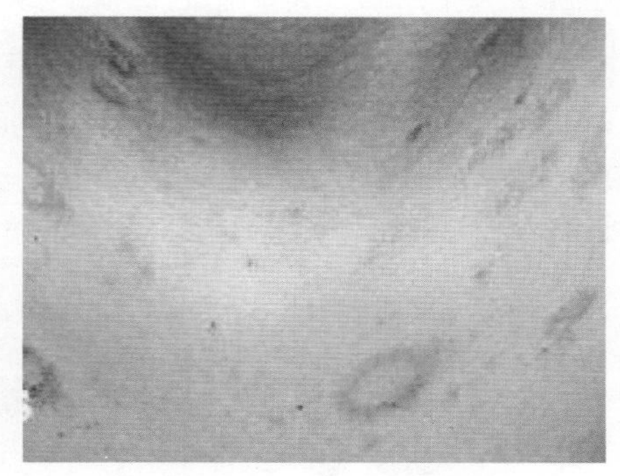

图 4—17　玫瑰糠疹

（3）湿疹。好发部位不同，无油腻性鳞屑及油性痂皮，皮疹为多形性，瘙痒剧烈，常有渗出。慢性湿疹可表现为皮肤粗糙增厚及苔藓化（见图 4—18）。

（4）体癣。损害数目少，不对称。鳞屑不呈油腻性，损害呈中心痊愈，周边炎症显著，易查到菌丝及孢子（见图 4—19）。

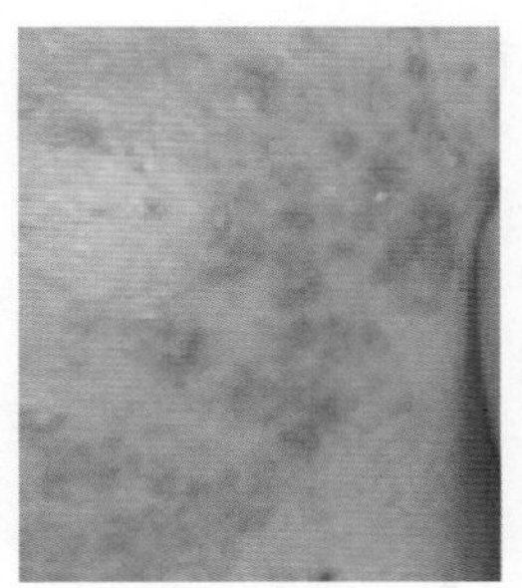

图 4—18　湿疹

图 4—19　体癣

四、日光性皮炎

日光性皮炎俗称晒斑，是一种由光线引起的、发生于暴露部位的过敏反应性皮肤病。日光性皮炎是由日光中的中波紫外线（UVB）过度照射后，引起皮肤被照射部位出现的急性炎症反应。由于中波紫外线作用于浅表，仅表现在皮肤的表皮。且日光强烈照射后会很快造成皮肤表皮角朊细胞坏死，并释放介质导致真皮血管扩张，从而引起组织水肿。随后黑素细胞在日光的强烈照射下，加速合成黑素，从而使被晒皮肤变黑。所以日晒伤多在日光强烈照射后 4～6 h，被照射皮肤出现边界明显的红斑，严重者可出现水肿，12～24 h 达到高峰，并伴有局部灼痛或刺痛。有的可能会出现局部瘙痒，更严重者可能会引起全身症状，如发热、头痛、恶心、呕吐等。皮肤反应程度因照射时间、范围、环境因素及肤色不同而有差异。日光性皮炎多见于春末夏初，高原居民、雪地勘探或水面作业者发病较多。此外，雪域高原，水上海边旅游者也多见日光性皮炎（见图 4—20）。

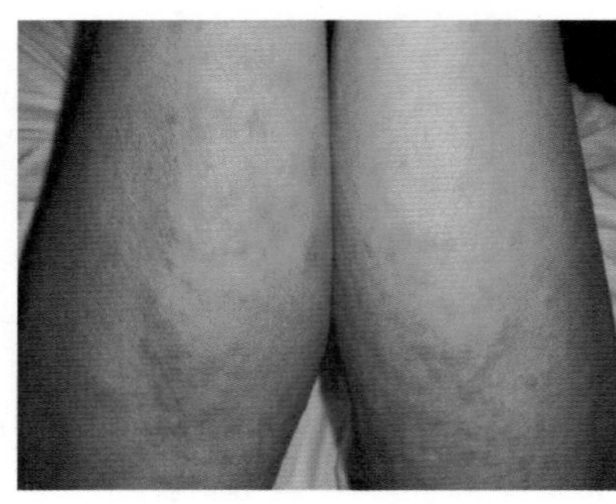
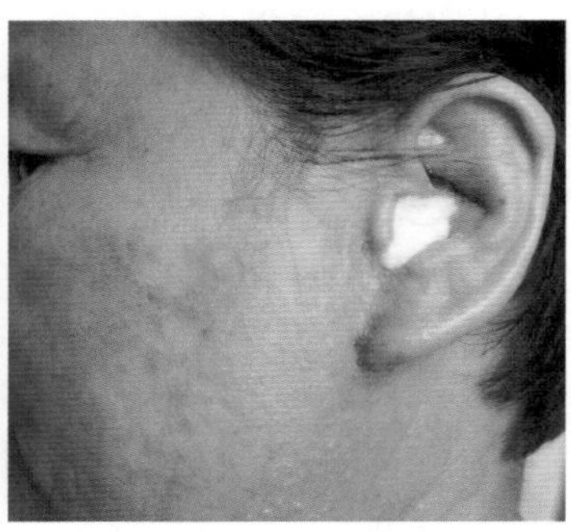

图 4—20　日光性皮炎

1. 日光性皮炎的临床特征

（1）当皮肤受到强烈日光照射 2～6 h 后，暴露的部位，如面、颈、前臂伸侧、手背等，出现红斑、丘疹、风团样或水疱等皮疹。

（2）以小丘疹及丘疱疹最为多见，少数患者表现为红斑水肿或斑块。病变与日光照射密切相关，每于照射后，皮损明显加重，痒感加剧。

（3）适当避光后则有好转。皮疹常反复发作，日久可发生苔藓样改变，色素增加。一般到秋季以后逐渐减轻，来年春季复发，可持续多年。

（4）皮损部位有烧灼感、痒感或刺痛，有脱屑或遗留有不同程度的色素沉着。严重者可伴有类感冒症状，如发烧、乏力、全身不适等。

日光性皮炎根据皮肤反应轻重分为一度晒伤和二度晒伤。一度晒伤表现为局部皮肤经日晒后出现弥漫性边界清楚的红斑、水肿，24～36 h 达高峰。二度晒伤表现为局部皮肤红肿后，继而发生水疱甚至大疱，疱壁紧张，疱液为淡黄色。自觉症状有灼痛或刺痒感。水疱破裂后呈糜烂面，不久干燥结痂，遗留色素沉着或色素减退。

日晒后第二天病情到达高峰，可伴有发热、头痛、心悸、乏力、恶心、呕吐等全身症状，一周后可恢复。

2. 日光性皮炎的分类

（1）日晒伤或光感性皮炎。这是暴露皮肤直接受到强烈光线的刺激，引起的皮肤损伤。照射部位有红斑，慢慢脱皮，有疼痛感或愈后留有色素沉着。严重伴有丘疹、水疱等，有瘙痒或疼痛等感觉。

（2）光敏性皮炎。不只在光照部位，非光照部位也会出疹，表现为皮炎或湿疹样等，往往在照光后感到不舒服，有瘙痒、灼热或疼痛感。而长期不做日光防护，经常让皮肤暴露在日光的照射下，还会引起慢性日光性皮炎、光的损伤或光的皮肤老化。皮肤容易产生结节、增厚等现象，或有色素沉着，甚至皮肤萎缩或起皱纹，有瘙痒等感觉。

3．日光性皮炎的病因

（1）阳光照射。阳光照射是引起日光性皮炎一个较为重要的因素。日晒伤主要由日光中波长 290～320 nm 的 UVB 所致，当皮肤受 UVB 照射后上皮细胞受损释放组胺等炎症介质引起血管扩张或渗出。

（2）光敏感食物的摄入。如灰菜（藜）、苋菜（米苋）、萝卜叶、猪毛菜、芹菜、香菜、芥菜和菠菜等。

（3）光敏性药物的使用。如四环素软膏、煤焦油类制剂、补骨脂素、白芷素等。

（4）光敏感精油的使用。如佛手柑香油、柠檬油、檀香油等。

4．日光性皮炎的防治方法

（1）加强锻炼，做好防护。经常参加户外锻炼，使皮肤产生黑色素，以增强皮肤对日光的耐受性，对日光敏感性较强的病人，应尽量避免日光暴晒。一般不宜在上午 10 时到下午 2 时光照强烈时外出。外出时做好防护，使用伞、帽子和墨镜等。还可以外用一些遮光剂，如防晒霜，于暴晒前 15 分钟搽在暴露部位的皮肤上。

（2）避免吃光敏感的食物。外出日避免吃光敏食物，有助于光敏性皮炎的预防。

（3）慎用光敏感的精油。外出前 4 小时内避免使用光敏感的精油。

（4）防止再次暴晒。

（5）局部外用药物疗法应以消炎、安抚、止痛为原则。一般外擦炉甘石洗剂、锌霜。剧痒者加服抗组织胺药等。

（6）治疗。严重者医院就诊。

五、汗管腺瘤

汗管瘤又称汗管囊瘤或汗管囊肿腺瘤，是表皮内小汗腺导管的一种腺瘤。现已证明为一种向汗管分化的小汗腺肿瘤，以常染色体显性遗传方式遗传。部分汗管瘤患者有家族史，多见于女性（见图 4—21）。

1．汗管腺瘤的临床特征

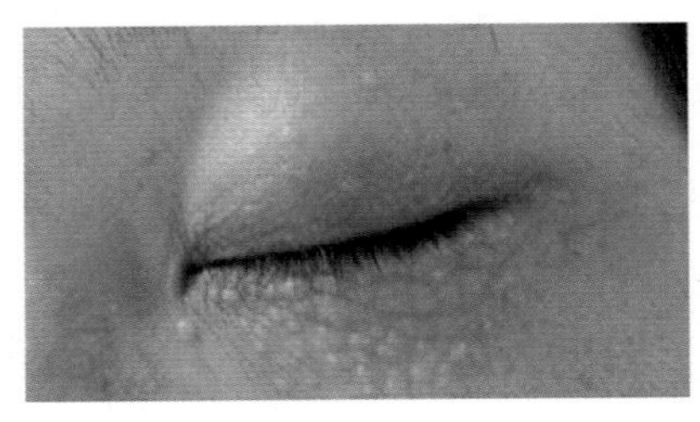
图 4—21　汗管瘤

(1) 常对称分布于双下眼睑和两颊、额部、颈部，有时见于胸部、腹部。

(2) 皮疹为皮肤色或淡棕黄色的半球形丘疹，针头或绿豆大小，表面有蜡样光泽，质地中等，可密集但不相融合。

(3) 自觉症状不明显，有些人夏季出汗时有轻度瘙痒、烧灼或肿胀感。

(4) 多见于女性，可发生于任何年龄，但常在青春期出现或显著增多，妊娠期、月经前期或使用女性激素时皮疹增大，达到一定大小时不再增大，呈慢性病程，很少自行消退。

2．汗管腺瘤的病因

一般认为，汗管瘤是一种小汗腺表皮内导管分化的肿瘤，与内分泌、妊娠、月经及家族遗传等因素有关。当人出现精神创伤、过度劳累、月经期或内分泌失调等人体免疫力降低的时候，皮疹可逐渐增多或增大。

中医认为多由肌肤腠理毛孔不密，风热邪毒侵入皮肤，或人体肝虚血燥，筋气不荣，郁积皮肤生成丘疹而发病。

3．汗管腺瘤的防治方法

(1) 夏季炎热会导致汗管增生状况加重，因此要避免热气蒸脸。例如，美容时用蒸汽熏蒸、经常在厨房中接触蒸汽等都容易加重病情。

(2) 不要擅自强力挤压或用不洁针头试图挑开，以免引起皮肤感染。

(3) 汗管瘤一般无须治疗。如影响美容需要治疗时，可采用液氮冷冻或电解治疗，对密集成片的损害可采用皮肤磨削术进行治疗，也可用激光等物理疗法。

4．鉴别诊断

(1) 扁平疣。丘疹顶部扁平，疏散分布，好发于面和手背。

(2) 毛发上皮瘤。丘疹略大而坚实，表面可见扩张毛细血管，好发于鼻唇沟处，组织病理见角质囊肿（见图 4—22）。

六、毛周角化病

毛周角化病又称毛发苔藓或毛发角化病，是一种常见的角化异常性疾病。毛囊口有角质栓，为多发性针尖大小的毛囊角化性丘疹，主要分布于上臂、股外侧及臀部，有时可见面部损害。损害通常在冬季明显，夏季好转。该病病因不明，其发生与遗传有很大的关系，常有家族史。毛周角化病主要影响美容，偶尔引起瘙痒，极少数病人会引起毛囊脓疱（见图 4—23）。

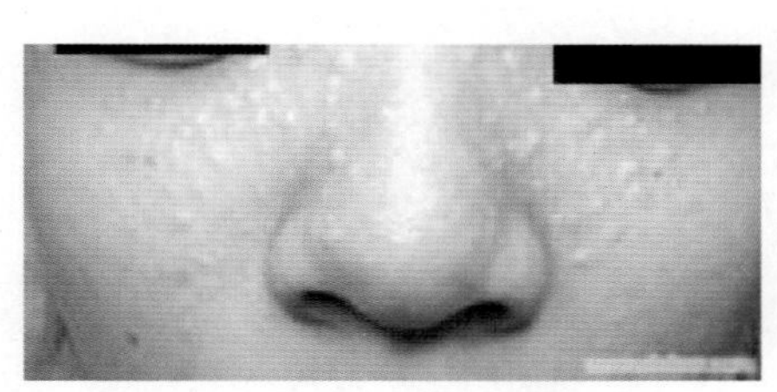
图 4—22　毛发上皮瘤

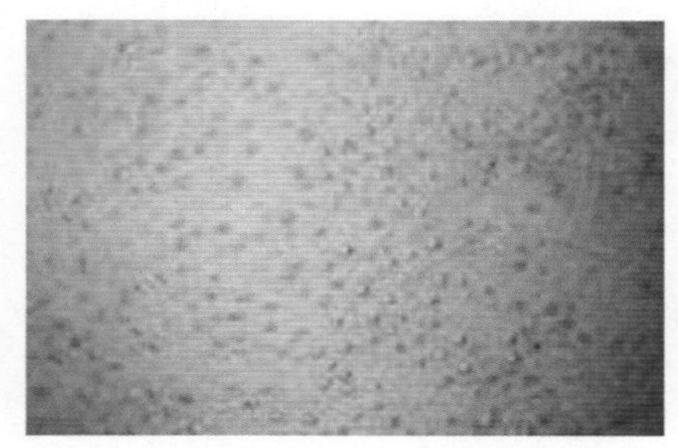
图 4—23　毛周角化病

1．毛周角化病临床特征

常见于青年，发生率高达 40%～50%，皮损常随年龄增长而改善。皮损为针尖到粟粒大小与毛孔一致的坚硬丘疹，不融合，顶端有淡褐色角质栓，内含卷曲的毛发，剥去角栓后遗留漏斗状小凹陷，但不久又在此凹陷中新生出角栓。丘疹的炎症程度不一，可无红斑或有明显红斑，后者易导致炎症后色素沉着。皮疹数目较多，分布对称，好发于脸颊（近耳前）、上臂、股外侧和臀部。部分患者可累及腹部，受累部位有特殊的粗糙感。皮损冬季加重，夏季减轻，一般无自觉症状，亦可伴有轻度瘙痒。

2．毛周角化病的病因

目前尚不明确，多数文献认为此病有遗传倾向，为常染色体显性遗传性皮肤病，但致病基因尚不明确，其遗传与性别无关，男女都可以发病。除遗传因素外，该病好发于有过敏性或异位性体质者，或营养不良者（特别是维生素 A 缺乏的人）及寻常型鱼鳞病患者中。此外，环境的湿度低、空气干燥，以及焦油、油脂等某些刺激物也容易导致该病的发生。

3．毛周角化病的防治方法

（1）可通过加强皮肤护理来预防和减轻此病的发生，如温和去角质。洗澡后要涂抹有护肤作用的油脂，以保持皮肤的柔润。在冬季气候干燥时，因皮肤失水较多，容易发生此病。因此，在冬季洗澡时不宜过多使用碱性强的洗浴用品。在饮食上可摄取一些富含维生素 A 的食物，如胡萝卜、绿色蔬菜、新鲜水果等。另外，涂抹防晒油及口服维生素 C 也可减少此病的复发。

（2）症状轻者平时可擦含果酸或去角质成分的保湿乳液，较重者使用外用药物涂抹患处，如 20%尿素膏、0. 1%维甲酸软膏等，以减轻皮肤干燥。皮疹泛发严重者可口服维甲酸及维生素A。

(3) 激光、磨皮等治疗方法对该病也有一定的疗效。

相关链接

防晒品简介

1．物理性遮光剂

物理性遮光剂有氧化锌、氧化铁、次碳酸铋及二氧化钛等，可阻拦各种波长的紫外线，防光效果良好。物理性遮光剂涂敷越厚，效果越好，但由于影响美观，大多数人不喜应用。

2．化学性遮光剂

化学性遮光剂有鞣酸、水杨酸苄酯或水杨酸甲酯、对氨苯甲酸及二苯甲酮等，用适当基质配成遮光剂涂在暴露皮肤上，可以或多或少地预防日光性皮炎。

3．防晒品的选择

首先要正确识别防晒品的标识及其意义，PA是指对UVA防护系数的分级，而SPF是指对UVB的防护系数，两者没有互相参照的意义。单一指标并不表示能防护日光中的所有紫外线。

遮光剂中含有的氧化锌和二氧化钛具有反射日光的作用。新型的防光剂中，有的加入抗氧化剂，如维生素A、维生素C、维生素E及绿茶提取物等，可增强其防光效果。当然，遮光剂的防晒强度与其防晒系数有关。SPF30遮光剂的防光效果是普通皮肤自然防光的30倍之多。尽管如此，使用这种遮光剂，皮肤还是会在一定程度上晒黑。

4．防晒品的应用

防晒效果与其实际涂抹剂量、耐水性能有密切关系。一般测试方法中规定的涂抹量是2 mg/cm^2，当防晒霜涂抹量减半时，其防护系数可下降50%～60%。在具体使用防晒品时，应根据紫外线的实际照射量加以选择。室内工作的女性和家庭主妇在外出时约可选用SPF10、PA＋的防晒霜；对于从事室外工作者和中午在室外活动者，推荐使用约SPF20、PA＋＋的防晒霜；而在烈日下活动及进行海水浴时，应使用耐水性好的约SPF30、PA＋＋＋的防晒霜；超高SPF值的防晒霜对于有光过敏的患者是必要的。夏季外出时，不仅要使用UVB防护剂，也要使用UVA防护剂。

第 5 章

美容营养学基础

学习单元 1　人体必需营养素

【学习目标】

1. 了解营养相关概念
2. 熟悉人体必需营养素
3. 掌握三大供能营养素的供能量和来源

【知识要求】

美丽的肌肤少不了营养的“培育”，每一个皮肤润滑、细腻，身材匀称，容光焕发的美丽女性都绝非单靠化妆品和美容技巧所能达到的。肌肤保养千万不能忘记健康。只有健康的女性才能算是美丽的女性。所谓“健美”，表现在美肌、美肤、美发、美眼、美齿及美体上，也就是精力、活力、体力等的表现。众所周知，美容有赖于对皮肤的调理与保养及化妆品的修饰，然而美容更需要食物营养。营养是美容的基础，面容的美艳离不开合理的饮食、均衡的营养。营养与美容息息相关。

一、基本概念

1．营养的概念

营养是人体不断从外界摄取食物，经过消化、吸收、代谢和利用食物中身体需要的物质（养分或养料）来维持生命活动的全过程。它是一种全面的生理过程，而不是专指某一种养分。

2．营养素

食物中的养分科学上称为营养素。它们是维持生命的物质基础，没有这些营养素，生命便无法维持。人体需要的营养素约有 50 种，可归纳为七类营养素，即蛋白质、脂类、碳水化合物、矿物质、维生素、膳食纤维和水。

这些营养素在体内功能各不相同，概括起来可分为三方面：

（1）供给满足人体生理活动和体力活动的能量。

（2）作为建筑和修补身体组织的材料。

（3）在体内物质代谢中起调节作用。

3．能量

能量指的是人体维持生命活动所需要的热能。人体所需要的热能都来自产热的营养素，即蛋白质、脂肪和碳水化合物。人体从食物中获得能量，用于各种生命活动，如内脏的活动、肌肉的收缩、维持体温及生长发育等。

二、人体必需的七类营养素

人体必需的7种营养素为蛋白质、脂肪、碳水化合物、无机盐、维生素、水和膳食纤维。

1．蛋白质

在人体各个器官、组织和体液内，蛋白质都是必不可少的成分。成年人体重的16.3%是蛋白质。蛋白质是生命的物质基础，恩格斯曾指出，生命是蛋白质的运动形式。如果蛋白质长时间摄入不足，正常代谢和生长发育便会无法进行，轻者发生疾病，重者甚至可以导致死亡。

（1）蛋白质的组成。蛋白质主要由碳、氢、氧、氮四种元素组成。蛋白质元素组成的最大特点是含有氮。有些蛋白质还含有硫、磷、铁等其他元素。上述这些元素按一定结构组成氨基酸。氨基酸是蛋白质的组成单位。自然界中的氨基酸有20多种，以不同数目和不同顺序连接构成种类繁多、千差万别的蛋白质，发挥各自不同的生理功能。食物中的蛋白质必须经过肠胃道消化，分解成氨基酸，才能被人体吸收利用，人体对蛋白质的需要实际就是对氨基酸的需要。氨基酸又可分为必需氨基酸和非必需氨基酸两种。

1）必需氨基酸。必需氨基酸指的是人体自身不能合成，必须从食物中摄取的氨基酸。这类氨基酸有8种，包括赖氨酸、蛋氨酸、亮氨酸、异亮氨酸、苏氨酸、缬氨酸、色氨酸和苯丙氨酸。

2）非必需氨基酸。这类氨基酸不必由食物供给。在蛋白质中常见的20种氨基酸中，除了8种必需氨基酸，其余的12种都是非必需氨基酸。非必需氨基酸的供给对必需氨基酸的需要量是有影响的。

（2）蛋白质的分类。营养学上根据食物蛋白质所含氨基酸的种类和数量将其分为三类。

1）完全蛋白质。这是一类优质蛋白质。它们所含的必需氨基酸种类齐全，数量充足，彼此比例适当。这一类蛋白质不但可以维持人体健康，还可以促进生长发育。奶、蛋、鱼、肉中的蛋白质都属于完全蛋白质。

2）半完全蛋白质。这类蛋白质所含氨基酸虽然种类齐全，但其中某些氨基酸的数量不能满足人体的需要。它们可以维持生命，但不能促进生长发育。例如，小麦中的麦胶蛋白便是半完全蛋白质，含赖氨酸很少。

3）不完全蛋白质。这类蛋白质不能提供人体所需的全部必需氨基酸，单纯靠它们既不能促进生长发育，也不能维持生命。例如，肉皮中的胶原蛋白便是不完全蛋白质。

（3）蛋白质的生理功能。蛋白质在体内的多种生理功能可归纳为三方面。

1）构成和修补人体组织。蛋白质是构成细胞、组织和器官的主要材料。婴幼儿、儿童和青少年的生长发育都离不开蛋白质，即使成年人的身体组织也在不断地分解和合成。例如，头发和指甲在不断推陈出新，身体受伤后的修复也需要依靠蛋白质的补充。

2）调节身体功能。体内新陈代谢过程中起催化作用的酶，调节生长、代谢的各种激素及有免疫功能的抗体都是由蛋白质构成的。此外，蛋白质对维持体内酸碱平衡和水分的正常分布也都有重要作用。

3）供给能量。虽然蛋白质的主要功能不是供给能量，但当食物中蛋白质的氨基酸组成和比例不符合人体的需要，或摄入蛋白质过多，超过身体合成蛋白质的需要时，多余的食物蛋白质就会被当作能量来源氧化分解释放出热能。此外，在正常代谢过程中，陈旧破损的组织和细胞中的蛋白质也会分解释放出能量。1 g 蛋白质氧化时可产生 16.7 kJ（4 kcal）热能。

（4）蛋白质的供给量和来源

1）蛋白质的供给量。蛋白质的供给量与膳食蛋白质的质量有关。国际上一般认为，健康成年人每天每公斤体重需要 0.8 g 的蛋白质。我国则定为每天每公斤体重 1.0～1.2 g。这是由于我国人民膳食中的蛋白质来源多为植物性蛋白，其营养价值略低于动物性蛋白的缘故。供给量也可用占总能量摄入的百分比来表示。在能量摄入得到满足的情况下，由蛋白质提供的能量在成年人中应占总能量的 10%～12%，生长发育中的青少年则应占 14%。

2）蛋白质的来源。蛋白质来源分植物性和动物性两类。动物性食物蛋白质含量高、质量好，如奶、蛋、鱼、瘦肉等。植物性食物主要是谷类和豆类。大豆含有丰富的优质蛋白质；谷类中蛋白质含量居中（约 10%），是我国人民膳食蛋白质的主要来源；蔬菜水果等食品中蛋白质含量很低，在蛋白质营养中作用很小（见表 5—1）。

表5—1　　几种食物蛋白质含量　　g/100 g

食物	含量	食物	含量	食物	含量
牛奶	3.0	大米	7.4	大白菜	1.7
鸡蛋	12.3	小米	9.0	油菜	1.8
瘦猪肉	14.6	标准粉	11.2	菠菜	2.6
瘦牛肉	20.2	玉米	8.7	马铃薯	2.0
羊肉	17.1	大豆	35.1	苹果	0.5
草鱼	16.1	花生仁	25.0	鸭梨	0.2

（5）蛋白质与营养不良。蛋白质是机体组织细胞的基本成分，人体的一切组织细胞都含有蛋白质。身体的生长发育、衰老细胞的更新、组织损伤后的修复都离不开蛋白质。蛋白质也是酶、激素和抗体等不可缺少的重要成分。蛋白质还是保持体内水分和控制水分分布的决定因素，也是热能的来源之一。当膳食中蛋白质和热能供给不足，消化吸收不良，蛋白质合成障碍，蛋白质损失过多、分解过甚时都会发生蛋白质营养不足。例如，儿童蛋白质营养不足不仅影响其身体发育和智力发育，还会使整个生理处于异常状态，免疫功能低下，对传染病的抵抗力下降。

（6）蛋白质与美容。蛋白质能够促进生长发育、修补组织，它还是皮肤组织的主要原料，并可以使肌肉坚实，保持皮肤润泽而有活力。若缺乏蛋白质，肌肉蛋白合成不足，会逐渐出现肌肉松弛萎缩现象，人容易疲劳；胶原合成也会发生障碍，导致伤口不易愈合。

2．脂肪

脂类也称脂质。它包括两类物质：一类是脂肪（又名中性脂肪），是由一分子甘油和三分子脂肪酸组成的甘油三酯；另一类是类脂，它与脂肪化学结构不同，但理化性质相似。在营养学上较重要的类脂有磷脂、糖脂、胆固醇、脂蛋白等。由于脂类中大部分是脂肪，类脂只占5%且常与脂肪同时存在，因而常把脂类通称为脂肪。

（1）脂肪的组成。脂肪是由甘油和脂肪酸组成的三酰甘油酯，其中甘油的分子比较简单，而脂肪酸的种类和长短却不相同。脂肪酸是中性脂肪、磷脂和糖脂的主要成分。它是由碳、氢、氧三种元素组成的一类化合物。自然界存在的脂肪酸有40多种。有几种脂肪酸人体自身不能合成，必须由食物供给，称为必需脂肪酸。亚油酸、亚麻酸和花生四烯酸这三种不饱和脂肪酸都是必需脂肪酸。

（2）脂肪的分类见表5—2。

表 5—2　　脂肪分类表

分类依据	名称	特　　点
按碳链的长度	短链脂肪酸	碳原子数少于 6 个
	中链脂肪酸	6～12 个碳原子
	长链脂肪酸	碳原子数超过 12 个
碳链中碳原子间双键的数目	饱和脂肪酸	在室温下呈固态，多为动物脂肪，如牛油、羊油、猪油等
	不饱和脂肪酸	在室温下呈液态，多为植物油，如花生油、玉米油、豆油、菜籽油等，深海鱼油例外

(3) 脂肪的生理功能。概括起来，脂肪有以下六方面生理功能：

1) 供给能量。1 g 脂肪在体内分解成二氧化碳和水，并产生 38 kJ (9 kcal) 能量，比 1 g 蛋白质或 1 g 碳水化合物高一倍多。

2) 构成一些重要生理物质。磷脂、糖脂和胆固醇构成细胞膜的类脂层，胆固醇又是合成胆汁酸、维生素 D_3 和类固醇激素的原料。

3) 维持体温和保护内脏。皮下脂肪可防止体温过多向外散失，也可阻止外界热能传导到体内，有维持正常体温的作用。内脏器官周围的脂肪垫有缓冲外力冲击、保护内脏的作用。

4) 提供必需脂肪酸。植物油中亚油酸和亚麻酸含量比较高，营养价值比动物脂肪高。

5) 脂溶性维生素的重要来源。鱼肝油和奶油富含维生素 A、维生素 D，许多植物油富含维生素 E。脂肪还能促进这些脂溶性维生素的吸收。

6) 增加饱腹感。脂肪在胃肠道内停留时间长，所以有增加饱腹感的作用。

(4) 脂肪的供给量和来源。不同地区由于经济发展水平和饮食习惯的差异，脂肪的实际摄入量有很大差异。我国营养学会建议膳食脂肪供给量不宜超过总能量的 30%，其中饱和、不饱和脂肪酸的比例应为 1∶2。亚油酸提供的能量达到总能量的 1%～2%，即可满足人体对必需脂肪酸的需要。脂肪的主要来源是烹调用油脂和食物本身所含的油脂。下表是几种食物中的脂肪含量。从表 5—3 内的数字可见，果仁脂肪含量最高，各种肉类居中，米、面、蔬菜、水果中含量很少。

表 5—3　　几种常用食物中的脂肪含量　　g/100 g

食物名称	脂肪含量	食物名称	脂肪含量
猪肉（肥）	90.4	芝麻	39.6
猪肉（肥瘦）	37.4	葵花籽仁	53.4

续表

食物名称	脂肪含量	食物名称	脂肪含量
牛肉（肥瘦）	13.4	松仁	70.6
羊肉（肥瘦）	14.1	大枣（干）	0.4
鸡肉	9.4	栗子（干）	1.7
牛奶粉（全脂）	21.2	南瓜籽（炒）	46.1
鸡蛋	10.0	西瓜籽（炒）	44.8
大豆（黄豆）	16.0	水果	0.1～0.5
花生仁	44.3	蔬菜	0.1～0.5
核桃仁	58.8	米、面	0.8～1.5

（5）脂肪与美容。脂肪是人类必需的营养素之一，它能维持人体的温度，可以固定组织和保护脏器。人体内适当储存脂肪，有利于保持皮肤中的水分，保持健美的体型，能使皮肤光亮润泽，富于弹性，利于消除和推迟皮肤皱纹的出现。脂肪摄入过量将产生肥胖，并导致一些慢性病的发生，膳食脂肪总量增加还会增大某些癌症的发生概率。

（6）脂肪与缺乏症。必需脂肪酸缺乏可引起生长迟缓、生殖障碍、皮肤受损等，还可引起肝脏、肾脏、神经和视觉等多种疾病。

3. 碳水化合物（糖类）

碳水化合物亦称糖类化合物，是自然界存在最多、分布最广的一类重要的有机化合物。葡萄糖、蔗糖、淀粉和纤维素等都属于糖类化合物。糖类化合物是一切生物体维持生命活动所需能量的主要来源，是人类生存发展必不可少的重要物质之一。它不仅是营养物质，而且有些还具有特殊的生理活性。例如，肝脏中的肝素有抗凝血作用，血型抗原中的糖与免疫活性有关。此外，核酸的组成成分中也含有糖类化合物——核糖和脱氧核糖。因此，糖类化合物对医学来说，具有更重要的意义。

（1）碳水化合物的组成。糖类是由碳、氢、氧三种元素组成的一类化合物，其中氢和氧的比例与水分子中氢和氧的比例相同，因而被称为碳水化合物，又称糖类。

（2）碳水化合物的分类。食物中的碳水化合物分成两类：人可以吸收利用的有效碳水化合物，如单糖、双糖、多糖；人不能消化的无效碳水化合物，如纤维素，是人体必需的物质（见表5—4）。

根据分子结构的繁简，碳水化合物分为单糖、双糖和多糖三大类。

表 5—4 碳水化合物的分类表

分类	特点	举例
单糖	最简单的碳水化合物，易溶于水，可直接被人体吸收利用	葡萄糖、果糖和半乳糖
双糖	两分子单糖脱去一分子水缩合而成的糖，易溶于水	蔗糖、麦芽糖和乳糖
多糖	由许多单糖分子结合而成的高分子化合物，无甜味，不溶于水	淀粉、糊精、糖原和膳食纤维，淀粉是谷类、薯类、豆类食物的主要成分

（3）糖类的生理功能

1）供给能量。糖类是供给人体能量的最主要、最经济的来源。它在体内可迅速氧化，以提供能量。1 g 糖氧化可产生 16.7 kJ（4 kcal）能量。脑组织、心肌和骨骼肌的活动需要靠糖类提供能量。人体平时摄入的碳水化合物主要是多糖，在米、面等主食中含量较高，摄入碳水化合物的同时，能获得蛋白质、脂类、维生素、矿物质、膳食纤维等其他营养物质。而人体摄入单糖或双糖，如蔗糖，除能补充热量外，不能补充其他营养素。

2）构成一些重要生理物质。每个细胞都含有糖类，其含量为 2%～10%，糖类是细胞膜的糖蛋白、神经组织的糖脂及传递遗传信息的脱氧核糖核酸（DNA）的重要组成成分。

3）节约蛋白质。糖类的摄入充足时，人体首先使用糖类作为能量来源，从而避免用宝贵的蛋白质来提供能量。食物中碳水化合物不足时，机体不得不动用蛋白质来满足机体活动所需的能量，这将影响机体用蛋白质进行合成新的蛋白质和组织更新。因此，完全不吃主食，只吃肉类是不适宜的，所以减肥病人或糖尿病患者摄入的主食碳水化合物不要低于 150 g。

4）抗酮作用。脂肪代谢过程中必须有碳水化合物存在，才能完全氧化而不产生酮体。当人体缺乏糖类时，可分解脂类供能，同时产生酮体。酮体是酸性物质，血液中酮体浓度过高会发生酸中毒。

5）糖原有保肝解毒作用。肝内糖原储备充足时，肝细胞对某些有毒的化学物质和各种致病微生物产生的毒素有较强的解毒能力。

6）维持脑细胞的正常功能。葡萄糖是维持大脑正常功能的必需营养素，当血糖浓度下降时，脑组织可因缺乏能源而使脑细胞功能受损，造成功能障碍，并出现头晕、心悸、出冷汗，甚至昏迷。

（4）糖类的供给量和食物来源。膳食中由糖类供给的能量以占摄入总能量的60%～70%为宜。谷类、薯类、豆类富含淀粉，是糖类的主要来源。食糖（白糖、红糖、砂糖）几乎100%是碳水化合物。蔬菜、水果除含少量果糖外，还含纤维素和果胶。

（5）糖类与美容。糖类是人体热能的主要来源，占食物产热量的50%～70%。人体热能主要依赖糖、脂肪和蛋白质，而糖类又是热能的主要源泉。它可以帮助蛋白质构成人体组织，也能维持脂肪的正常代谢，还有护肝及解毒功能。正因为糖是能量的“仓库”，所以人体如果糖原不足时，就会将体内的蛋白质或脂肪转化利用，造成肌肉松弛，使皮肤弹性下降，影响美容。同样，人体也可能因糖类摄食过多，而将其转化为脂肪或蛋白质，从而发生肥胖或代谢失调。

4．维生素

维生素是维持人体健康所必需的一类营养素，它们不能在体内合成，或者所合成的量难以满足机体的需要，所以必须由食物供给。维生素的每日需要量很少，它们既不是构成机体组织的原料，也不是体内供能的物质，然而在调节物质代谢、促进生长发育和维持生理功能等方面却发挥着重要作用。食物中维生素的含量较少，人体的需要量也不多，但却是绝不可少的物质。膳食中如缺乏维生素，就会引起人体代谢紊乱，以致发生维生素缺乏症。维生素也与美容有着非常密切的关系。

（1）分类与特点。维生素的种类很多，通常按其溶解性分为脂溶性维生素和水溶性维生素两大类。

1）脂溶性维生素。这类维生素有维生素A、维生素D、维生素E、维生素K，不溶于水，而溶于脂肪及脂溶剂中，在食物中与脂类共同存在，在肠道吸收时与脂类吸收密切相关。当脂类吸收不良时，如胆道梗阻或长期腹泻，它们的吸收大为减少，甚至会引起缺乏症。脂溶性维生素排泄效率低，故摄入过多时可在体内蓄积，产生有害作用，甚至发生中毒。

2）水溶性维生素包括B族维生素（维生素B_1、维生素B_2、维生素B_6、维生素B_{12}、维生素PP等）和抗坏血酸（维生素C）。水溶性维生素的特点是溶于水，不溶于脂肪及有机溶剂。水溶性维生素容易从尿中排出体外，且排出效率高，一般较少产生蓄积和毒害作用。

（2）常见维生素与美容

1）维生素A。它是一种脂溶性维生素，功能是维持上皮组织的健康，润泽皮肤使其细嫩光滑，还可以调节正常视觉。维生素A缺乏时，汗腺和皮脂腺萎缩，功能减退，使皮肤干燥，容易蜕皮，毛发枯槁、脱落，指甲变脆；毛囊往往角化阻塞，形成毛囊丘疹，使皮肤粗糙、呈鱼鳞状。多吃维生素A含量丰富的食物，如胡萝卜、番茄、橘子、李子、鱼肝油、各种动物肝、牛奶、鳗鱼、紫菜、蛋等，可使目光明亮，具有润滑、强健肌肤的作用，还可防止皮肤粗糙和干眼症、角膜溃疡、口角炎等的发生。但长期、大量补充维生素A则会导致中毒，可能出现头发干枯或脱落、皮肤干燥、食欲不振、贫血等症状，所以维生素A对于人体而言，并不是越多越好。

2）维生素D。它是一种脂溶性维生素，调节人体内钙和磷的代谢，促进吸收利用，促进骨骼成长，常用于提高骨量和骨密度，能预防骨质疏松症的过早出现。维生素D主要的食物来源为海鱼、动物肝脏及蛋黄、奶油、干酪、鱼肝油等。

3）维生素E。它是一种脂溶性维生素，又叫“生育酚”，维持正常的生殖能力和肌肉正常代谢，维持中枢神经和血管系统的完整。维生素E对人体的主要功能是消除自由基、抗氧化、清除体内的“过氧化物”、消除体内的“脂褐素”。这是一种有效的抗氧化剂，可防止体内不饱和脂肪酸的过分氧化，防止皮肤过早出现老年斑（寿斑），也可有效地阻止褐色素在皮肤中沉积，防止面部出现褐色斑纹、斑块。维生素E还具有促进细胞分裂、再生，延缓细胞变老，恢复皮肤弹性的作用，从而延缓机体的衰老过程。维生素E的主要食物来源为植物油、大豆及其制品、绿豆、赤小豆、黑芝麻、核桃、鸭蛋、大蒜、菠菜、鲫鱼及海虾，尤其是坚果，如核桃、松子、榛子、花生、芝麻等果仁中含量最高。

4）维生素B_1。又名硫胺素，是一种水溶性维生素。它参与人体糖的代谢，维持神经、心脏与消化功能的正常运行，有助于人体消化而防止肥胖，可滋润皮肤。在维生素B_1缺乏时容易发生水肿、肢体麻木、黏膜过敏和皮肤炎症等。维生素B_1在米麦的糠麸和瘦肉中含量丰富。维生素B_1的主要食物来源为动物内脏、肉类、豆类及花生、糙米。吃粗质米麦可避免此种维生素缺乏。

5）维生素B_2。又叫核黄素，是一种水溶性维生素。核黄素是体内许多重要辅酶类的组成成分，还是蛋白质、糖、脂肪酸代谢和能量利用与组成所必需的物质，能促进生长发育，保护眼睛、皮肤的健康。维生素B_2（核黄素）缺乏可发生唇炎、舌炎、口角炎，还可使皮肤粗糙，形成小皱纹及皮脂溢出等。服用核黄素或吃含核黄素较多的食物，如绿叶蔬菜、肝、牛奶、鸡蛋等，可以预防和消退上述症状。

6）维生素B_6。维生素B_6是一种水溶性维生素，人体内的许多重要酶系多依赖它作为辅酶。维生素B_6缺乏会引起脂溢性皮炎、痤疮、酒渣鼻等损容性皮肤病。

7）维生素B_{12}。维生素B_{12}是一种水溶性维生素，能促进铁红蛋白的合成，是重要的“造血原料”之一。维生素B_{12}常用于治疗缺铁性贫血。由于它能让皮肤得到营养，使容颜红润，所以有美容功能。

8）维生素C。又称抗坏血酸，属于水溶性维生素。它参与体内氧化还原过程，能增加毛细血管的致密性，降低其通透性和脆性。它能抑制皮肤内多巴的氧化作用，使皮肤内深层氧化的色素还原成浅色，保持皮肤白嫩，抑制色素沉着，从而防治黄褐斑、雀斑、皮肤瘀斑和头发枯黄等病症。

5．无机盐和微量元素

无机盐又称矿物质，是构成人体组织和维持正常生理活动的重要物质。人体组织几乎含有自然界存在的所有元素，其中碳、氢、氧、氮四种元素主要组成蛋白质、脂肪和碳水化合物等有机物，其余各种元素大部分以无机化合物形式在体内起作用，统称为矿物质或无机盐，也有一些元素是体内有机化合物（如酶、激素、血红蛋白）的组成成分。

（1）分类。矿物质根据它们在人体内含量的多寡可分为常量元素（又称宏量元素）和微量元素。

1）常量元素。体内含量大于体重0.01%的称为常量元素，包括钙、磷、钾、钠、镁、氯、硫七种，它们都是人体必需的元素。

2）微量元素。含量小于体重0.01%的称为微量元素。微量元素在体内含量虽小，却有很重要的生理功能。目前将微量元素分为三大类。

①必需微量元素：碘、锌、硒、铜、钼、铬、钴、铁。

②可能必需微量元素：锰、硅、镍、硼、钒。

③有毒害微量元素：这种微量元素具有潜在毒性，但低剂量时，对人体可能具有必需功能，如氟、铅、镉、汞、砷、铝、锡、锂。

矿物质与其他营养素一样，并不是多多益善，每种矿物质和微量元素发挥其生理功能在体内都有一定的适宜范围，小于这一范围可能出现缺乏症状，大于这一范围则可能引起中毒，因此，一定要很好地掌握它们的摄入量。

（2）矿物质的特点

1）在体内不能合成，在代谢中不能消失。

2）在体内分布不均匀。

3）相互之间存在协同和拮抗。

4）某些微量元素在体内虽需要量很少，但其生理剂量与中毒剂量范围较窄，摄入过多会导致中毒。

在我国人群中比较缺乏的矿物质主要是钙、铁、锌、硒、碘。现在通过食盐中加碘的办法对碘缺乏病抑制作用明显，但对钙、铁、锌、硒等矿物质的摄入仍普遍不足。长期某些矿物质摄入不足可引起亚临床缺乏症状，甚至疾病，如儿童发育迟缓、缺铁性贫血、骨质疏松、克山病等。

（3）常量元素的功能

1）体内的钙、磷、镁绝大部分存在于骨骼和牙齿中，成为体内的主要塑形成分，对机体起着重要的支柱作用。

2）常量元素作为酶系统中的组成成分，参与物质代谢。

3）磷、氯等酸性离子与钠、钾、镁等碱性离子的配合，以及重碳酸盐和蛋白质的缓冲作用，共同维持着机体的酸碱平衡。

4）钾、钠、钙、镁等离子保持一定比例，是维持神经和肌肉的兴奋性、细胞膜的通透性及细胞正常功能的必要条件。

5）七种元素存在于细胞内液或细胞外液，钾离子主要存在于细胞内液，钠与氯离子主要存在于细胞外液，对调节细胞内、外液的渗透压，控制水分流动，维持体液的稳定性起着重要作用。

6）钙还参与血液凝固过程。

（4）矿物质与美容

1）钙。钙是人体必需的常量元素，是牙齿和骨骼的主要成分。成人体内含钙850～1 200 g，相当于体重的1.5%～2.0%。人体从膳食和营养品中吸收的钙经过成骨细胞的作用沉积在骨骼上，以保证骨骼强壮有力。但是，随着年龄的增加，人体的消化吸收水平下降，激素水平出现变化，骨骼中的钙会慢慢流失，导致骨骼变得松软、脆弱，骨质疏松也接踵而至，出现牙齿松动、四肢无力、经常抽筋、麻木、腰酸背痛等。人体内钙的含量不足时，会有损于人体的健美。奶和奶制品中钙含量最为丰富且吸收率也高。小虾皮中含钙也较高，芝麻酱、大豆及其制品也是钙的良好来源，深绿色蔬菜如小萝卜缨、芹菜叶等含钙量也较多，可常食。

2）铁。铁是合成血红蛋白的主要原料之一。血红蛋白的主要功能是把新鲜氧气运送到各组织。铁缺乏时不能合成足够的血红蛋白，造成缺铁性贫血，人就会感到体力不支，面色苍白，容颜苍老。当血液中血红蛋白含量正常时，血液流向全身，提供脏器、组织所需要的氧，机体呈现充沛的活力，脸色红润。动物内脏（特别是肝脏）、血液、鱼、肉类等都是富含血红素的食品，是铁的主要来源。

3）锌。锌能促进生长发育，参与核酸和蛋白质的合成，可促进细胞生长、分裂和分化，也是性器官发育不可缺少的微量元素。锌能改善味觉，增进食欲，增强机体对疾病的抵抗力。锌的缺乏与痤疮有一定关系，有研究表明，痤疮患者锌含量明显降低。痤疮患者体内锌含量低可能会影响维生素A的利用，促使毛囊皮脂腺的角化。通常动物性食物是锌的可靠来源，其中牡蛎含锌最丰富。

6．水

水是人体最重要的营养素，人不吃食物仅喝水仍可存活数周。水是人体中含量最多的成分，占体重的50%～60%。人体新陈代谢的一切生物化学反应都必须在水的介质中进行。

（1）水的生理作用

1）水是维持机体的第二要素。水是除氧以外动物赖以生存的最重要的物质。水是体内各种生理活动和生化反应必不可少的介质，没有水一切代谢活动便无法进行，生命也随之停止。人对水的需要比食物更重要，一个人绝食只要不缺水仍可生存1～2周。当饥饿或长时间不进食时，体内储存的碳水化合物完全耗尽，蛋白质失去一半时，人体还能勉强维持生命。但若人体内失水20%左右时，人就无法生存。

2）水是机体的重要组成成分。体内所有组织中都含有水，不同组织含水量不相同。例如，唾液含水量为99.5%，血液含水量为90%，肌肉含水量为70%～80%，皮肤含水量为60%～70%，骨骼含水量为12%～15%。

3）水是体内吸收、运输营养物质，排泄代谢废物的最重要的载体。水参与所有营养素的代谢过程。水是营养素的良好溶剂，能使许多物质溶解，有助于体内的化学反应。水的流动性较大，在体内形成体液循环运输物质。营养物质的消化、吸收、排泄等都必须有水参加。

4）水能调节体温恒定并对机体进行润滑。水能吸收较多热量而自身温度升高不多，从而保持体温恒定。当外界温度高时，热量可随水分经皮肤出汗散发掉（人体有许多酶都需要一个恒定的温度）。

5）水具有润滑作用，可减少体内脏器的摩擦，防止损伤，并使器官运动灵活。例如，泪腺可防止眼球干燥，唾液及消化液有利于咽部润滑和食物消化。水还能滋润皮肤，使其柔软并有伸缩性。

6）水是食品的重要组成成分。水是动植物食品的重要组成成分，在保持食品鲜度、流动性、风味等方面都有一定作用。

（2）水与美容保健的关系。饮水绝不仅是为了解渴，主要是用以调整体液的渗透压和恒定体温。保持充沛的水分可调节代谢，改善血液循环。人体缺水时皮肤就会变得干燥、无弹性，出现皱纹。世界卫生组织（WHO）调查发现，人类疾病80%与水有关。现代营养学家认为，饮水质量是生活质量的重要组成部分。

（3）水的排出量和需要量

1）排出量。人体每天通过各种方式排出机体的水分合计2 000～2 500 mL。

①皮肤排出。通过蒸发和汗腺分泌，人体每天从皮肤中排出的水大约有550 mL。

“蒸发”随时在进行，即使在寒冷环境中也不例外。“出汗”则与环境温度、相对湿度、活动强度有关，汗液中含有一定量的电解质。

②肺排出。通过呼吸作用，人体每天排出 300 mL 水。在空气干燥地区，此排水量还要增加。

③消化道的排出。消化道分泌的消化液含水量每天约 8 000 mL。在正常情况下，消化液随时被小肠吸收，所以每天仅有 150 mL 的水随粪便排出。但是，人体出现呕吐、腹泻等病态时，由于大量消化液不能正常吸收，将会丢失大量水分，从而造成机体脱水。

④肾脏排出。肾脏是主要的排泄器官，对水的平衡起关键作用。肾脏的排水量不定，一般随机体内水分多少而定，从而保持肌体内水分平衡，正常时为 1 000～1 500 mL。

2）需要量。人体对水的需要量随人体的年龄、体重、气候及劳动强度而异。年龄越大，每公斤体重需要的水量相对较小。婴儿及青少年的需水量在不同阶段也不相同，到成年后则相对稳定。

正常人每天每公斤体重需水量为 40 mL，即体重 60 kg 的成年人每天需水量约为 2. 5 kg。夏季或高温条件下劳动、运动时大量出汗，需水量甚至可高达 5 000 mL。

3）水的来源

①液体水。包括茶、汤、乳和其他各种饮料。

②食物水。包括固体和半固体食物的水。每 100 g 营养物在体内的产水量分别为糖类 60 mL、蛋白质 41 mL、脂肪 107 mL。

③代谢水。即体内氧化或代谢产生的水。

一般温带地区每人每天水分的摄取量为 1 000～2500 mL，其中 1 000～2 000 mL 水来自食物，200～400 mL 来自代谢水。

每天饮 6～8 杯水（1. 5 L），保持体内充足的水分，才能使皮肤润滑、柔软、富有弹性和光泽，所以适当补充水分确实有益于女性的美容。另外餐前饮水可降低食欲，增加尿量，促进排便，有利于减肥。每日饮水 8～10 杯（2 L），可明显地起到扩容及改善微循环的作用，使尿量增加，加快血液中代谢产物的排泄，净化血液，促进组织细胞的新陈代谢，提高机体的免疫功能及抗病能力。

人体缺水 1%～2%出现口渴、缺水 5%出现烦躁、缺水 15%出现昏迷、缺水 20%危及生命。

（4）水平衡：人体内不存在单纯的水，水和溶解于水的溶质在体内经常保持着恒定的分布形式和浓度范围。体液不像脂肪、糖原那样可在体内被储存，相反，体液的摄入和排出保持着严格的平衡。

1）水肿。当摄入的水量超过排出的水量时，人体会出现水肿。产生水肿的原因有病理性（肾炎）或营养不良（蛋白质、B_1摄取不足）。利尿食物包括冬瓜、南瓜、大白菜、竹笋、莴笋、生菜、花菜、百合、荸荠、赤小豆等。

2）脱水。当摄入的水量低于排出的水量时，人体会出现脱水。产生脱水的原因有腹泻、呕吐、剧烈运动等，可通过补充运动饮料等来治疗。

7．膳食纤维

膳食纤维是指能抗人体小肠消化吸收的，而在人体大肠能部分或全部发酵的可食用的植物性成分——碳水化合物及其相类似物质的总和，包括多糖、寡糖、木质素及相关的植物物质。1991年，世界卫生组织营养专家在日内瓦会议上，将膳食纤维推荐为人类膳食营养必需品，并将之列为继糖、蛋白质、脂肪、水、矿物质和维生素之后的“第七大营养元素”。膳食纤维是平衡膳食结构的必需营养素之一。

（1）分类

1）不溶性膳食纤维（IDF）。这是不能溶解于水又不能被大肠中微生物酵解的一类纤维，常存在于植物的根、茎、干、叶、皮、果中，主要有纤维素、半纤维素、木质素等，存在于谷皮、豆类的外皮和植物的茎、叶等。它们是膳食纤维的主要部分。不溶性膳食纤维在肠道内吸收、保留水分，并可形成网络结构，使食物与消化液不能充分接触，延缓葡萄糖的吸收，从而降低餐后血糖的升高程度。同时，由于其在肠道内的吸湿性，能软化粪便而促进排出，还能增强饱腹感。

2）可溶性膳食纤维（SDF）。这是可溶解于水又可吸水膨胀，并能被大肠中微生物酵解的一类纤维，常存在于豆类、水果细胞液和细胞间质中，主要有果胶、植物胶等。可溶性膳食纤维在胃肠道遇水后与葡萄糖形成黏胶，从而减慢葡萄糖的吸收，降低血胆固醇水平。

（2）膳食纤维的主要生理功能

1）促进肠道蠕动，防治慢性便秘及结肠癌。食物中的某些刺激物或有毒物质长时间停留在结肠部位，对结肠具有毒害作用。有毒物质如果被肠壁吸收，甚至会刺激结肠细胞发生变异，诱发结肠癌（大便正常的含水量是80%，低于75%便秘，高于87%会诱发腹泻）。

膳食纤维对防治结肠癌有明显效果。其原因有两方面：一方面，膳食纤维进入人体后，能刺激肠道的蠕动，加速粪便排出体外，减少了粪便中有毒物质与肠壁接触的机会；另一方面，膳食纤维可以吸收大量水分，增大粪便体积，相对降低了有毒物质的浓度，从而有利于防治结肠癌。

2）改变消化系统的菌群，发挥免疫作用。膳食纤维会诱导大量好气菌生长，好气菌很少产生致癌物（厌氧菌会产生致癌物），提高人体免疫力，增强抵抗疾病的能力。膳食纤维对乳腺癌也有一定的防治作用。

3）具有饱腹感，控制体重。膳食纤维能增加胃内容物容积而有饱腹感，从而控制人们摄入的食物量和能量，有利于控制体重，达到减肥目的（如魔芋精粉）。纤维素能增强胃肠道排泄毒素的功能，从而使皮肤润泽，减少色素沉着，使容颜美丽。

4）降血脂、血糖、胆固醇。膳食纤维可延缓或阻碍食物中脂肪和葡萄糖的吸收，降低血脂和血糖水平，可改善耐糖量，减少糖尿病患者对胰岛素的依赖。膳食纤维可以螯合胆固醇，从而抑制机体对胆固醇的吸收，这是膳食纤维防治高胆固醇血症和动脉粥样硬化等心血管疾病的主要原因。膳食纤维还可降低血液中胆固醇的浓度，促进胆固醇在肝脏代谢分解后与胆盐结合排泄出体外，对预防心血管疾病有一定作用。但是，食物纤维的螯合作用也在一定程度上妨碍机体对微量元素的吸收和利用。

（3）膳食纤维的摄取量。世界各国不同研究机构曾提出膳食纤维的适宜摄入量，但资料相差很大。美国 FDA 推荐的总膳食纤维摄入量为成人每天 20～35 g，其中非水溶性膳食纤维占 70%～75%，可溶性膳食纤维占 25%～30%。英国国家顾问委员会建议膳食纤维的摄入量为 25～35 g。澳大利亚建议膳食纤维摄入量为每天 25 g。中国膳食以谷类为主，并兼有以薯类为部分主食的习惯。副食又以植物性食物如蔬菜为主，兼食豆类及鱼、肉、蛋等。中国营养学会根据国外资料，参考 1997 年“中国居民膳食指南及平衡膳食宝塔”，建议膳食纤维的适宜摄入量为每天 25～35 g。其中不可溶性膳食纤维占 70%～75%，可溶性膳食纤维占 25%～30%。如果每天摄入 400～500 g 果蔬及一定量粗粮（如豆类、玉米、小米等），可满足机体对膳食纤维的需要。过量摄入膳食纤维会导致胀气、腹泻、肠梗阻，同时对维生素和微量元素的吸收也有影响。

但有些疾病患者不宜多摄取膳食纤维，如各种急慢性肠炎、伤寒、痢疾、肠道肿瘤、消化道少量出血、肠道手术前后、某些食道静脉曲张等。

相关链接

常见的粗纤维食品

小麦：《本草再新》说它“养心，益肾，和血，健脾”。《医林纂要》又概括它的四大用途，即除烦、止血、利小便、润肺燥。对于更年期妇女，食用未精制的小麦还能缓解更年期综合征。

黑米：多食黑米具有开胃益中、健脾暖肝、明目活血、滑涩补精之功效，黑米对少年白发、妇女产后虚弱、病后体虚及贫血、肾虚均有很好的补养作用。

小米：又称粟米，具有防治消化不良的功效，能防止反胃、呕吐，还能滋阴养血，并可使产妇虚寒的体质得到调养，帮助其恢复体力。

燕麦：燕麦即莜麦，俗称为玉麦，是一种低糖、高蛋白质、高纤维、高脂肪、高能量食品。经常食用燕麦对糖尿病患者也有非常好的降糖、减肥的功效。燕麦粥有通大便的作用，还可以改善血液循环，缓解生活工作带来的压力。燕麦含有的钙、磷、铁、锌等矿物质有预防骨质疏松、促进伤口愈合、防止贫血的功效，是补钙佳品。

玉米：玉米中的纤维素含量很高，具有刺激胃肠蠕动、加速粪便排泄的特性，可防治便秘、肠炎等。

红薯：红薯中氨基酸、维生素A、维生素C及纤维素的含量都高于大米与白面，它还富含人体必需的铁、钙等矿物质。是营养全面的长寿食品。

豆类：红豆、绿豆、芸豆都是非常好的维生素、矿物质和膳食纤维来源，蛋白质含量较高。豆类适合与大米搭配，口感好。红豆、芸豆各季节都可以食用。绿豆是夏季的首选豆类，但它属于寒性食品，对体质较弱的人来说，在其他季节要慎食，以免造成腹泻。

学习单元2　营养与美容的关系

【学习目标】

1. 了解营养与皮肤和体型的关系
2. 熟悉各类皮肤的营养调理
3. 熟悉各类体型的营养调理

【知识要求】

一、营养与皮肤

1．营养素异常对皮肤的影响

（1）维生素 A。这种维生素对保护皮肤和黏膜的健康很重要。它有助于正常的骨骼和牙齿的发育，是维持夜视力所必需的物质。维生素 A 由甜瓜、胡萝卜、甘蓝、菠菜、红薯、南瓜、杏、甜菜、油桃、西瓜、桃子、李子、西红柿、动物肝脏、鱼肝油、黄油、蛋类、牛奶等食物提供。

水果和蔬菜中的橘黄色色素是胡萝卜素。胡萝卜素在体内可转换成具有生理活性的维生素 A，绿色蔬菜中也含有胡萝卜素，但蔬菜的颜色取决于叶绿素的含量。维生素 A 缺乏可引起皮肤干燥，毛囊内角蛋白栓塞，致使皮肤表面干燥。

（2）复合维生素 B

1）维生素 B_1（硫胺素）。维生素 B_1 的重要功能是调节体内糖代谢，保证每天摄入的主食（淀粉）及糖类在人体内转化为能量而被利用。

谷类的胚芽和外皮（糠、麦麸）含维生素 B_1 特别丰富，是维生素 B_1 的主要来源。豆类、动物肝、瘦肉中维生素 B_1 的含量也较多，在酵母菌中含量也极丰富。

维生素 B_1 缺乏将使糖代谢发生障碍，由糖代谢所供应的能量减少，而神经和肌肉所需能量主要由糖类供应，受影响最大，可引起神经、循环等一系列临床症状。维生素 B_1 缺乏可引起多种神经炎症，如脚气病。维生素 B_1 缺乏引起多发性神经炎时，患者的周围神经末梢有发炎和退化现象，并伴有四肢麻木、肌肉萎缩、心力衰竭、下肢水肿等症状。

2）维生素 B_2（核黄素）。维生素 B_2 参与体内生物氧化与能量代谢，与碳水化合物、蛋白质、核酸和脂肪的代谢有关，维持皮肤和眼睛的健康及正常的神经系统。

维生素 B_2 广泛存在于酵母、肝、肾、蛋、奶、大豆等中。富含维生素 B_2 的食物包括奶类及其制品、动物肝脏与肾脏、蛋黄、鳝鱼、菠菜、胡萝卜、酿造酵母、香菇、紫菜、茄子、鱼、芹菜、橘子、橙等。

维生素 B_2 缺乏可引起嘴唇脱皮（唇炎）、嘴角溃疡（念珠菌性口疮）、舌头轻度发炎（舌炎）、面部痤疮（皮脂腺分泌过多症）。

3）维生素 B_3（烟酸、维生素 PP）。烟酸在人体内转化为烟酰胺，是辅酶Ⅰ和辅酶Ⅱ的组成部分，参与体内脂质代谢、组织呼吸的氧化过程和糖类无氧分解的过程，有助于生长发育，维持神经系统和胃肠道正常的功能。它主要来自酵母、动物肝脏、面包、麦芽、动物肾脏、牛奶等。

烟酸缺乏可产生糙皮病，表现为皮炎、舌炎、腹泻及烦躁、失眠感觉异常等症状。

4）维生素 B_6（吡哆醇）。维生素 B_6 为人体内某些辅酶的组成成分，参与多种代谢反应，尤其是和氨基酸代谢有密切关系，主要来自肉类、鱼类、牛奶、酵母。缺乏维生素 B_6 可引起贫血症及皮炎。临床上应用维生素 B_6 制剂防治妊娠呕吐和放射病呕吐。

5）维生素 B_{12}（氰钴胺）。维生素 B_{12} 是红血球形成及健康组织所必需的。它主要由动物肝脏、肾脏、蛋类和鱼类提供。缺乏维生素 B_{12} 可导致恶性贫血，手、脚部的色素沉着增多，头发色素减少。这种特殊维生素缺乏症常见于只靠饮茶和吃烤面包度日的老年人。

（3）维生素C（L－抗坏血酸）。维生素C是高等灵长类动物的必需营养素。最广为人知的是缺乏维生素C会造成坏血病。在生物体内，维生素C是一种抗氧化剂，保护身体免于自由基的威胁，维生素C同时也是一种辅酶。

维生素C是健康牙齿、牙龈及血管壁张力所必需的。它主要来自柑橘水果及其汁液、甜瓜、草莓、香蕉、黑莓、乌饭果、甘蓝、红绿胡椒、汤食、洋白菜、花椰菜、土豆、西红柿、芦笋、南瓜等。

维生素C缺乏可引起皮肤干燥粗糙、皮下出血（紫癜）、脱发、牙龈红肿出血、牙齿松动、痤疮等。

（4）维生素D。维生素D是健康骨骼和牙齿发育所必需的。这种维生素是皮肤在阳光照射下形成的，也可由富含脂肪的鱼类、黄油、奶酪和牛奶中获得。维生素D缺乏可影响骨骼的形成，最终导致儿童佝偻病。

（5）铁。铁是血红蛋白的基本成分，在血液中起着运送氧气和二氧化碳的作用，是构成血液的重要成分。铁主要来自动物内脏、干果（杏、海枣、梅脯、无核葡萄干）、甜菜、豌豆、菠菜、蛋类、小扁豆、坚果。缺乏铁可引起皮肤苍白干燥、皮下出血（紫癜）、嘴角裂口、匙状手指、指甲易断、舌头光滑无苔等现象。

（6）锌。锌是人体必需的微量元素之一，在人体生长发育过程中起着极其重要的作用，补锌剂最早被应用于临床就是用来治疗皮肤病。锌元素主要存在于海产品、动物内脏、瘦肉、猪肝、鱼类、蛋黄等之中，以牡蛎含锌最高。缺乏锌则易患口腔溃疡，受损伤口不易愈合，出现青春期痤疮等。

2．老化皮肤的营养调理

营养是指人体吸收及利用食物或营养物的过程，包括摄取、消化、吸收和体内利用等。一个人生命的整个过程都离不开营养，合理的营养对中老年人来说，不仅可以保持生命的持久活力，延缓机体的衰老过程，更有延年益寿、保持容颜的作用。人类肌肤老化既受外在环境影响，又会随着年龄增长而自然老化。吸烟、熬夜、长期处于密闭空调空间、脸部表情丰富及长期在阳光下暴晒等会影响皮肤正常代谢的速度，而使皮肤表皮出现细纹，变得粗糙，没有光泽或出现痘痘、粉刺丛生的恼人现象。自然老化是因为真皮层老化而导致胶原蛋白与弹力纤维结构改变，所以平均 25 岁以后肌肤的弹性就会随着年龄增长而减弱，随之而来的便是细纹与皱纹的产生。人体的衰老是自然界的必然过程，随着年龄的增长，机体逐渐衰老，生理上发生很多变化，最显而易见的就是皮肤的变化。由于皮下营养的逐渐缺乏，使皮肤呈现干燥、弹性降低、光泽度减弱等衰老迹象，此时若针对皮肤状况补充营养，便会使这些衰老现象得到有效改善。老化皮肤的营养调理可采用以下的方法：

（1）保持营养的平衡。食物提供给人类的营养物质是相当全面的，药食同源，各种丰富而又适量的营养素可以补充到身体里。

（2）适当节食。节食是在保证身体基本需要的前提下，限制多余的热能摄入。身体既要摄取所需各种营养素，保持营养平稳，又要饥饱适中，保证胃肠的正常功能。

（3）荤素搭配，提倡杂食。人类合理的饮食结构就是谷物豆类、蔬菜水果与肉食之比为 5∶2∶1，即植物性食物与动物性食物的最佳比值为 7∶1。

（4）推荐的食品

1）胶原蛋白类食物。这类食物有猪皮、猪蹄、甲鱼等，它们含有丰富的胶原蛋白。胶原蛋白具有增加皮肤储水的功能，能够滋润皮肤，保持皮肤组织细胞内外水分的平衡。胶原蛋白是皮肤细胞生长的主要原料，能防治皮肤干瘪起皱，改善脸部的皮肤松弛，提高皮肤的弹性和韧性，减少皱纹，起到紧致肌肤的作用。

2）芝麻。芝麻含有丰富的抗衰老成分——维生素 E，能促进细胞的分裂，延缓人体细胞的衰老，经常食用可抵消或中和细胞内的衰老物质——游离基的积聚，起到抗衰老的作用。另外，油和鱼类中维生素 E 的含量也很丰富。

3）骨头汤（软骨素类食物）。在各种骨头熬制的汤里，如猪骨汤、牛骨汤、鸡骨汤等，含有丰富的类黏蛋白和骨胶原、软骨素。这些营养物质有助于关节、骨骼、韧带、肌腱及头发和皮肤的健康发展，可增强皮肤的弹性。常喝骨头汤，可以补充自身这些物质的不足，增强皮肤的弹性。它们还有助于身体结构的适当调整，让皮肤和头发变得更美丽。

4）胡萝卜素。胡萝卜素有很强的抗癌和抗氧化作用，可以清除体内引起衰老的物质——自由基。芹菜、茼蒿、韭菜、白萝卜叶、海苔、海带等都含有胡萝卜素。

5）枸杞。枸杞含有甜菜碱、胡萝卜素、硫胺素、烟酸、抗坏血酸和钙、磷、铁等成分，有降低血糖、防止动脉硬化、抗肿瘤、抗疲劳和抗衰老的作用。

6）紫甘蓝。紫甘蓝营养丰富，尤其含有丰富的维生素 C、较多的维生素 E 和维生素 B 族，不仅对皮肤皱纹有改善作用，还有护肝抗癌的功效。

7）核酸类食物。核酸类食物有鱼、虾、牡蛎、动物肝脏、蘑菇、银耳、牛肉、绿豆、蚕豆、扁豆、大豆等。补充核酸类食物既能延缓衰老，又能阻止皮肤皱纹的产生，还能消除老年斑。

3．干性皮肤的营养调理

干性皮肤的皮脂分泌少，干燥并缺少光泽，容易产生皱纹。干性皮肤比较娇嫩、敏感，容易受到外界物理性、化学性因素和紫外线与粉尘等的影响，发生过敏反应。但是，干性皮肤外观上显得比较细腻，毛孔不明显，无油腻感，故给人以清洁、美观的感觉。这种皮肤不易生痤疮，且附着力强，化妆后不易掉妆。干性皮肤经不起外界刺激，如风吹日晒等，受刺激后皮肤潮红，甚至灼痛，皮肤变得干而粗糙，容易老化起皱纹，特别是在眼尾、口角处，所以特别需要加强科学护养。

干性皮肤形成原因有内因和外因两个方面：内因方面，与先天性皮脂腺活动力弱，后天性皮脂腺和汗腺活动衰退，维生素 A 缺乏，偏吃少脂肪食物，有关激素分泌减少，皮肤血液循环及营养不良，疲劳等有关；外因方面，与烈日暴晒，寒风吹袭，皮肤不洁，乱用化妆品及洗脸或洗澡次数过多等有关。

当干性皮肤因受年龄增长、气候变化、睡眠不足、过度疲劳、护理不当等影响，环境不利或营养缺乏时就会使健康失去平衡，肌肤没有活力，皮肤缺乏水分（正常情况下，角质层的含水量应该大于 10%）而令人感觉不适。其症状主要表现为皮肤发紧，个别部位干燥脱皮、光泽度差、色泽暗沉等。

干性皮肤的营养调理可采用以下方法：

（1）合理调节饮食结构，补充营养，改善皮肤状况。

1）多吃植物油和脂肪丰富的食物，如牛奶、鸡蛋、猪肝、黄油、鱼类等。脂肪是维护皮肤细胞组织必不可少的物质，它能保持皮肤弹性。食用植物油中的必需脂肪酸能够保证细胞的新陈代谢，其中一些脂肪酸还充当细胞的润滑油，可以限制水分流失，避免皮肤干燥。此外，植物油还富有维生素 E，能给皮肤带来双重好处——保证良好的水分补充及延缓皮肤衰老。

2）多吃含维生素 A 的食物，如猪肝、胡萝卜、杏仁、南瓜、鸡蛋、柑橘等。维生素 A 可促进皮肤代谢，保证上皮细胞的完整与健全，而使肤质柔软、光洁、富于弹性。

3）水产品滋养。这类食物与皮肤黏膜的生理代谢有密切关系，经常食用会使皮肤黏膜必需的蛋白质、氨基酸、维生素和微量元素得到补充和代谢，如鱼翅、干贝、海蜇皮、海带、带鱼等。

(2) 合理饮水，增加皮肤的水分供给。

1) 坚持多喝水，每天要喝8～10杯水，使皮肤柔软、滋润。

2) 多吃新鲜蔬果及牛奶、豆浆类等水分丰富的食物。

3) 应避免葱、蒜、酒、浓茶等刺激性食品。

4) 不喝含咖啡因的饮料。

(3) 可参考老化皮肤的营养调理。

4. 油性或痤疮皮肤的营养调理

油性皮肤者体内雄性激素分泌较高，皮脂腺分泌较旺盛，相当多的少男少女长痤疮。当皮脂分泌过多、排出不畅，且受到细菌侵蚀而阻塞毛孔时，易引发青春痘（痤疮），常集中分布于额头、鼻子与嘴的周围。此外，背部也是多发区。除了勤洗脸并使用专门的洗面奶或进行专业的护理外，还应该进行饮食调理。

(1) 三餐以清淡为宜。

1) 多吃各种新鲜的绿色蔬菜，坚持每天吃两个新鲜水果。

2) 荤菜以低脂蛋白质为宜，如河鱼、鸡肉等。

3) 烹调时少用油、盐、糖，多用食醋。

4) 不喝浓咖啡或过量的酒，以减少皮肤油脂分泌。

(2) 应少吃高脂类食品，不宜吃油腻的东西，如猪油、牛油、奶油、肥肉、核桃、花生及油炸食物，这些油脂性食物容易增加皮脂分泌而引起痤疮。此外，异体蛋白如虾、蟹、贝类也要限制。

(3) 多食富含维生素 B_1 和维生素 B_6 的食物，如果蔬、粗粮、糙米等，促进脂肪代谢。

(4) 多食含丰富的纤维素的食物，如荞麦粉、豆类及豆制品等。纤维素能使大便保持通畅，减少脂肪的吸收和皮脂的分泌，减少皮肤的油脂堆积。常用粗粮取代细粮，副食可选豆类、萝卜、黄瓜、白菜、芹菜、海带、紫菜等碱性食物。

(5) 油性皮肤的人平时还要注意少吃甜食，以防止糖转化为脂肪，使脸部生痤疮。

5. 色斑皮肤的营养调理

色斑由各种色素沉积所致。遗传、日晒、内分泌紊乱、辐射、衰老等多种原因可导致女性的脸部甚至全身长出斑点，如黄褐斑、黑斑、老年斑等。祛斑除了外在的护理、保持愉快心情、缓解心理压力、充足的休息外，还需要保证全面均衡的营养，以做好内在的调理。

(1) 多摄取维生素A和维生素E含量高的食物及水果。因为胡萝卜含有丰富的维生素A原，维生素A原在体内可转化为维生素A。维生素A具有滑润、强健皮肤的作用，并可防止皮肤粗糙及雀斑。花生富含维生素E，同时还有防止色素沉着的作用，避免色斑、蝴蝶斑的形成。维生素E能抑制皮肤衰老，使皮肤白净、光滑、细腻。大豆中所富含的维生素E能够破坏自由基的化学活性，不仅能抑制皮肤衰老，而且能防止色素沉着。

（2）宜多食用富含维生素C的食物，以抑制黑色素生成，维生素C可抑制氧化，阻止色素沉积，从而使皮肤变的白嫩。例如，西红柿具有保养皮肤、消除雀斑的功效。西红柿中丰富的西红柿红素（番茄红素）、维生素C是抑制黑色素形成的最佳武器，常吃西红柿可以有效减少黑色素形成。

（3）避免食用色素含量高的食物、饮料，如浓咖啡、浓茶、可乐、咖啡和朱古力等。

（4）少食油炸食物。油炸食物吃了不仅容易发胖，而且其内含的氧化物会加速肌肤的老化，应尽量少食。

（5）适量的摄取感光蔬菜。感光类食物都容易使皮肤变黑，因为它们富含铜、铁、锌等金属元素。这些金属元素可直接或间接地增加与黑色素生成有关的酪氨酸酶及多巴醌等物质的数量与活性，多吃这类食物会令肌肤更容易受到紫外线侵害而变黑或长斑，所以要适量摄取菠菜、韭菜、芹菜、香菜等感光蔬菜。

6．敏感性皮肤的营养调理

敏感性肌肤很容易出现问题，生活要有规律，保证充足的睡眠；皮肤要保持清洁，避免各种刺激；保证皮肤吸收充足的水分，避免夏日炎热引起的皮肤干燥；避免过度的日晒，否则会使皮肤受到灼伤，出现长红斑、发黑、脱皮等过敏现象。除了外用护肤品之外，敏感性皮肤还需要从饮食方面调理。

（1）清淡、温补为主，不宜食过多油腻、生冷、辛辣的食物。食用富含维生素C、维生素A和矿物质多的食物和新鲜蔬菜、水果，如富含维生素C的西红柿、青椒等深绿色蔬菜、胡萝卜等黄绿色蔬菜及柑橘、柠檬等水果。

（2）多食用提高人体免疫力的天然食品，如食用菌、黑木耳、银耳、蘑菇和香菇等，提高机体的抗病能力。

（3）补充皮肤胶原蛋白很重要。因为胶原蛋白是一种由三股螺旋形纤维所构成的透明状物质，能够强劲地锁住水分子。另外，胶原蛋白中还含有大量的氨基酸，它们具有天然保湿因子成分，能使肌肤充盈，保持皮肤的弹性与润泽度，还可使皱纹舒展，让皮肤呈现出质感和透明感，有效防止老化。

二、营养与体型

1. 肥胖体型的营养调理

肥胖目前在全世界呈流行趋势。肥胖既是一种独立的疾病，又是Ⅱ型糖尿病、心血管病、高血压、中风和多种癌症的危险因素，被 WHO 列为导致疾病负担的十大危险因素之一。我国目前体重超重者已达 22.4%，肥胖者为 3.01%。大多数超重和肥胖的个体都需要调整其膳食，以达到减少热量摄入的目的。

合理膳食包括改变膳食的结构和食量，适当减少饮用含糖饮料，养成饮用白水和茶水的习惯。进食应有规律，不暴饮暴食，也不要漏餐。

（1）肥胖的营养调理

1）改变膳食的结构。膳食构成的基本原则为低能量、低脂肪、适量优质蛋白质、含复杂碳水化合物（如谷类），增加新鲜蔬菜和水果在膳食中的比重。应避免吃油腻食物和吃过多零食，少食油炸食品和盐。

2）减少每日摄入的总热量。摄入食物既要满足人体对营养素的需要，又要使热量的摄入低于机体的能量消耗，让身体中的一部分脂肪氧化，以供机体能量消耗所需。尽量减少吃点心和加餐，控制食欲，七分饱即可；尽量采用煮、煨、炖、烤和微波加热的烹调方法，用少量油炒菜。使每天膳食中的热量比原来日常水平减少约 1/3，这是达到每周降低 0.5 kg 体重目标的一个重要步骤。低能量减重膳食一般女性为每天 1 000～1 200 kcal，男性为每天 1 200～1 600 kcal，或比原来习惯摄入的能量低 300～500 kcal。

3）适量摄入维生素和矿物质。在用低能量饮食时，为了避免因食物减少引起维生素和矿物质不足，应适量摄入含维生素 A、维生素 B_2、维生素 B_6、维生素 C 和锌、铁、钙等微量营养素补充剂。可以按照推荐的每日营养素摄入量设计添加混合营养素补充剂。

（2）饮食疗法介绍。要控制摄入食物的总热量，养成良好的饮食习惯。

1）食物中碳水化合物提供的能量应占总热量的 55%～65%，应以复合碳水化合物为主，如全谷类、豆类、大米、面、根茎类等，要提高膳食纤维素量。

2）食物中蛋白质提供的能量应占总能量的 15%，蛋白质类食物有瘦肉、鱼类、蛋类、无皮鸡肉、牛奶、低脂牛奶、酸奶等。

3）食物中脂肪提供的能量应占总能量的 25%～30%，其中多为不饱和脂肪。不饱和脂肪要占 2/3，而饱和脂肪不宜超过 1/3，如猪油、羊油、牛油、奶油、肥肉、动物的内脏等都属于饱和脂肪。

4）食用盐摄入的量为每天 3～6 g。

5）应增加蔬菜水果的摄入量，每天摄入的新鲜蔬菜要达到 500 g、水果要达到 250～300 g，以补充维生素、矿物质及膳食纤维。

6）避免油炸、动物内脏等高脂肪食物。

2．瘦弱体型的营养调理

（1）瘦弱常见原因

1）遗传因素。如家人都偏瘦的话，体重过轻可能是遗传的，由于新陈代谢率高，即使多吃也不易发胖。

2）精神因素。由于精神焦虑、生活不规律、过度劳累、睡眠不足等，身体消耗多于摄入，也是造成瘦弱的直接原因之一。

3）摄入不足、消耗过大。进食环境嘈杂、食物不合口味等都可能影响胃口，造成进食量不足或消耗量大，这也可能是偏瘦的原因。

4）脾胃性消瘦。因为脾胃吸收功能低下，导致营养不能充分吸收，如消化酶不足等，既可引起广泛的消化不良症候群，也影响营养物质的消化和吸收，造成低蛋白血症、脂肪性腹泻、脂溶性维生素缺乏、内分泌紊乱等。

5）病理性消瘦。常见疾病包括肠道寄生虫、贫血、糖尿病、甲亢、长期活动性结核病等。

（2）瘦弱体型的营养调理

1）正确摄食。进食要讲究科学，饮食结构要合理、全面、比例得当；纠正影响营养不良的疾病，如消化吸收不良、分解代谢加速和蛋白质丢失性疾病；老年、妊娠、哺乳和生长发育期应适当加强营养，以求供求平衡；脾胃性消瘦则应从“培补脾胃”着手，通过增强食欲、帮助吸收达到增加体重的目的。

2）食物以易消化、高蛋白、高热量为原则。瘦弱者平时应食用富含蛋白质的食物，如瘦肉、鸡蛋、牛奶、鱼类、虾、豆制品等，还宜多吃些含脂肪、碳水化合物（即淀粉、糖类等）较为丰富的食物，多摄入热量以增加体重。

3）摄入充足的维生素 A、维生素 B_1、维生素 B_2 等。

4）少吃多餐，每天进餐次数改为 4～5 餐，便于多余的能量转化为脂肪储存于皮下。因为身材消瘦的人大多肠胃功能较弱，一餐吃得太多往往不能有效吸收，反而会增加肠胃负担，引起消化不良。身体每额外摄取 3 500 cal 便会增重一磅。例如，每天累积 500 cal 的额外能量，一星期后便会增重一磅。

此外，还应保持充足良好的睡眠和适当的运动。

(3) 瘦弱体型的食疗验方。在日常饮食中，瘦弱体型者要特别注意对症调理，根据引起消瘦的具体原因而选用不同的膳食疗法。一般以富有营养的食物为主，再附以适当的中药。

1) 参苓粥。人参 3～5 g（或党参 15～20 g），白茯苓 15～20 g，生姜 3～5 g，粳米 100 g。先将人参（或党参）、生姜切为薄片，茯苓捣碎，共浸泡半小时，煎两次取汁，将这两次药汁合并，加粳米煮粥。每天早晚空腹温热食用，具有益气补虚、健脾养胃的功效。

2) 山药汤圆。山药 50 g，白糖 10 g，芝麻粉 50 g，糯米 500 g。将山药磨成粉，蒸熟，加白糖、芝麻粉调成馅备用，糯米浸泡后磨粉。将山药馅与糯米粉包成汤圆，煮熟即成，可做主食，具有补脾益肾的功效。

(4) 消瘦饮食禁忌。少吃粗纤维食物，以免影响消化吸收。

三、营养与毛发

1. 脱发与营养调理

由于荷尔蒙分泌失调，女性生理状况不易保持平衡。头发有自己的寿命，每天掉几十根头发是正常的，这是新陈代谢现象。但是如果脱发远远大于此数并有块状掉发，会影响患者的身心健康，就需要在日常生活中调理饮食，以防止脱发。

(1) 脱发原因

1) 生活工作压力。生活工作压力会使人感到紧张、情绪不稳、烦心、失眠，这些因素会影响荷尔蒙分泌，令油脂分泌过盛而堵塞毛囊，最终影响血液循环及头发的营养吸收，导致脱发。因此，生活要有规律，保持充足的休息和睡眠。愉快的心情可消除精神紧张感，防止头发早脱。

2) 饮食营养不良。过度追求苗条的身材，以节食的方式减肥，会导致头发因缺乏充足的营养补给而变得干枯，无光泽，进而导致大量脱发。

3) 护理不当。头发扎得过紧、频繁地烫发和漂染会对头发造成损害，导致脱发。

4) 女性更年期与分娩期。头发的更换速度与激素水平有关。女性更年期时，各种器官都开始衰退，雌激素分泌逐渐减少，脱发现象可能也会伴随出现。一般而言怀孕后体内雌激素增多，延长了头发寿命，使头发可“超期服役”。产后，雌激素水平恢复正常，那些“超期服役”的头发便纷纷脱落，而新的头发又未长出，造成青黄不接，出现脱发现象。

(2) 营养调理

1）补充铁质。经常脱发的人体内常缺铁。铁质丰富的食物有黄豆、黑豆、蛋类、带鱼、虾、熟花生、菠菜、鲤鱼、香蕉、胡萝卜、马铃薯等。

2）多吃含硫胺素的食品，硫胺素能使头发滋润有光泽。酵母、米糠、全麦、燕麦、花生、猪肉、大多数种类的蔬菜、麦麸、牛奶中含有硫胺素。适度地摄取这些物质，可以提供毛发生长的必需营养。

3）补充维生素E。维生素E可抵抗毛发衰老，促进细胞分裂，使毛发生长，可多吃鲜莴苣、卷心菜、黑芝麻等。

4）补充碘质。头发的光泽与甲状腺的作用有关，补碘能增强甲状腺的分泌功能，有利于头发健美，可多吃海带、紫菜、牡蛎等食品。

5）多吃含碱性物质的新鲜蔬菜和水果。脱发及头发变黄的原因之一是血液中有酸性毒素。当体力消耗过多和精神过度疲劳，或长期过食纯糖类和脂肪类食物，会使体内在代谢过程中产生酸毒素。肝类、肉类、洋葱等食品中的酸性物质容易引起血中酸毒素过多，所以要少吃。

(3) 常用脱发食谱。中医认为："发为血之余，血盛则发润，血亏则发枯"，养发护发要从调理气血开始。

1）龙眼人参炖瘦肉。龙眼肉20 g，人参6 g，枸杞子15 g，瘦猪肉150 g。将猪肉洗净切块，龙眼肉、枸杞子洗净，人参浸润后切薄片。将全部用料共放炖盅内，加水适量。用文火隔水炖至肉熟，即可食用。此汤可大补元气、养血生发，适宜于气血亏虚而引起脱发者食用。

2）枸杞黑芝麻粥。黑芝麻30 g，粳米100 g，枸杞子10 g。以上原料一起煮粥，可补肝肾、益气血，适用于头发早白、脱发等患者。

3）首乌猪脑汤。何首乌300 g，核桃仁30 g，猪脑1个。将何首乌水煎，弃渣取汁，用汁炖核桃仁与猪脑，熟后调味服用。每天1次，直至长出新发。此食谱适用于肾虚脱发的患者。

4）生发黑豆。黑豆500 g，将黑豆加水1 000 mL，以文火熬煮，至水浸豆粒饱胀为度。取出黑豆，撒细盐少许，储于瓷瓶内。每次服用6 g，每日2次，饭后食用，温开水送下。对脂溢性脱发、产后脱发、病期脱发等均有疗效。

5）芝麻海带糕。白芝麻100 g，海带末500 g。将白芝麻炒至淡黄色，研细末，加淀粉适量搅匀。把海带末掺入芝麻中，蒸熟即可。

2．头皮屑过多与营养调理

头皮是人类美容的要素，也是健康的重要标准之一。头皮的角质化过程发生变异时，就会产生肉眼可以看得到的头皮屑。

头皮屑是肉眼可见的过量的头皮细胞剥落而引起的，这种剥落现象犹如皮肤晒伤后的脱皮。正常头皮细胞的更替周期是 28 天，皮屑细胞完全成熟后，以肉眼无法看见的微小细胞剥落。而有头皮屑的头皮更替周期为 14～21 天。不成熟的细胞到达皮肤顶层，便会以肉眼可见的碎片剥落，形成头发屑。

（1）头皮屑产生的主要原因

1）微生物是头皮屑产生的主要原因之一，目前认为主要是卵圆形糠秕孢子菌在作祟。这是人体的正常菌群之一，寄生于人体的表皮，它以皮脂为食，可排泄出刺激性的副产品，加速细胞成长与更替。在某些因素作用下，糠秕孢子菌由腐生性酵母型转化为致病性菌丝型，此时便会产生炎症反应。发生在头皮者，就引致头皮屑过多、瘙痒，头皮上可见到鳞屑，略带油腻性。

2）精神压力。中、青年人正处在生命最旺盛的时期，工作繁忙、精神压力大、无法正常的作息和饮食等会影响头皮细胞的代谢，形成头发屑，所以应避免过于疲劳焦虑。

3）内分泌失调。头皮屑的产生也有可能受体内荷尔蒙分泌变化的影响，如青春期女性在经期前后等可能会有头皮屑的困扰。

4）营养不均衡。缺乏维生素 A、维生素 B_6、维生素 B_2。缺乏维生素 B 族或食用刺激性的食物也可能会导致头皮屑增加，如油炸类食品。

（2）营养调理，饮食防治头皮屑。日常生活的饮食及卫生观念要有所改变，才能彻底消灭头皮屑。

1）注意碱性食物的摄入。多吃含有植物性蛋白质的食物或含维生素的食物，少吃甜食或脂肪等食物。科学家发现，头皮屑过多与机体疲劳有关。疲劳的产生使新陈代谢过程中的一些酸性成分滞留在体内，如乳酸等。而多摄入碱性食物可使碱性成分（如钙、镁、锌等）中和体内过多的酸性物质，使酸碱达到平衡。这不但有利于头部皮肤的营养，而且能减少头皮的脱落，多食海带、紫菜、豆类、水果类，常喝鲜奶。

2）多摄取维生素 B 群，如胚芽、酵母、五谷杂粮、荞麦、糙米等，都有助于强化头皮角质的健康。例如，维生素 B_2 有治疗脂溢性皮炎的作用，维生素 B_6 对蛋白质和脂类的正常代谢具有重要作用。富含维生素 B_2 的食物来源于动物肝、肾、心、蛋黄、奶类、鳝鱼、黄豆和新鲜蔬菜等。

3）少吃辛辣和刺激性食物。因为头皮屑产生较多时，会伴有头皮刺痒，而辛辣和刺激性食物有使头皮刺痒加重的作用，故应避免吃辣椒、芥末、生葱、生蒜、酒及含酒饮料等。

4）少吃含脂肪高的食物，尤其是油脂性头屑的人更应注意。因为脂肪摄入多，会使皮脂腺分泌皮脂过多，从而使头皮屑形成更快。平时应该避免吃煎炸、油腻食物。

第 6 章

芳香美容与SPA护理

学习单元1　芳香美容

学习单元2　淋巴引流

学习单元3　芳香水疗法SPA

学习单元 1　芳 香 美 容

【学习目标】

1. 了解芳香疗法的定义和内容
2. 熟悉芳香疗法的应用
3. 熟悉常用精油的功效和使用注意事项
4. 掌握芳香美容的护理程序

【知识要求】

一、芳香疗法简介

1. 芳香疗法的定义

芳香疗法（Aromatherapy）是以按摩、泡澡、熏香等方式，使芳香植物所萃取的天然植物精油经由呼吸道或者皮肤吸收进入体内，达到舒缓精神压力、促进身体健康和心灵平衡的一种自然治疗手段。芳香疗法是一种令人感到愉悦的治疗方法。

Aromatherapy，即芳香疗法，这个词最早出现于 20 世纪，由表达香味、芳香意思的单词“aroma”和表达疗法、治疗意思的单词“therapy”结合而成。“aroma”意为芬芳，是一种渗透到空气中看不见但能闻得到的物质。它的基本意思是指使用植物提取出的精油，促进身心健康及美容，其含意的最大特征就是在改善身体、皮肤状况的同时，着重于“心理”的调整。这个词最早是由法国化学家加德佛塞（Rene Maurice Gattefosse）创造的。1920 年雷奈莫里斯・加德佛塞（Rene Maurice Gattefosse）在一次意外事故中发现薰衣草精油具有快速愈合伤口的疗效。盖特福斯首先把精油用于化妆品，并成立了自己的研究室。1928 年，盖特福斯在把其研究成果发表在科学刊物上时，首先运用了这一名称。

2．芳香疗法的起源、历史和发展

（1）芳香疗法的起源。芳香疗法的前身——药草疗法，可以说是人类历史上最古老的治病方法。植物对人类有治病的神奇力量，在有几千年历史的古文明大国早有记载。动物生病时会自己找草药治病，而人类也发现这些植物可以减轻生病时的不适和病痛，药草治病的经验靠代代相传而积累下来。在蒸馏萃取精油的技术出现前，几千年以来，人们一直将这些会产生精油的香料植物当作重要的药材。考古学家发现，在早期人类的墓园或居住地区，都能够找出许多药用植物的遗迹，利用变成化石的花粉，就可以分辨出植物的种类。药草疗法的最大特征就是在预防、调养身体和皮肤状况的同时，着重情志层面的调整和改善。

（2）芳香物运用的历史。中国在“三皇五帝”时期，曾有神农氏尝尽百草之说，这也是最早将植物用于医学领域的史料。埃及可谓是使用香料的鼻祖，早在公元前三千年以前，埃及人已经开始将香油香膏使用在宗教仪式和医疗上。各文明古国与芳香物运用法见表6—1。

表6—1　各文明古国与芳香物运用

国家	运用方式
古埃及	1．埃及是香料的摇篮，他们焚烧芳香植物来驱赶魔鬼、祭奉大地和太阳、庆祝战争胜利、欢庆婴儿诞生 2．使用芳香植物萃取花精配制香水，制造美容香膏 3．将没药、肉桂、松脂、杜松、小豆蔻等涂抹于死者身上，用以保存尸体或制作木乃伊 4．埃及的祭司也是药师，把香料用在神奇的巫术及宗教仪式中
古希腊	1．在宗教仪式中使用香料及精油作为涂身仪式和对抗恶魔 2．制作香水 3．被用来预防疾病 4．希波格拉底（Hippocrates，古希腊名医）使用熏香法来防止鼠疫的散布
古罗马	1．东方三博士带着礼物（黄金、没药、乳香）谒见圣婴耶稣 2．在卡布亚城有一整条街都是精油制造商 3．凯撒大帝时期，芳香泡澡广泛流行 4．沐浴后用芳香油脂按摩，此类沐浴场所成为重要社交中心
古印度	1．最常用到的是檀香木焚香 2．吠陀经典记录了大量芳香药用植物的使用方法 3．利用植物精油本身的能量与震动频率，与身体的各脉轮做能量契合的按摩，以补充人体的气场，寻求身、心、灵三者之间的协调 4．运用在美容配方里，包括檀香、芦荟、玫瑰、茉莉等

续表

国家	运用方式
古代中国	1. 现存最早的中药学著作《神农本草经》列有 365 种草药 2. 在 4608 年前已开始种植茶叶，用来治疗感冒、头痛和腹泻 3. 最早记载植物医疗能力的书籍《黄帝内经》是第一部中医理论经典和养生宝典 4.《本草纲目》是中国药学最经典的著作，记载近 1 892 种药材，全书收录植物药有 881 种 5. 家中悬挂芳香植物或点燃香料来驱邪避瘟、提神醒脑、陶冶性情 6. 用花草、药汤沐浴，以缓解病情、应季养生、调养肌肤

1）阿拉伯最伟大的医师 Abu Ali Sina，西方人称为爱维森纳（Avicenna）。他对芳香疗法最伟大的贡献是在 11 世纪发明了蒸馏精油的技术，第一次试验就自玫瑰中成功蒸馏出了玫瑰精油，而后又自许多植物中萃取出精油。

2）在十字军东征时期（1096—1291 年），玫瑰水和其他植物精油的蒸馏技术由阿拉伯人传至十字军战士，使得欧洲在 12 世纪末开始自行制造香水销售。1589 年，在德国的药典中记载有 80 种植物精油名称及其用途。

3）13 世纪，一位欧洲的王公贵族将精油运用在手套的制作上，而迷迭香是第一种被加入的。到中世纪，欧洲各地盛行黑死病，而在香水工厂工作的人却很少有人患病。当时的科学家研究这一现象发现，这些人可能因为长期接触精油，从而增强了免疫能力。

4）16 世纪，法国普罗旺斯（Provence）地区开始出现大量的薰衣草田，至今仍是全世界生产薰衣草精油的重镇。

5）17 世纪末期，化学合成药物出现，成为天然植物精油及药草等主流配方之外的一种选择。

6）19 世纪，关于芳香疗法和精油使用的研究比以前更科学和系统，关于精油的科学知识逐渐累积。在当时，许多传染病都是由自然的植物精油所治愈的。也是在同一时代，诸如人造麝香之类的人工合成精油产品开始出现，不过当时的这些产品仅具有单一性功能。早期植物精油普遍用于香水，后来发现植物精油具有极佳的杀菌、止痛功效。

（3）芳香疗法的领军人物和近代的发展应用

1）雷奈摩里斯·加德佛塞（Rene-Maurice Gattefosse）。在第一次世界大战期间，法国化学家雷奈摩里斯·加德佛塞发现精油对于外伤与灼伤有神奇的疗效。加德佛塞在一次实验中不慎发生爆炸，严重灼伤手臂，在数次使用薰衣草精油后，他的手臂复原得很快，而且几乎没有留下疤痕，他由此加深了对精油的研究兴趣。加德佛塞的研究显示，精油可能透过皮肤，经由血液和淋巴系统到达人体器官。他首先将精油用于化妆品，并成立了自己的研究室——加德佛塞坊。1928 年他出版了《芳香疗法》（Aromatherapy）一书，后又撰写了许多与精油治疗相关的书籍。他也是使用“芳香疗法”一词的第一人。

2）珍·瓦耐（Jean Valnet）。法国医师珍·瓦耐既是科学家、物理治疗师、微生物学家，又是卫生保健学医师。第二次世界大战爆发后，他受到加德佛塞研究的启发，开始在医疗中采用精油。他发现，精油对外伤有很好的疗效。他研究精油渗透皮肤的能力，发现精油可溶解于皮脂，并能穿透表皮进入血液内。他用兔子做实验，研究精油的渗透速率，记录精油被皮肤吸收的时间。珍·瓦耐医师将精油用于许多病症，并对精油做了相当深入的研究。他用法文写的书《芳香疗法》出版于 1964 年，8 年后被翻译成英文出版。“芳香疗法”虽由加德佛塞提出，但却是珍·瓦耐促使芳香疗法用于医疗。

3）玛格丽特·莫瑞（Marguerite Maury）。与珍·瓦耐同时期的一位奥地利治疗师——玛格丽特·莫瑞在研究了珍·瓦耐的著作后，将植物精油用于美容护理中。她是第一个使用精油的非医学专业人士，也是第一个将美容护理提升到医学层次的人。

她使用芳香疗法时，会考虑个人体质与特殊的健康问题，了解精油的预防医学功能及治疗特性。她不仅了解植物精油被皮肤吸收的能力，也发现了精油进入人体的途径。莫瑞发现，精油沿着呼吸道进行的路程是由感觉神经末端一直行进至旅程的终点——大脑，脑部中枢神经掌管记忆并影响人们的情绪。此外，莫瑞又发明了一套使用精油的按摩手法——回春疗法。莫瑞著有许多关于芳香疗法和植物精油的书籍，并在欧洲各地举办关于芳香疗法的研讨会。她于 1961 年出版法文版《青春的资产》（Le Capital Jeunesse），并于 1964 年以英文出版《生命与青春的秘密》（The Secret of Life and Youth）。

时至今日，精油的应用更是无所不在，从最简易的熏香到按摩、SPA，香氛产品不断推陈出新（见表 6—2）。

表 6—2　　植物精油在世界各国的应用与发展

国家	应用与发展
法国	使用精油已成为现代医学疗法的分支领域，药剂师会根据医生的诊断，调配出相应的精油处方，对患者进行治疗
英国	治疗的焦点集中在将调好的植物精油应用于按摩疗法

续表

国家	应用与发展
德国	将草药治疗与食品及饮食的调理相结合，由专业的自然疗法师及营养师进行临床针对性的治疗
美国	着重心理疗效，借此消除紧张所致的心理负担和精神压力 1. 有许多芳香治疗专门店和精油日用产品专卖店 2. 在高档的百货公司设有精油产品专柜，品种十分丰富
日本	把植物精油对脑神经刺激的功能应用在建筑体系的中央空调系统中 1. 火车司机带上有薄荷味的手套，以防止打瞌睡 2. 在大的会议室内，以背景香味来增强会议效果 3. 办公室中早上散放茉莉醒脑，傍晚散放薰衣草安神

3. 芳香疗法与芳香美容

芳香疗法属于自然疗法学领域的一部分，是由人类在生活中对自然界的了解而形成的。因此，芳香疗法的基本原理与药草植物医学、顺势疗法、针灸治疗等有共通之处，也是辅助性的方法，意即与正统医疗相似，但并不取代正统医疗的方法。芳香疗法采用植物的花朵、叶片、树枝、种子、根、木、树脂等提炼出的精油，通过专业人士针对症状进行针对性的调配，选择相应的治疗或护养方式，使身体在不排斥的状态下吸收调制的精油，最终影响人们的身体、精神、皮肤状况，使不适症状得以改善，从而达到身心健康的目的。同时，芳香疗法也是一门使用植物治疗和预防疾病的科学及艺术。

以芳香疗法理论为基础，将自然界的植物萃取的植物精油融入及运用到美容护肤品、美容护理之中，这种美容护肤保养的形式称为芳香美容或芳香护养法。芳香美容是一种从内调节身体和情绪、使皮肤得以养外的美容科学。

4. 芳香疗法的应用

芳香疗法包括经呼吸道吸收、经皮肤吸收和通过口服吸收三种方式。

(1) 经由呼吸道吸收是人体吸收最常见、最简易的方式，精油的芳香分子到达肺部之后会扩散到肺泡周围的微血管中，然后进入人体的微循环，传递到全身的各个器官和边缘系统发挥作用。通常这种应用方式包括熏香式、热水蒸气式、手帕式、手掌摩擦式、喷雾式等。

(2) 精油分子透过皮肤能迅速渗入皮肤组织，到达血液、淋巴等循环系统。精油的细小分子被认为能够吸收到毛囊之中，由于毛囊里有油脂成分，可以与植物精油相互融合，慢慢扩散到体内。由于个体差异和精油种类的不同，每个人的吸收速度也不一样。针对精油本身而言，尤加利及百里香具有更快的渗入作用。针对个体差异而言，水肿或者皮下组织较厚的人对精油的吸收相对迟缓，可以通过沐浴加温的方式促进身体循环，然后借由温度上升及基础油的滋润增加精油在体内的循环速度。经皮肤吸收的方式是常用的，包括按摩、沐浴、泡澡等。

(3) 经由植物油、牛奶、蜂蜜等媒介稀释后的精油可以直接口服，但品种和剂量应先咨询专业芳香疗法治疗师，不可擅自服用，以免使用不当而造成不良后果。因此，口服虽然是一种简单直接的应用方式，但是却需要更多的定量和定性监督。

二、芳香美容的物质基础——精油

1. 精油的定义和来源

精油是一种芳香物质，一般是从植物中萃取出来的芳香分子，为香水、调味品、化妆品等工业的重要产品，也是芳香疗法的物质基础。

精油是从植物的不同部分萃取而来，往往存在于植物的花朵、茎、叶片、树枝、种子、根、树脂中。这些挥发性物质的成分及化学结构非常复杂，含有超过500种以上的天然化学成分，属性极其复杂。植物精油比合成的精油更有活性，它并不是植物代谢过程中的产物，而是植物生长、发展的重要因素。因此，有人说精油是植物的血液、荷尔蒙、灵魂。

2. 精油的萃取方法

蒸馏法是最古老、最常用的萃取植物精油的方法。但是，随着科学技术的继续发展和人们对于精油研究的进一步加深，其他萃取方法也开始被广泛采用，而不同的萃取方法也可能造就精油不同的特色和特性。

常用的萃取方法包括蒸馏法、脂吸法、压榨法、挥发性溶剂萃取法四种。认识精油的萃取方式可以帮助我们了解精油的一些特性，如温湿度、保存条件等，也可以帮助我们从提取方式的复杂程度和纯度上判断精油的价格和品质。常用的精油萃取方法见表6—3。

表6—3　精油萃取方法

蒸馏法 （见图6—1）	蒸馏法是提炼精油最古老且很普遍的一种方法，又分为蒸汽蒸馏和真空蒸馏等不同方法。把植物材料放进蒸馏器中，以水和蒸汽加热，使精华蒸发出来，再经过急冻，形成油和水的混合物。通常油会浮在水的上面，因为水重于油，这时候可以轻易地将油和水分开

续表

脂吸法（见图 6—2）	用一片玻璃嵌在方形框架上，把薄薄的一层脂肪（猪油或牛油）涂在玻璃上，再铺一层新鲜花瓣，经过约 24 h，花瓣所含的精油就会被脂肪全部吸附。此时，再把木框反过来，花瓣会自动掉下来，然后将另一层新鲜花瓣铺在脂肪上。这个程序需要持续 3 个月，当脂肪吸饱了精油后，再以酒精将精油洗下来，用机器搅拌让精油溶于酒精中，含精油的酒精蒸发后就留下了精油。由于所花费的人力及时间太多，这也是一种最昂贵的方法
压榨法（见图 6—3）	这种方法专门用于制造柑橘类精油，是最传统的家庭式生产方法。将果肉去除，只取果皮压榨，再经过滤、分析及离心机将油水分离而提炼出精油，果皮类精油均以此方式萃取。如柑橘、柠檬、葡萄柚等
溶剂法（见图 6—4）	最常用这种方法提炼树脂、树胶及花瓣类的精油。把材料放于容器中以溶液浸没（处理花朵用石油或石油精，树胶、树脂则用酮），然后加热，使溶液萃取出材料的芳香物质，然后过滤糊状物，再经蒸发处理就得到精油。乳香、没药、檀香等均采用此种方法提炼

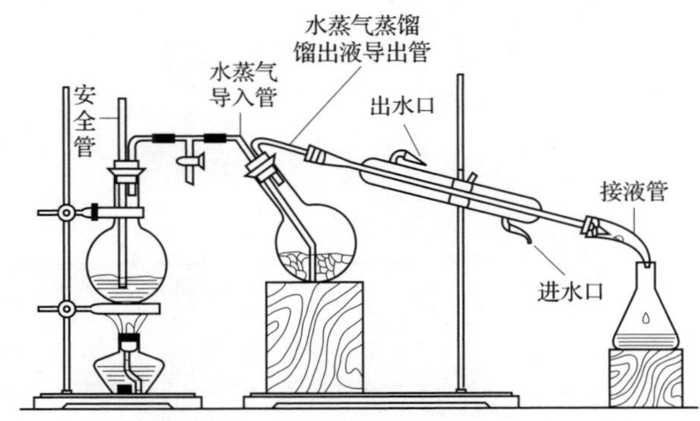

图 6—1　蒸馏法萃取精油

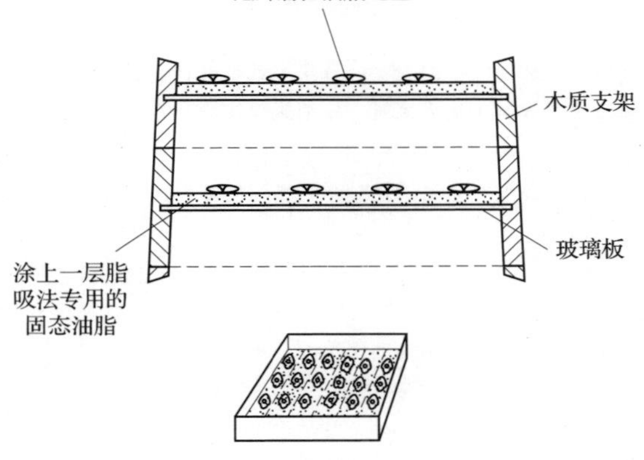

图 6—2　脂吸法萃取精油

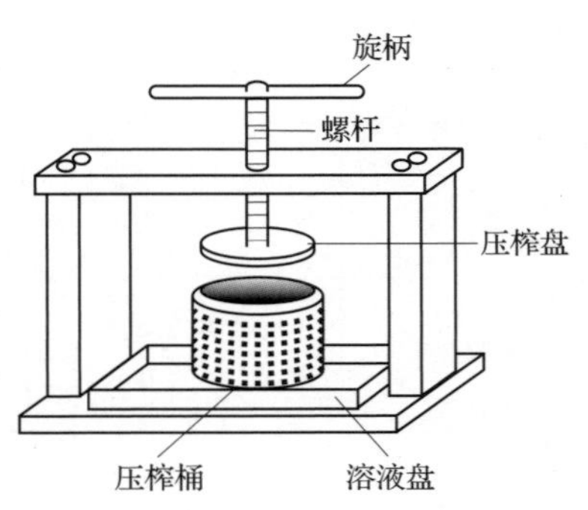

图 6—3　压榨法萃取精油

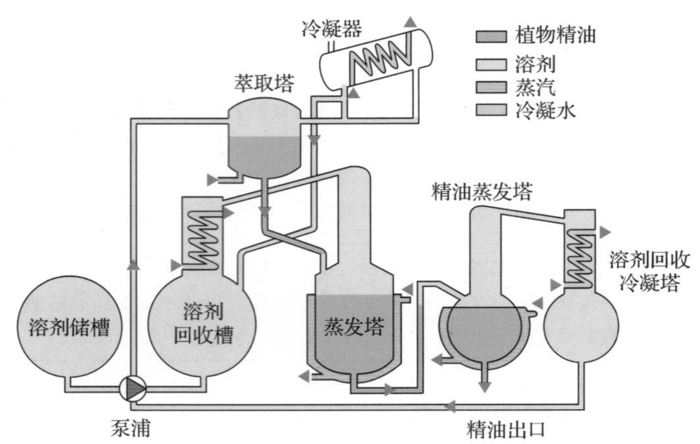

图 6—4　溶剂法萃取精油

3. 精油的特点、性质和分类

在芳香美容的领域里，不仅要研究每一种精油的特性和属性，而且要运用精油之间的相互协调作用，以促进健康。

（1）精油的特点见表 6—4。

表 6—4　　精油的特点

主要特点	具体表现
功效性强	精油和草药有着共同的起源，其功效强度是草药的 70 倍，所以草药通常使用的剂量偏大，其药效比较弱，而精油在掌握安全剂量的情况下功效强
功能多项	每一种精油的化学结构都十分复杂，平均 100 多种成分，具有多种功能。它们不像人工合成的香精那样只具其味且功能单一
高渗透性	精油的渗透力比其他乳制面霜、膏体要强，因为它的分子极其细致且活跃，能经数分钟深入真皮层，再经血液循环输送给身体各个组织系统，使细胞保持健壮
抑菌杀菌	精油具有与生俱来的抑菌、杀菌、防腐、杀虫的功效，只是强度不同而已，并且还具有预防病毒感染的功效
促进再生	精油可以加强细胞的再生能力，帮助修复或愈合伤口，延长细胞生命，也能延缓细胞老化，因此具有收敛、防皱、保湿、脱敏、促进循环的作用
很少滞留	精油分子体积非常细小，使用剂量视个人体质不同而定，使用 4～20 小时后由泌尿道、呼吸道、毛孔排出体外，一般不滞留于体内

（2）精油的性质。精油和其他油脂是不同的，它们的质地本身不油腻，并且具有较高的挥发性。精油的性质见表 6—5。

表 6—5　　精油的性质

性质	表　现
亲油性	精油可以与植物油混合，用于调制按摩油和保养油
抗水性	精油不溶于水，这是它的密度所决定的
挥发性	精油如果暴露在空气中，很快便挥发，也不会在纸张上留下油渍
可燃性	将精油滴在纸张上，可点燃，观察精油可燃性可鉴别精油的品质

（3）精油的分类。根据不同的分类方法，精油分为不同的类别。

1）按照挥发度分类（见表 6—6）。

表 6—6　　精油挥发度分类

分类	挥发度表现	常见精油
高度挥发性	挥发度高，渗透较快，具有刺激性，可起提神、振奋、醒脑的作用	紫苏、佛手柑、香茅、桉树、葡萄柚、柠檬、柳橙、薄荷
中度挥发性	挥发度适中，具有安抚、镇定、平复心境及减压的作用	豆蔻、肉桂、鼠尾草、茴香、天竺葵、薰衣草、茉莉、杜松
低度挥发性	挥发较慢，有厚重深沉之感，具有安神、提神醒脑、松弛神经的功效	安息香、杉木、柏树、檀香、乳香、紫檀木

2）按照植物科属分类（见表 6—7）。

表 6—7　　精油植物科属分类

科属	植物所属	科属	植物所属
松科	赤松、云杉	木犀科	茉莉、桂花
柏科	杜松果、丝柏	芸香科	苦橙叶、橙花、柑橘
橄榄科	乳香	番荔枝科	依兰
樟科	樟树、月桂	牻牛儿苗科	天竺葵
菊科	洋甘菊、万寿菊	胡椒科	胡椒
唇形科	薰衣草、鼠尾草、百里香、迷迭香、罗勒、薄荷	檀香科	檀香
伞形科	茴香、欧芹	蔷薇科	大马士革玫瑰、红玫瑰

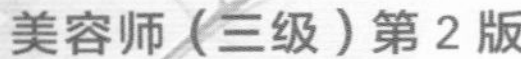

3）按照萃取部位分类（见表 6—8）。

表 6—8　　精油萃取部位分类

分类	植物名称
花朵类	玫瑰、茉莉、橙花、依兰、桂花
果实类	佛手柑、葡萄柚、柠檬、杜松果、香橙
药草类	罗勒、天竺葵、迷迭香、薰衣草
叶片类	尤加利、丝柏、薄荷、茶树、苦橙叶
树脂类	安息香、没药、乳香
根部类	欧白芷、姜
种子类	茴香、芫荽
木质类	雪松、檀香、桦木、黑云杉

4）按照香型分类（见表 6—9）。

表 6—9　　精油香型分类

分类	精油名称
柑橘香	佛手柑、葡萄柚、柠檬、茉莉、橙子
花香	茉莉、玫瑰、香水树、天竺葵、柑橘、苦橙花
草本香	紫苏、鼠尾草、牛膝草、马乔莲、薄荷、百里香
樟脑香	桉树、薄荷、茶树
木香	白千层、杉木、柏树、杜松、松木、檀香木、紫檀
树脂香	乳香、没药、安息香
土香	广藿香、岩兰草
辛香	黑胡椒、肉桂叶、丁香、甜茴香、肉豆蔻

4．常用的精油功效

不同的精油根据其来源植物的不同，拥有不同的功效。美容院常用的精油的功效见表 6—10。

表 6—10　　美容院常用的精油功效

中文名称	功效
洋甘菊（Chamomile）	镇痛消炎，舒缓经痛，增强免疫系统；改善敏感皮肤，消肿、平复微血管破裂；适用于干燥皮肤及暗疮发炎皮肤

续表

中文名称	功　效
茉莉花（Jasmine）	舒缓沮丧的心情，松弛神经；平衡荷尔蒙，舒缓经痛，消除阴道感染，强健男士生殖系统；适用于干燥皮肤、敏感皮肤，淡化妊娠纹及疤痕
橙花（Neroli）	减轻焦虑、沮丧及压力，提振精神使心情愉快；改善失眠、头痛的症状，平复更年期的心理问题，安抚肠胃功能，镇定心悸；促进细胞再生、增强皮肤的弹性，适合干性皮肤、敏感性肤质，改善疤痕及妊娠纹皮肤
玫瑰（Rose）	提振心情，松弛神经；滋补子宫，促进荷尔蒙的产生，改善性问题，滋补心脏，促进血液循环；适用于干燥、成熟、敏感皮肤，改善微血管扩张皮肤
依兰（Ylang－ylang）	松弛神经，减缓紧张、愤怒及恐惧；调节生殖系统，健胸，滋补子宫，改善性困扰，降血压，改善肠道感染；平衡油脂分泌，帮助改善油性皮肤和干性皮肤，滋补头皮、发质

续表

中文名称	功　效
天竺葵（Geranium）	舒缓忧郁、沮丧的心情；调节荷尔蒙，改善更年期问题及乳房发炎症状，刺激淋巴系统，排除肝、肾的毒素；平衡油脂分泌，改善带状疱疹、癣、灼伤及冻伤皮肤、毛孔阻塞、油性皮肤、面色苍白
薰衣草（Lavender）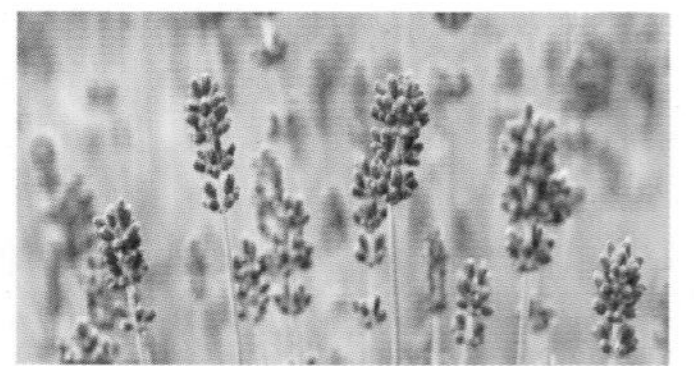	净化心灵，减轻愤怒及筋疲力尽的感觉，平衡中枢神经；改善失眠，降低高血压，镇静心脏，有助于呼吸系统问题，能够杀虫，净化空气；促进细胞再生，平衡油脂分泌，有益于烫伤、晒伤、湿疹、干癣、脓疮，改善疤痕，抑制细菌生长，帮助头发生长
迷迭香（Rosemary）	增强记忆力，使脑部清晰，改善头晕、感冒症状，使身体富有活力，舒缓风湿痛及肌肉劳损，滋补心脏，调理贫血，舒缓经痛，有助于减肥及治疗蜂窝织炎；收敛皮肤，消除浮肿、充血的现象，改善头皮失调，刺激毛发生长
快乐鼠尾草（Clary sage）	舒缓神经紧张，使人放松心情；滋补子宫，调节月经流量，平衡荷尔蒙分泌，安抚产后忧郁症，缓解胃部不适，改善头痛，舒缓焦虑，抑制出汗；促进细胞再生；有利于头皮部位毛发生长，去除头发油腻及头皮屑，抑制皮脂的过度分泌
佛手柑（Bergamot）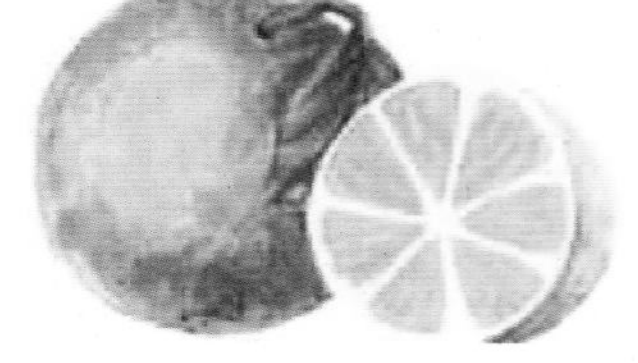	改善焦虑、沮丧、挫败的情绪；调节子宫，有助于改善呼吸道感染的疾病，帮助治疗膀胱炎，调理肠胃功能；改善油性皮肤及因压力引起的湿疹、疥疮、粉刺、干癣，头皮的脂溢性皮炎，口腔溃疡

续表

中文名称	功　效
葡萄柚（Grapefruit）	稳定情绪，使中枢神经平衡，振奋精神；刺激淋巴分泌，改善水肿型肥胖、蜂窝织炎，调节消化系统，滋补肝脏，减轻偏头痛、经痛及疲乏
柠檬（Lemon） 	使大脑清晰，可以减轻头痛、偏头痛；舒缓关节炎、痛风，促进消化系统功能，改善便秘及蜂窝织炎；祛除老化细胞，改善灰暗皮肤，使肤色明亮，改善微血管破裂皮肤；净化油性发质，预防指甲干裂
橙（Orange） 	舒缓紧张的压力，给人活力；舒缓肌肉疼痛，健壮骨骼，改善失眠症状，帮助消化，促进胆汁的分泌；改善干燥皮肤、皱纹皮肤及湿疹的肤质，促进汗液分泌，进行排毒
杜松（Juniper） 	激励和强化神经，调解气氛；帮助排尿，改善蜂窝织炎和水肿的现象，排出堆积的毒素，净化肠道，调节胃口，改善身体疲倦、沉重的感觉，改善身体僵硬性疼痛，可以调整经期，舒缓经痛；油性皮肤适用，改善头皮的皮脂溢出、粉刺、毛孔阻塞、湿疹和干癣
丝柏（Cypress） 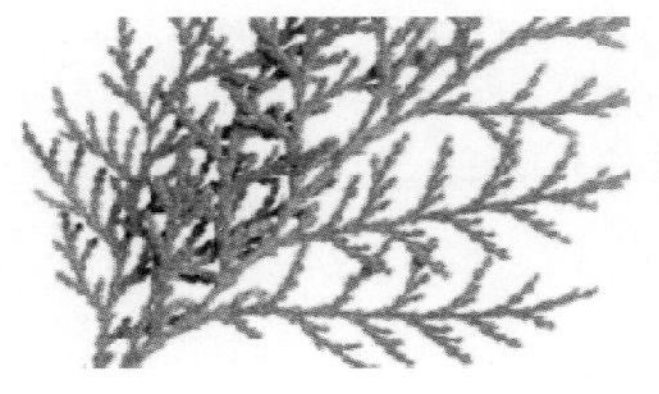	安抚易怒的人，净化心灵；改善蜂窝织炎，平衡体液，改善静脉曲张和痔疮，调节肝功能，调节卵巢功能，舒缓经痛和经血过多；控制皮肤水分流失，改善老化皮肤，有利于伤口愈合

续表

中文名称	功效
尤加利（Eucalyptus） 	稳定情绪，使人头脑清新、注意力集中；对呼吸道有帮助，缓和发炎现象，预防流行性感冒、咽喉感染、咳嗽气喘；降低体温，消除体臭；改善头痛，减轻腹痛、风湿痛及肌肉痛；预防皮肤细菌滋生，改善阻塞的毛孔，减轻发炎现象
薄荷（Peppermint） 	安抚愤怒和恐惧的心理，有助于舒缓疲惫和沮丧的情绪；帮助解除消化系统出现的急性问题，如呕吐、腹泻、便秘、胀气、口臭、反胃等，以及旅行中的不适症状，预防昆虫叮咬；改善湿疹、癣、疥疮和瘙痒现象，清凉皮肤，舒缓发痒和发炎的皮肤，可柔软肌肤，清除黑头粉刺，有益于油性的发质和肤质
茶树（Ti－Tree） 	清新头脑，安抚受惊吓的情绪；强效抗菌，可以强化免疫系统，用排汗的方式将毒素排出体外，有助于流行性感冒，可以清除阴道的念珠菌感染，改善生殖器和肛门的瘙痒，对生殖器感染消除有帮助；改善伤口化脓感染的现象，适用于灼伤、疮、晒伤、癣、疣、疱疹和脚气，改善头皮过干和头皮屑
乳香（Frankincense） 	安抚焦虑的心情，使心情平和；舒缓急促的呼吸、头部着凉和咳嗽，减轻经血过多的现象，舒缓产后忧郁症，安抚胃部，帮助消化，改善消化不良和打嗝的现象；美容佳品，帮助抚平皱纹，收敛和平衡油性皮肤

续表

中文名称	功　效
檀香木（Sandalwood）	具有放松和镇静的功效，会带来祥和平静的感觉；对生殖泌尿系统有帮助，可舒缓咳嗽和喉咙痛，预防细菌感染，减轻腹泻；是一种平衡精油，有益于干性湿疹和老化缺水的皮肤，与荷荷巴油调配后是绝佳的颈部润肤乳，舒缓皮肤发痒、发炎

5．基础油

基础油（base oil 或 carrier oil）也被称为媒介油或是基底油，是取自植物花朵、坚果、种子的油，基础油有很多种，都具备医疗的效果。芳香疗法所选用的植物油应该是经过冷压的提炼（在 60℃以下处理），因为冷压法可以将植物中的矿物质、维生素、脂肪酸保存良好，具有很好的滋润滋养效果。基础油被用来稀释精油，这样才能以正确的剂量用精油按摩或涂抹于皮肤上。

（1）常见基础油种类（见表 6—11）

（2）基础油的使用特性

1）在用精油进行按摩之前，一定要先用基础油稀释精油（薰衣草和茶树除外），如果未经稀释，则精油浓度过高和太过强烈，会伤害皮肤。

表 6—11　　　　基础油的种类及用途

名称	颜色	用　途
甜杏仁油	淡黄	1. 具有良好的亲肤性，是很好的滋润品和混合油 2. 含有高营养素，适合婴儿及干性、皱纹、粉刺、敏感性肌肤使用 3. 滋润、软化肤质功能良好，适合做全身按摩用，也能作为治疗痒、红肿、干燥和发炎的配方使用 4. 食用杏仁油可以平衡内分泌系统的脑下垂体、胸腺和肾上腺，促进细胞新陈代谢
杏桃仁油	淡黄	1. 肤色蜡黄或是脸部有脱皮现象的人非常适合用杏核桃仁油 2. 帮助舒缓紧绷的身体，早熟的皮肤，敏感、发炎、干燥的皮肤

续表

名称	颜色	用　　途
酪梨油	深绿	1. 适合干性、敏感性、缺水、湿疹肌肤使用 2. 它可以用作清洁乳，深层清洁效果良好，对新陈代谢、淡化黑斑、消除皱纹均有很好的效果
荷荷芭油	黄色	1. 适合油性肌肤及发炎的皮肤、湿疹、干癣、面疱 2. 可改善粗糙的发质，是头发用油的最佳选择，可以防止头发晒伤预防分叉，并使头发乌黑是良好的护发素
小麦胚芽油	黄色	1. 消化、呼吸及血液循环系统的配方皆适用 2. 可促进皮肤再生，对干性皮肤、黑斑、疤痕、湿疹、牛皮癣、妊娠纹有滋养效果 3. 使用时建议搭配其他媒介油
月见草油	淡黄	1. 对经前症候群、多重硬化症、更年期障碍有帮助 2. 能治疗干癣和湿疹，防止皮肤早衰 3. 可以调在乳液、乳霜中，改善湿疹现象

续表

名称	颜色	用　途
葡萄籽油	无色	1. 渗透力强，可作面部按摩时使用 2. 降低紫外线的伤害，保护肌肤中的胶原蛋白，改善静脉肿胀、水肿及预防黑色素沉淀 3. 增强肌肤的保湿效果，柔软肌肤，质地清爽、不油腻，易为皮肤所吸收 4. 预防胶原纤维及弹性纤维的破坏，使肌肤保持应有的弹性及张力，避免皮肤下垂及产生皱纹
椰子油	无色	适用于所有肌肤

2）植物基础油本身就具有疗效，植物油是营养和精力的良好来源。例如，杏桃核仁、桃子核仁和酪梨等油所含的油脂、营养量很高，非常适合滋润干燥和老化的皮肤；甜杏仁油、荷荷巴油、小麦胚芽油等富含维生素 D、维生素 E 与碘、钙、镁、脂肪酸等，可借其稀释精油，并协助精油迅速被皮肤吸收。

3）基础油不容易挥发，但保存期限也不一定长。尤其开封后会接触到空气，精油易氧化酸败，所以一次不宜大量调配精油，以免造成浪费。

4）利用植物基础油稀释精油时，应参照比例使用，一般按照 1 mL 搭配最多 1 滴的比例来调和。

6. 精油的使用禁忌

（1）选用合格品牌及高品质的精油，在彻底了解精油的性质及疗效后使用。

（2）有些精油可增加皮肤对光线的敏感度，经常日光浴的顾客不宜使用；芸香科植物如柚、橙、柑、橘等在使用后半小时不能晒太阳。

(3) 癫痫症、痉挛、心脏病、肾脏病或生理及情绪极度过敏的人须经医生批准才可接受护理。

(4) 脉管病变的地方不宜使用精油，如静脉曲张、静脉炎等。

(5) 孕妇及儿童要避免使用精油，精油有通经的功能，使用前要检查是否怀孕。

(6) 精油应保存在低温、阴凉的地方。使用后应拧紧瓶盖，精油接触的空气越多越容易变质和挥发，放在安全的地方，勿让儿童取得。

(7) 癌症患者不宜使用精油，以免导致癌细胞扩散。

(8) 注意精油的强度，有些精油用得过多有相反效果。

(9) 纯精油不能直接涂于肌肤，应以基础油稀释后使用，避免在眼睛、乳头、嘴唇和肛门等部位使用。

(10) 在使用精油前，最好先做皮肤测试，以免过敏。

(11) 同一种精油最好不要长时间使用。

(12) 哮喘病者最好避免使用蒸汽吸入法，以免诱发疾病。

7. 精油的调制以及注意事项

在调制精油的过程中，有着相当多的的注意事项。

(1) 调配精油必须经过专业训练，依照安全比例调配。

(2) 须使用品质最好的精油和基础油调配。

(3) 调配精油必须在通风良好的房间内，以免精油气味过强引起不适。精油分子非常小，只要几滴香味就会弥漫整个房间。

(4) 使用消毒过的、非常干净的器具，否则即使1滴水也会使精油浑浊，甚至破坏其品质。

(5) 使用后必须拧紧瓶口，否则气化或不洁、尘埃都会破坏精油品质。

(6) 有大量的精油时，须分批取用，可倒入较小的容器内，以免起氧化作用。一次调配量以够用为原则，不宜过多调配，造成浪费。

(7) 保存精油须使用深色玻璃瓶及有特殊标准滴管的容器，因为精油的强度很大，一般的器皿或滴头会被溶蚀，光线也会影响精油的品质。

8. 精油运用的意义

人的情绪会直接影响身体健康，皮肤是身体的一面镜子，所以皮肤外表也会受到影响。因此，只有拥有内在的健康（身体健康、心情愉快），才会拥有外在的健康（皮肤健康）。

(1) 皮肤方面。运用精油可以加速细胞的新陈代谢，刺激体内细胞生长，减缓老化现象；能帮助疤痕修复及伤口愈合，加强皮肤对外来侵袭的抵抗力，并能使皮肤更有弹性。

(2) 健康方面。运用精油可以加强及刺激身体的免疫力，排出多余的水分及废物，发挥平衡作用；增强身体对疾病的抵抗力，使“呆滞”的器官活跃起来。

(3) 情绪方面。运用精油可以增强人们的自信心，并能改善记忆力、增强精神集中力、决断力。现代人经常面对工作及家庭等外来压力，因而情绪容易失调，香薰对平衡思想、稳定情绪有极大帮助，并能完善生理及心灵的协调。

(4) 医学方面。香薰精油的药性比草药浓 70 倍，渗透力强，能迅速针对疾病加以治疗。

(5) 宗教方面。有意识地运用香薰可使精神有所皈依，故香薰又被运用在一些宗教仪式上，如祭祀用檀香、集会用乳香、冥想静坐用没药等。香薰有助于心绪平衡，更有些宗教人士认为香薰能助人与神沟通，达到灵神合一的境界。

9．植物精油进入人体的途径

(1) 经嗅觉系统。人的鼻子可以嗅出一万多种不同的气味，而怡人的香气可以改善人的工作状态及记忆力，还可以改善情绪，控制、调节身体行动，如情绪、嗅觉和内脏的自律神经。其中，下丘脑部是控制体温、睡眠、生殖、物质代谢等自律神经的中枢。相邻的脑下垂体（掌控荷尔蒙的分泌）也会起反应，引起身心的变化，调整人的身体状况，改变人的心情。

(2) 透过皮肤吸收。精油的分子质量比人体细胞小 1 000 倍，而植物精油的纯度极高，因此精油对皮肤有着极佳的渗透性。一般来说，精油可以在大约 30 分钟内完全被皮肤吸收。以按摩和沐浴的方式，可将植物精油应用于皮肤而后散布全身，精油也能够抑制感染与毒素扩散，可减缓体内病菌的快速繁殖。

(3) 口服吸收。口服吸收需要征询专业医师的建议后才能操作，不建议个人搭配。

植物精油进入人体流程如图 6—5 所示。

10．精油的辨识

国际芳香疗法制造商会严格要求，只有 100%萃取自天然植物，没有任何人工合成成分的才能标示“pure essential oil（纯精油）”。从理性的角度来说，精油的辨识可以从说明书、包装瓶及物理状态三个方面判断。从感性角度来说，以自己的嗅觉辨识精油也是一个不错的选择。

首先，精油包装内一定有说明书，而说明书中以下几点需要注意：

(1) 拉丁文说明书。植物家族细分为不同的属种，只能用拉丁文辨识出来。

(2) 纯度。纯度是选购精油的重要衡量标准。

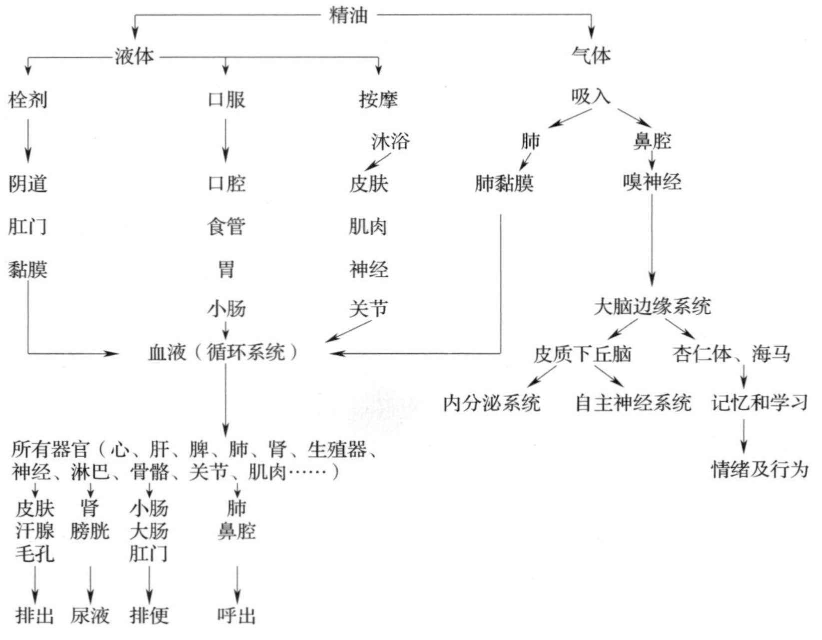

图 6—5　植物精油进入人体流程

（3）产地。每一种植物都有自己专属的产地，因为那里有每一种植物专属的温度、阳光、土壤和品种。不同地方生长的同一植物品质也会有极大不同。植物的产地、栽培方式及收割和萃取方式也会对植物的性状产生巨大的影响。

（4）萃取方式。说明书上必须要说明该精油的萃取方式。例如，柑橘类植物在萃取精油的时候只能通过冷榨的方式，不能使用蒸馏法，否则会影响精油的功效。

（5）萃取部位。同一种植物如果萃取的部位不同，则功效也大大不同。以檀香为例，整棵檀香树萃取的精油产量虽然有增加，但是功效远远不如极品檀香，这种檀香萃取自半干的檀香木的木心。

其次，从包装瓶上也能辨识出精油的品质。

日光、灯光、高热、潮湿都会改变植物精油的品质，所以必须用深色玻璃瓶存放精油，如棕色、深绿色、深蓝色、琥珀色等。

纯精油装瓶必须附上安全盖和滴头。因为纯精油是以滴数计算的，使用安全盖可以避免小孩随意取用。精油瓶与滴管、滴头如图 6—6 至图 6—8 所示。

精油的物理性质也是辨别精油的标准之一。大多数精油滴在白纸上，挥发后不会留下任何的油渍；对着光线查看精油，也应该是透明清澈的（檀香木、乳香之类的可能会有一些浑浊）。

图 6—6 精油瓶

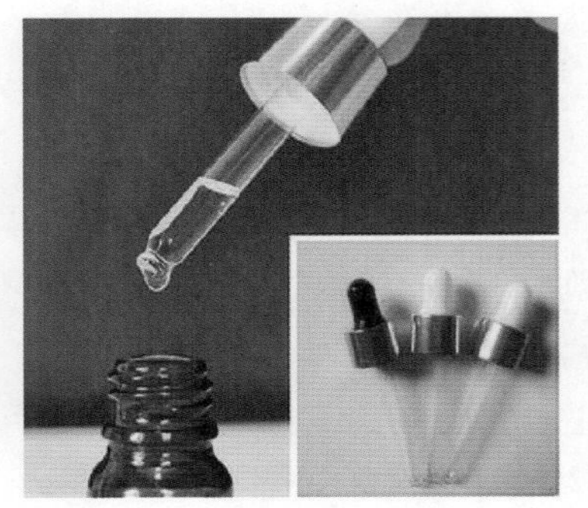
图 6—7 精油瓶与滴管

图 6—8 滴头

11．精油的保存

纯精油非常容易受到外界环境的影响而变质，因此，精油需要保存在密封、避光、15～20℃的环境中。纯精油通常保存在深色的玻璃瓶内，最好将精油存放在檀香木盒子或者松木盒子里。未开封的纯精油通常可以保存3～5年，已开封的最好于 1 年内用完，若已调和为按摩油，于 2 个月内用完最佳（见图 6—9）。

图 6—9 存放精油盒

三、芳香美容护理

1．芳香的应用

芳香在美容护理中的应用是非常广泛的，不论是通过嗅觉还是触觉，都能够给人们带来心灵和身体的双重享受。

一般来说，芳香应用于美容护理主要有如下几种方式：

(1) 泡浴。泡浴是一种非常科学的治疗方式，能起到温度、水压、浮力等物理作用，泡浴时的身心放松也会舒缓人们的情绪。泡浴包括全身浴、半身浴、坐浴、足浴、手浴等。

(2) 按摩。按摩是精油最普遍的运用办法，可以让精油在很短的时间内进入血液循环。按摩本身具有平缓呼吸、放松肌肉、促进血液和淋巴循环的作用，再加上不同配方的精油，疗效就更加显著。

(3) 吸嗅法。吸嗅法是以空气为媒介吸入精油的一种方法，操作简便，可随时进行。吸嗅法最有助于缓解呼吸系统不适及舒缓不良情绪。

吸嗅法主要有几种方式：将精油滴在掌心、手帕、枕头上，用芳香灯加热的方式扩散精油，或精油搭配适量水用于喷洒室内。

芳香美容法是利用植物精油的天然性、抗病毒性、抗感染性及防腐效能，通过采用不同的方法，如浸浴、熏蒸、吸入、敷按等，改善人体不适症状。这种自然疗法是令人体得到安抚，有平衡、滋润等效果。

在美容院，精油的使用方法很多，范围也很广泛，可以用于身体的调理治疗、面部的美容护肤，以及美容院内的熏香设备。美容院内精油的一些使用方法见表6—12。

表6—12　　芳香美容法

方法种类	具体操作与适应证
面部按摩	1. 在植物底油中，根据症状选择适量精油 2. 根据比例调匀后，涂于面部进行按摩 3. 适用于面部皮肤问题，如暗疮、黄褐斑等
面膜	1. 在面膜粉中，加入花卉水或蒸馏水（精油纯露）调成糊状 2. 再加入精油适量调匀，敷于面部 3. 适用于面部皮肤过敏、缺水、老化、皱纹的保养
敷按	1. 视目的不同搭配不同的水温及精油 2. 在1～2 L冷水或温水中，滴入所需精油，混合后以毛巾吸水面油分，将毛巾沾湿拧干后，置于所需处理的部位敷按数分钟，重复数次 3. 敷面可软化皮肤表皮角质层，使死皮脱落，增进细胞代谢功能，使细胞在最活跃的状态下吸收营养及精油 4. 热敷可舒缓神经紧张、平复情绪 5. 冷敷一般用于发烧、流鼻血或运动伤害
点穴	1. 用精油加入适量基础油调匀后，在特定穴位点揉、按压 2. 用于各种疾病的调理治疗，尤其在外出不便按摩的情况下，可用精油点穴
身体按摩	1. 按摩前要提高室内的温度，或使精油在手中温热 2. 用毛巾盖好按摩后的部位，以免精油迅速蒸发，同时也可使精油吸收得更快 3. 可用于各种疾病的调理治疗及平时舒解压力、放松情绪、护肤保健

续表

方法种类	具体操作与适应证
泡澡	1. 选择适当的水温，根据症状选择精油 2. 将精油滴入水中，浸泡前先将精油搅匀，水温不能过热，全身放松浸 20 min 3. 全身性的泡澡对于全身循环系统及呼吸系统有良好的助益 4. 用于感冒、发烧、关节肌肉酸痛、跌打损伤、血液循环不良、肥胖等，也可以放松情绪、舒解压力、保养皮肤等
蒸汽吸入	1. 使用精油 2～3 滴，在大碗中或水杯盛上沸腾热水后滴入精油 2. 用口鼻深呼吸 5～10 min，注意口鼻的距离，以免烫伤 3. 此法可预防流行性感冒
芳香灯扩散	1. 将开水或洁净的水倒入熏香台上方的水盆中，约置入八分满 2. 选择 1～3 种精油先后滴入盆中，一盆水的总滴数为 6～8 滴 3. 以专用蜡烛燃点、加热，使香气溢于居室 4. 不同的精油可使人心情愉快、精神集中、增强记忆，可治疗睡眠或气管疾病，有些更可以清新空气、驱除蚊虫

2. 芳香美容的护理程序

(1) 精油的皮肤保养。

芳香精油除了对皮肤的质地有所帮助，还可以改善情绪。可以用来进行皮肤护理的精油虽然功能不同（如有些能平滑肌肤，有些促进水油均衡，有些促进细胞再生，有些抗菌发炎，有些能促进表皮的血液循环），但是都能在心理及情绪方面发挥治疗功能。

精油的皮肤保养方法见表 6—13。

表 6—13　　精油的皮肤保养方法

皮肤类型	方法	适合的精油和基础油
中性皮肤	按摩、沐浴、敷按、面膜	檀香、丝柏、天竺葵、薰衣草、玫瑰、茉莉、橙花 可以甜杏仁油、玫瑰果油为基础油稀释
油性皮肤	按摩、沐浴、敷按、面膜	佛手柑、甜橙、天竺葵、快乐鼠尾草、葡萄柚、依兰、薰衣草 可以葡萄籽油、荷荷芭油、鳄梨油为基础油稀释

续表

皮肤类型	方法	适合的精油和基础油
干性敏感皮肤	按摩、沐浴、敷按、面膜	洋甘菊、乳香、檀香、薰衣草、玫瑰、茉莉、橙花 可以小麦胚芽油、葡萄籽油、玫瑰果油、荷荷芭油为基础油稀释
老化皱纹皮肤	按摩、沐浴、敷按、面膜	乳香、没药、檀香、薰衣草、玫瑰、茉莉 可以杏仁油、玫瑰果油、葡萄籽油为基础油稀释
敏感燥红皮肤	沐浴、局部敷按、面膜	洋甘菊、薰衣草、玫瑰、茉莉、橙花 可使用纯露稀释
痤疮皮肤	点穴、沐浴、局部敷按、面膜	佛手柑、甜橙、天竺葵、快乐鼠尾草、葡萄柚、依兰、茶树、薰衣草 可以葡萄籽油、荷荷芭油、鳄梨油为基础油稀释

（2）芳香美容的护理方法及步骤（见表6—14）。

表6—14　　芳香美容的护理方法及步骤

方法	步骤说明
洁肤	根据顾客肤质的需要选择或调配精油洁面乳进行洁面
蒸汽喷雾	依据顾客皮肤症状选择所需精油滴入奥桑蒸汽仪中，打开开关，做精油熏面5～8 min
去皮肤角质	适当选用去角质膏去除面部老化的角质层
精油敷按	在1～2 L冷水或温水中与精油混合，以毛巾吸水面油分，将毛巾沾湿拧干后，轻盖在所需处理的部位上数分钟，重复数次，需轻轻擦拭
喷洒精油纯露	根据肤质准备适合的精油纯露均匀喷洒于面部，轻轻拍按至吸收
配制复方精油做面部按摩	根据顾客肤质及需要，选择纯精油和植物基础油进行调配，做头、面、颈部按摩15 min
面膜敷面	根据顾客肤质，按以上列表调制精油软膜，做芳香营养敷面
喷洒精油纯露	根据肤质准备适合的精油纯露均匀喷洒于面部，轻轻拍按至吸收
芳香润肤	在面部均匀涂抹植物润肤乳，协助精油营养完全吸收

3．芳香美容的精油配方

调配复方油是一种艺术，调油时必须考虑许多因素，首先正确判断诊查顾客的症状及皮肤情况，其次要考虑精油的功效、调和性及气味的强度等，以便调配出合适的复方精油。许多理论可由书本学习，但很多的经验只能从实践中得到。这门艺术不只是调配精油而已，最重要的是了解顾客的需要，并解决他们生理及心理上的问题。一般一次使用 2～3 种不同的精油，以增加香味的丰富性，不但可让香味有不一样的感受，同时还可使效果更佳，使客人更为舒适，接受度也随之变得更高。

1）调配精油的剂量控制及精油浓度调配比例见表 6—15、表 6—16。

表 6—15　调配精油的剂量控制

用途	浓度	精油（滴）	基础油（mL）/次
面部保养油	1%	1	5
敏感皮肤按摩油	0.5%～1%	0.5～1	5
干性皮肤按摩油	1%～1.5%	1～1.5	5
油性或暗疮皮肤按摩油	2%	2	5
身体减压、舒缓肌肉按摩油	3%	9	15

注：一般 1 mL 精油等于 20 滴。

表 6—16　精油调配比例表

浓度 \ 基础油	5 mL	10 mL	15 mL	20 mL	25 mL	30 mL	50 mL
0.1%	0.1	0.2	0.3	0.4	0.5	0.6	1.0
0.4%	0.4	0.8	1.2	1.6	2.0	2.4	4.0
0.5%	0.5	1.0	1.5	2.0	2.5	3.0	5.0
0.7%	0.7	1.4	2.1	2.8	3.5	4.2	7.0
0.8%	0.8	1.6	2.4	3.2	4.0	4.8	8.0
1.0%	1.0	2.0	3.0	4.0	5.0	6.0	10
1.4%	1.4	2.8	4.2	5.6	7.0	8.4	14
1.5%	1.5	3.0	4.5	6.0	7.5	9.0	15
2.0%	2.0	4.0	6.0	8	10	12	20
2.5%	2.5	5.0	7.5	10	12.5	15	25
3.0%	3.0	6.0	9.0	12.0	15.0	18.0	30.0

2）面部和身体问题的精油调配见表6—17和表6—18。

表6—17　面部问题的精油调配

面部问题	适用基础油	适用精油
中性平衡肤质	杏桃核仁油、榛果油	柠檬、玫瑰、天竺葵、茉莉、薰衣草、橙花
干性	甜杏仁油、橄榄油	洋甘菊、安息香、薰衣草、檀香、奥图玫瑰
油性	甜杏仁油、葡萄籽油	薰衣草、天竺葵、杜松、苦橙叶、迷迭香
毛细血管扩张	荷荷巴油、榛果油	欧芹、奥图玫瑰、洋甘菊、丝柏、天竺葵
白头粉刺	荷荷巴油	佛手柑、百里香
黑头粉刺	荷荷巴油	紫罗兰叶、柠檬香茅、薰衣草、百里香
暗疮	甜杏仁油、月见草油	第一阶段：洋甘菊、没药、奥图玫瑰 第二阶段：佛手柑、茶树、金盏菊、鼠尾草 第三阶段：橙花、欧芹、杜松
浮肿	杏桃核仁油、甜杏仁油	柠檬、玫瑰草、杜松、薰衣草、丝柏、檀香

表6—18　身体问题的精油调配

身体问题	适应基础油	适应精油
体味	皆可	鼠尾草、薄荷、尤加利、百里香
蜂窝组织	皆可	甜橙、鼠尾草、罗勒、百里香、葡萄柚
需紧实	甜杏仁油	葡萄柚、罗勒、薰衣草
需利尿	荷荷巴油、榛果油	杜松、柠檬、丝柏、葡萄柚
乳房护理	山茶花油、荷荷巴油	茴香、丝柏、鼠尾草、欧芹、柠檬香茅
手部护理	皆可	玫瑰、天竺葵、柠檬、橙花

4．芳香美容的注意事项

进行芳香美容时，应该密切注意顾客的身体情况，遇到皮肤感染、静脉曲张、肿瘤、刚结疤的皮肤部位、红肿的部位、孕妇的腹部、处于生理期的女性以及曾经做过整形手术的部位应该避免接触。

避免直接接触眼睛、乳头、肛门、生殖器等部位。使用柑橘类精油（如佛手柑、柠檬等）后四小时内请勿在阳光下暴晒。凡为敏感性肤质的顾客，要密切关注，以便安排合理的疗程及对应的产品。

此外，孕妇在使用精油时要格外当心。几乎所有的精油都具有通经的作用，所以在怀孕初期，尤其是前三个月请谨遵医嘱。

高血压患者避免使用牛膝草、迷迭香、鼠尾草等。

糖尿病患者避免使用白芷根、茴香、牛膝草等。

学习单元2　淋 巴 引 流

【学习目标】

1. 了解淋巴系统的组成和功能
2. 熟悉淋巴引流的方法流程
3. 熟悉淋巴按摩的禁忌
4. 能够做淋巴引流

【知识要求】

人类血液循环是封闭式的，是由体循环和肺循环两条途径构成的双循环。循环系统是液体在体内流动的通道，分为心血管系统和淋巴系统两部分。

在人体内循环流动的血液可以把营养物质输送到全身各处，并将人体内的废物收集起来，排出体外。当血液流出心脏时，经动脉把养料和氧气输送到全身各处；静脉将机体产生的二氧化碳和其他废物运送回心脏，再输送到排泄器官，排出体外。正常成年人的血液总量大约相当于体重的8%。血液把氧气、营养物和激素运输到全身各处，并把代谢出来的废物运送到排泄器官。血液还能保护身体，它能产生一种叫“抗体”的特殊蛋白质。抗体能黏附在微生物上，并阻止其活动。于是，血液中的其他细胞会包围、吞噬、消灭这些微生物。血液也能够凝结成块，帮助堵住出血的伤口，防止大量血液流失及微生物入侵。

淋巴系统是心血管系统的辅助系统。

一、淋巴系统

1. 淋巴系统及其组成

淋巴系统由淋巴管道、淋巴组织和淋巴器官组成。血液流经毛细血管动脉端时，一些成分经毛细血管壁进入组织间隙，形成组织液。组织液与细胞进行物质交换后，大部分经毛细血管静脉端吸收入静脉，小部分水分和大分子物质进入毛细淋巴管，形成淋巴液（简称淋巴）。

淋巴沿着淋巴管道向心流动，最后流入静脉。因此，淋巴系统是心血管系统的辅助系统，协助静脉引流组织液。此外，淋巴组织和淋巴器官具有产生淋巴细胞、过滤淋巴液和进行免疫应答的功能。淋巴系统及组成见表6—19。

表6—19　　淋巴系统及组成

淋巴系统		淋巴系统的组成
淋巴管道	毛细淋巴管	毛细淋巴管以膨大的盲端起始，互相吻合成毛细淋巴管网，然后汇入淋巴管 毛细淋巴管由内皮细胞构成，它的间隙较大，基膜不完整，故通透性较好，蛋白质、细胞碎片和肿瘤细胞等容易进入
	淋巴管	由毛细淋巴管汇合而成，内有丰富的瓣膜，具有防止淋巴逆流的功能
	淋巴干	全身各部的淋巴管经过一系列淋巴结群后，汇合成淋巴干。淋巴干包括2条腰干、2条支气管纵膈干、2条锁骨下干、2条颈干和1条肠干
	淋巴导管	淋巴干汇合成两条淋巴导管，即胸导管和右淋巴导管，分别注入左右静脉角
淋巴组织	弥散淋巴组织	位于消化道和呼吸道的黏膜
	淋巴小结	包括小肠黏膜固有层内的孤立淋巴滤泡、集合淋巴滤泡及阑尾壁内的淋巴小结
淋巴器官	淋巴结	为圆形或椭圆形灰红色小体，一侧隆凸，有输入淋巴管注入；另一侧凹陷为淋巴结门，有输出淋巴管、血管和神经出入
	脾	脾是人体最大的淋巴器官，具有储血、造血、清除衰老红细胞和进行免疫应答的功能
	胸腺	其功能与免疫紧密相关，分泌胸腺激素及激素类物质，是具内分泌机能的器官，位于胸腔前纵隔
	扁桃体	扁桃体位于消化道和呼吸道的交会处，此处的黏膜内含有大量淋巴组织，是经常接触抗原引起局部免疫应答的部位。在舌根、咽部周围的上皮下有好几群淋巴组织

2．全身淋巴结的分布（见图 6—10）

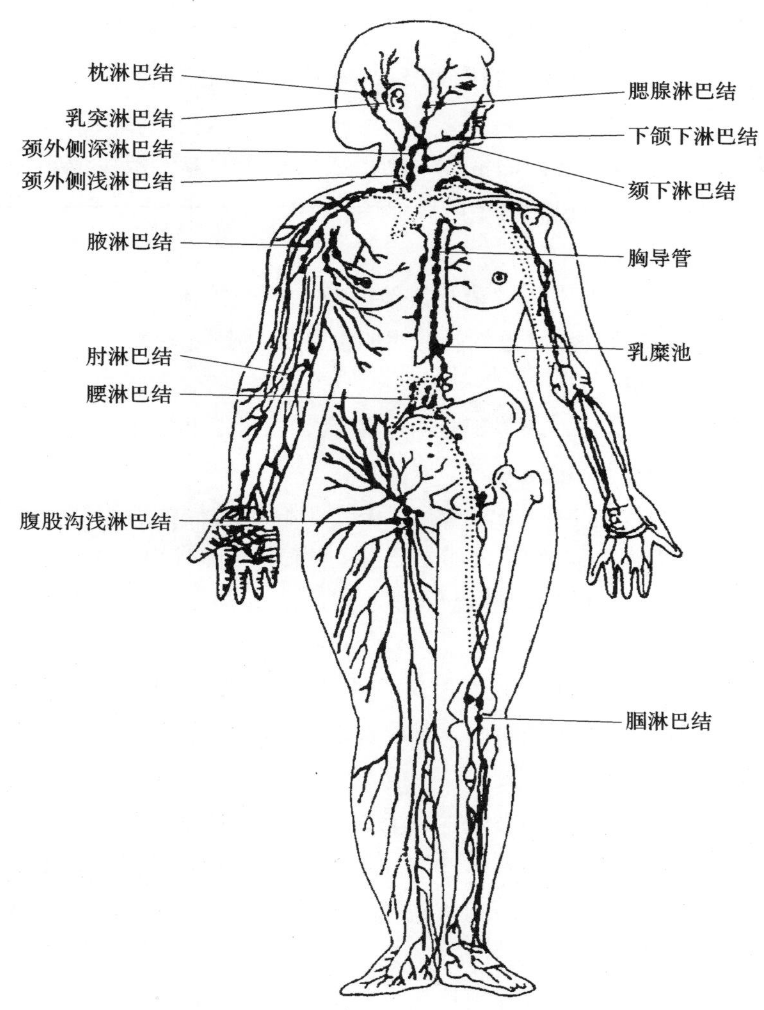

图 6—10　淋巴结的分布

3．淋巴系统的功能

淋巴系统的主要功能在于将体内部分细胞外液送回血液中，以及防御外来的侵袭，与免疫作用有密切关系。功能上可分为两大部分，即免疫功能与周边组织液再回收功能，分别由淋巴组织及淋巴管系统负责。其中，淋巴管负责将周边组织液回收并输送至淋巴管中过滤，而淋巴器官及分散于全身各处的淋巴组织则根据所接触非个体所有的抗源，予以制造相对应的抗体或直接攻击外来物达成免疫的功能。其具体功能如下：

（1）回收蛋白质。每天组织液中有75～200 g蛋白质由淋巴液回收到血液中，保持组织液胶体渗透压在较低水平，有利于毛细血管对组织液的吸收。

（2）运输脂肪。由小肠吸收的脂肪80%～90%是由小肠绒毛的毛细淋巴管吸收。

（3）调节血浆和组织液之间的液体平衡。成人每天的淋巴液生成量为2～4 L，大致相当于全身的血浆量，流速相当于静脉血的1/10左右。正常人在静息状态下，每小时约有120 mL淋巴液回流入静脉。

（4）清除组织中的红细胞、细菌及其他微粒。这一机体防卫和屏障作用主要与淋巴结内巨噬细胞的吞噬活动和淋巴细胞产生的免疫反应有关。

4．淋巴器官与免疫

淋巴结、扁桃体、脾脏、胸腺都是淋巴器官，而骨髓也能制造淋巴球，所以也被称为淋巴器官，其主要功能是免疫。

淋巴结的主要功能是过滤淋巴、产生淋巴细胞和进行免疫应答。引流某一器官或部位淋巴的第一级淋巴结称为局部淋巴结。当某器官或部位发生病变时，细菌、病毒、寄生虫或肿瘤细胞可沿着淋巴管进入相应的局部淋巴结，引起局部淋巴结肿大。

脾脏可以制造能放出抗体的B淋巴球。脾脏在腹腔的左上方，外观呈紫红色，扁圆形，可制造淋巴球，此外还能储血，可以吞噬衰老的红血球，并予以分解。

5．淋巴流动动力

（1）毛细淋巴管壁内皮细胞形成的向管内开放的单向活瓣，只允许组织液移向管内，而不能向外返流。因此，随着淋巴液的不断生成，毛细淋巴管内的压力也随之增高，使之成为淋巴管内淋巴液不断前进的推动力。此种推动力是静息状态时淋巴回流的主要力量。

（2）骨骼肌收缩。使淋巴管受到挤压，从而推动淋巴的流动。人体内的中等大小的淋巴管在骨骼肌进行中等程度的运动时，淋巴流动速度约为每分钟1.5 mL。长时间站立不动会使下肢淋巴回流困难，导致下肢水肿。这是由于淋巴缺少流动的动力形成淋巴、组织间液停滞所造成的。

（3）静水压梯度的作用。从毛细淋巴管到一般淋巴管，最后到左、右淋巴导管，淋巴的静水压逐步下降，形成压力梯度，到锁骨下静脉附近可以降为负压。这种压力梯度提供了淋巴流动的动力。吸气时胸腔扩大，胸内压下降，产生负压，淋巴导管静水压也随之下降，进一步加大了压力梯度。淋巴导管被动地扩张，像一个吸吮器，把胸部上、下的淋巴吸入淋巴导管。

（4）其他。较大的淋巴管壁有平滑肌层，接受交感神经支配，当交感神经兴奋时，可使平滑肌层收缩，推动淋巴流动。所以，淋巴流动并非完全被动，而有其微弱的主动的因素。

综上所述，毛细淋巴管是一端封闭的盲端管道，管壁由单层扁平内皮细胞构成。内皮细胞之间不是相互直接连接，而是相互覆盖，形成开口于管内的单向活瓣，组织液只能流入，但不能倒流。组织液和毛细淋巴管之间的压力差是促进组织液进入淋巴管的动力。组织液中的蛋白质及其代谢产物、漏出的红细胞、侵入的细菌以及经消化吸收的小脂肪滴都很容易经细胞间隙进入毛细淋巴管。

淋巴液在毛细淋巴管形成后流入集合淋巴管，全身集合淋巴管最后汇合成两条大干，即胸导管和右淋巴导管，它们分别在两侧锁骨下静脉和颈内静脉汇合处进入血液循环。因此，淋巴系统是组织液向血液循环回流的一个重要辅助系统。

二、淋巴按摩操作

在芳香法的运用中，芳香精油再加上独特的按摩手法可以有效减轻水肿现象，并加强淋巴的排泄功能。它将人体本来就具有的代谢机能和自然治愈力大大提高，从内部净化身体，调节身体的平衡，帮助人体顺利代谢掉多余的水分、脂肪和毒素。

1．按摩的目的

按摩是古代的一种疗法，实际上是人类出自本能触摸身体上痛苦部位的延伸。“涂擦”一词在古代相当于按摩的同义字，而这两个词的关联也显示出按摩在人类文化中的悠久历史。对芳香美容的从业人员而言，淋巴的基础理论和技巧是不可缺少的必修课程。

（1）按摩可以激发本能，触摸安抚人的心灵，有节奏地安抚身体，会令人觉得十分舒缓，不仅身体可以松弛，而且肌肉紧张程度会有所减轻，身体血液及淋巴的循环也会增加。

（2）按摩可以缓解压力、焦虑、抑郁，协助开启身体能量中心，而能量可缓解疲倦。

（3）按摩可以使身体内所有元素达到平衡，使人生理、心理、情感、精神以及在个人及环境之间达成协调，恢复其平衡和协调，身体自身的愈合能量就会释放出来，产生健康及幸福的感觉。

2．常见按摩手法（见表6—20）

表6—20　　常见按摩手法

方法	具体操作
按法	以手指或手掌按摩，有指按和掌按两种方法，具有疏通经络、放松肌肉、消除疲劳、抗皱美容的作用，能降低过高的神经兴奋性，改善皮肤组织的营养和血供，增强机体的氧化过程，改变淋巴液的瘀滞状态
摩法	以手指或手掌在皮肤上做柔软性摩动，能改善汗腺及皮脂腺的功能，提高皮肤温度，促进衰老皮肤角质的脱落，加速血液、淋巴液的循环，调节胃肠蠕动，调整和重新分配皮肤的血液供应
推法	以手指或手掌贴紧皮肤，按而送之，动作不宜过快过猛，撤手时动作宜缓如抽丝，有指推和掌推，可直接作用于皮肤和皮下组织，能加强血液和淋巴液的循环，滋润皮肤，减少皱纹，提高神经的兴奋性，消肿止痛，舒经通络
擦法	用手掌紧贴皮肤，并稍用力下压，做上下左右的直线运动，有掌擦、大小鱼际擦等方法，有提高皮肤局部温度、增强皮肤新陈代谢的作用，同时还有清洁皮肤、改善汗腺与皮脂腺分泌的功能，且对中枢神经系统有镇静作用
抹法	用手指贴紧皮肤，做上下左右的弧线曲线抹动，能扩张血管，调整神经系统及体液循环，有抗皱、美容的功效
揉法	用手指在局部皮肤轻柔和缓地回旋揉动，促进肌肉和皮下脂肪的新陈代谢，增强肌肉和真皮组织的弹性，消除多余的脂肪
搓擦法	先用两手指将皮肤向两侧推开，及时用一手指在皱纹部往上轻压滑动，使之展开，增强皮肤的弹性和紧张度，消除皮肤皱纹

3．淋巴按摩的作用

（1）作用于自主神经系统。人体自主神经系统包括内脏运动神经和内脏感觉神经，一般情形下，这两类神经系统应处于平衡状态。当两类神经失衡时，人们会有焦躁、失眠、心神不安等精神心理症状，表现在美容方面即有黑斑、面疱、皱纹、毛孔粗大等问题。这意味着当接受淋巴按摩后，人们会变得较为镇静、松弛，甚至容易进入睡眠状态。

（2）作用于神经反射通道，强化抑制神经元。人的表层皮肤拥有许多的末梢感受器，是外来刺激的接收站。当皮肤受到外来刺激时，刺激信号被感受器接收至中间神经元，再传输至中枢感觉区，由中枢发出运动信号后，受刺激部位会产生红肿、热、痛等反应。淋巴按摩可以强化抑制神经元，进而降低甚至消除皮肤因外界刺激所引起的痛感。

（3）作用于免疫系统。人体免疫系统可分为体液免疫与细胞免疫两大类。淋巴按摩可以增加组织淋巴液的流动性，使病原体或毒素废物能被送至免疫系统执行站，最终被清除或消灭。

（4）作用于血管及淋巴管平滑肌。淋巴按摩可促使微血管前括约肌收缩，造成微血管内液压下降，使管外组织液回流，减轻身体各部位的水肿程度。

4．淋巴按摩的特点、技巧

淋巴按摩的主要操作手法采用的是淋巴排出法，即淋巴引流。

（1）正确了解淋巴管、淋巴结的分部。淋巴流通良好，有助于老化废物的去除和细胞的活性化。

（2）淋巴引流按摩是沿着淋巴循环的流行方向做按摩，以促进淋巴液的流动与活跃。老化、暗疮、敏感的皮肤最适合施行淋巴引流。

（3）配合芳香精油的按摩，导引细胞中过剩的水分，并且细胞新陈代谢所产生的废物也一样可被排除，不但能维持细胞间隙水分平衡，也能促使组织的代谢更新，以杀死体内细菌，达到身心平衡的状态。

（4）淋巴按摩程序如图 6—11 所示，具体操作见表 6—21。

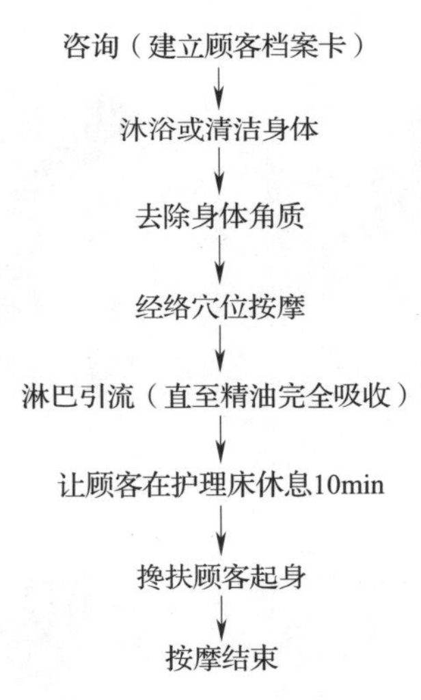

图 6—11　淋巴按摩程序

表 6—21　　淋巴按摩操作

★面部淋巴按摩	
步骤	具体操作
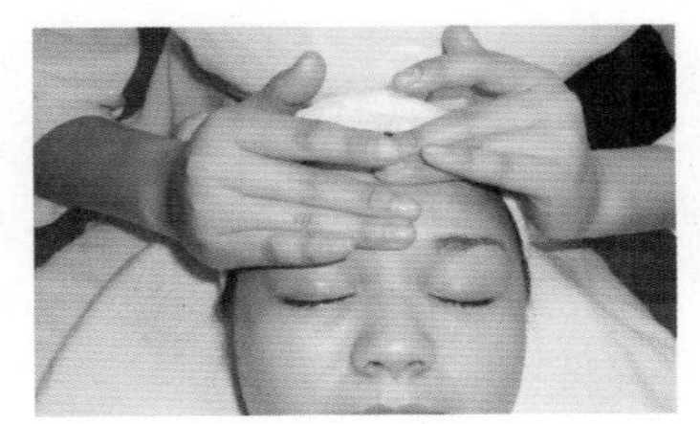	用中指和无名指指腹做额部、眼部淋巴引流动作，引流至腮腺淋巴结

续表

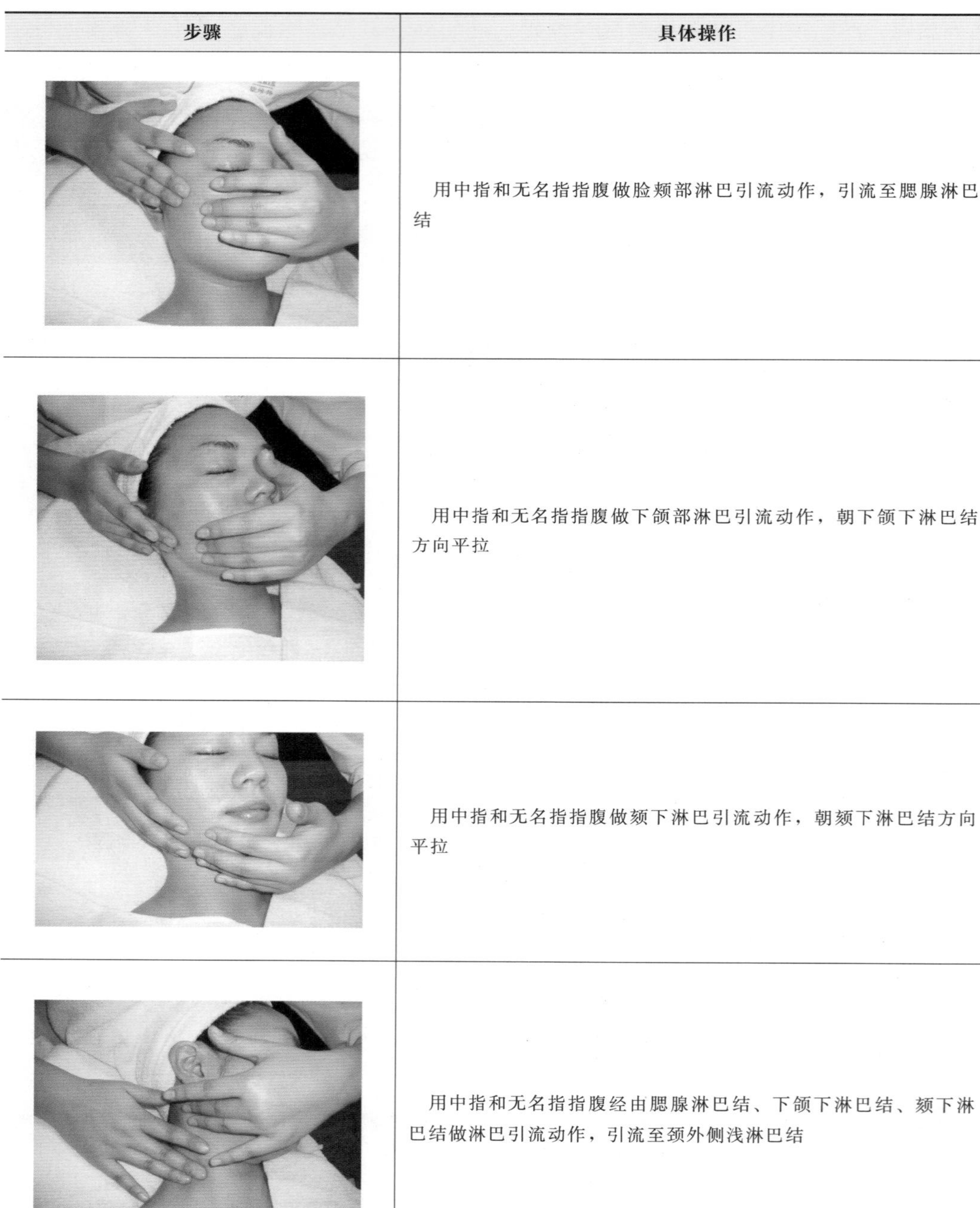

步骤	具体操作
	用中指和无名指指腹做脸颊部淋巴引流动作，引流至腮腺淋巴结
	用中指和无名指指腹做下颌部淋巴引流动作，朝下颌下淋巴结方向平拉
	用中指和无名指指腹做颏下淋巴引流动作，朝颏下淋巴结方向平拉
	用中指和无名指指腹经由腮腺淋巴结、下颌下淋巴结、颏下淋巴结做淋巴引流动作，引流至颈外侧浅淋巴结

续表

步骤	具体操作
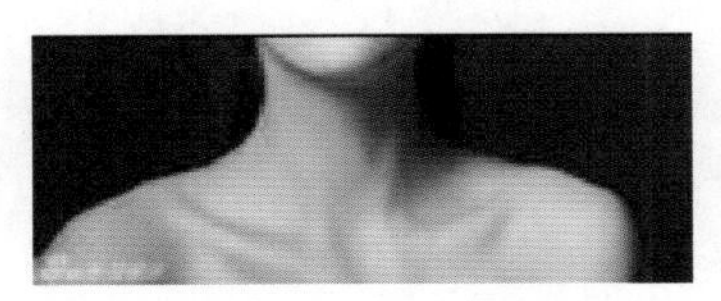	用中指和无名指指腹做颈部淋巴引流，朝锁骨上静脉角方向做淋巴引流动作，甩手结束

★胸部淋巴按摩：双手掌平放在顾客胸部，先用按法、揉法充分捏拿胸肌，即作腋窝周围支撑乳房肌肉的按摩

步骤	具体操作
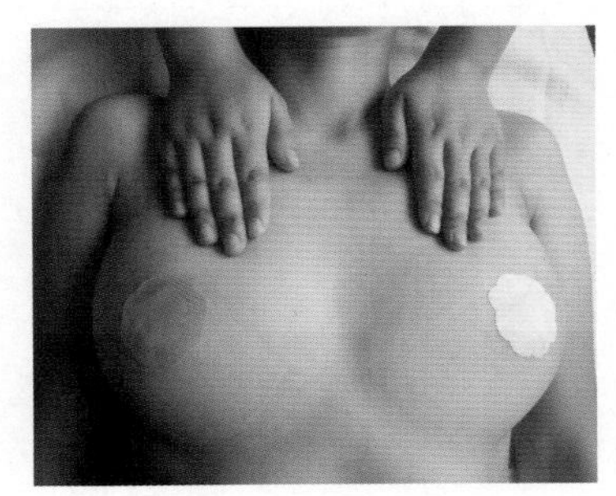	双手平放在顾客的上胸部，手掌与身体平行，由肩部开始经锁骨向两侧腋淋巴结方向做引流动作，停留 3～5 s
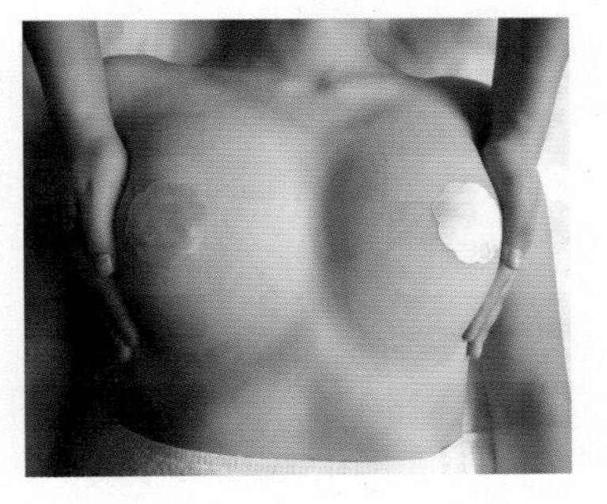	双手平放在顾客的上胸部，再向下推行，途径胸口两手分开，沿乳房下缘朝腋淋巴结方向做引流动作，停留少许，甩手结束

★腹部淋巴按摩

步骤	具体操作
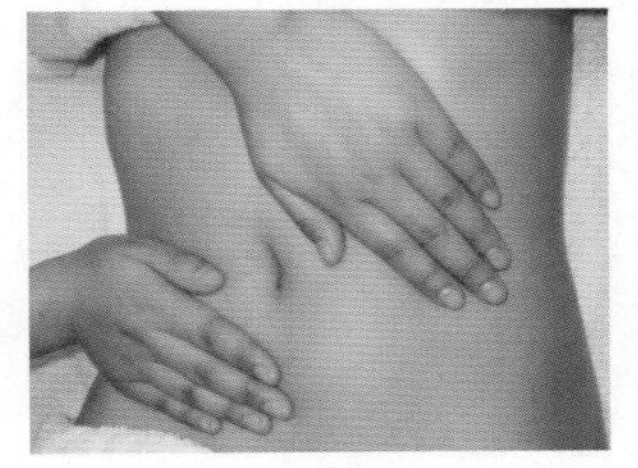	以肚脐为中心顺时针做小肠、大肠的按摩

续表

步骤	具体操作
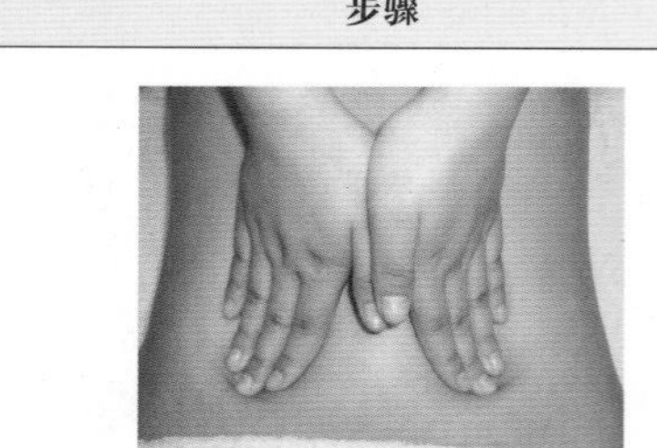	以肚脐为中心，脐上朝左右腋下淋巴结、脐下朝腹股沟淋巴结方向做引流动作，甩手结束
★上肢淋巴按摩	
步骤	具体操作
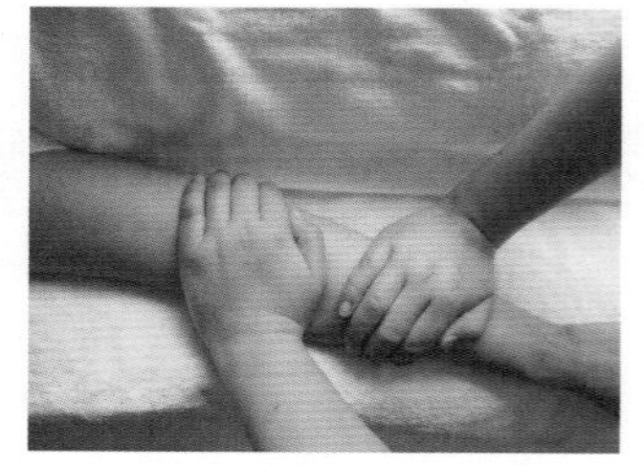	用按法、抹法、揉法做上肢放松按摩
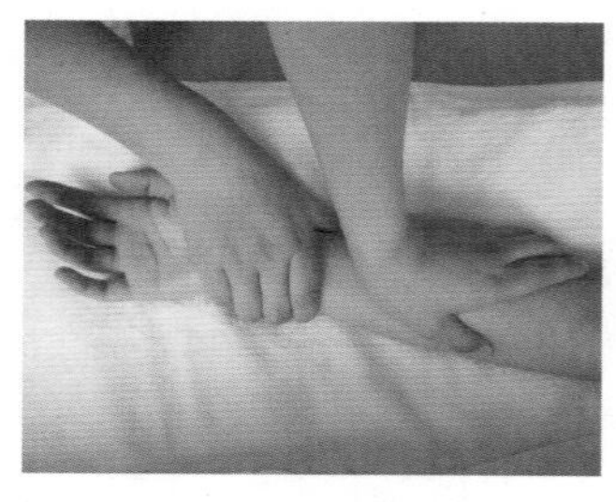	从手腕内侧下端部，单手掌朝肘淋巴结平推做引流动作，停留少许，在上臂内侧继续至腋淋巴结处平推，甩手结束
★下肢按摩：用按法、推法、抹法、揉法先作腿部放松按摩，然后再作淋巴引流	
步骤	具体操作
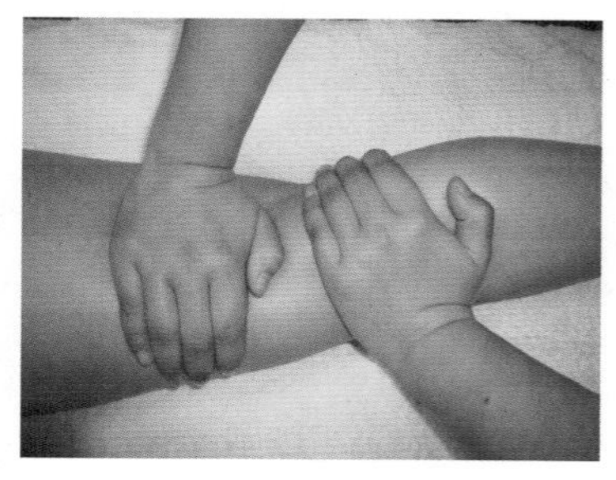	从小腿下端脚踝部，双手掌朝膝盖后方腘淋巴结平推，再继续至腹股沟淋巴结处平推，甩手结束

续表

步骤	具体操作
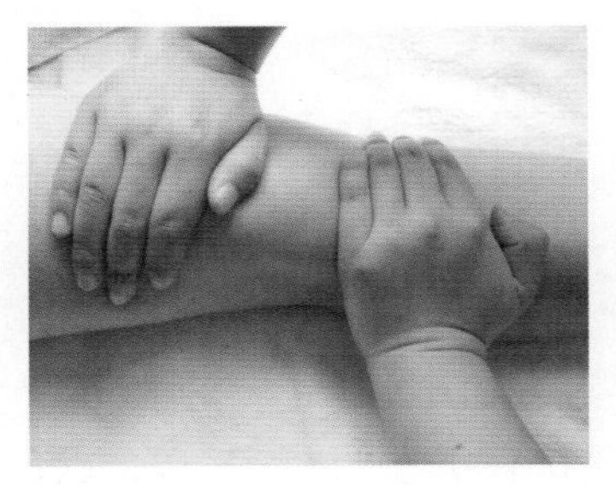	用按法、推法、抹法、揉法做下肢放松按摩
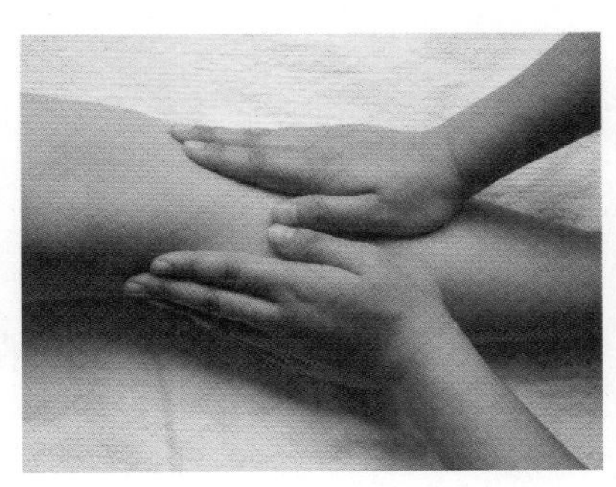	从脚面开始途经脚踝、小腿前侧，双手掌朝膝盖方向推，再朝膝盖后方腘淋巴结平推做引流动作，停留少许再继续途径大腿前侧至腹股沟淋巴结平推做引流动作，甩手结束

(5) 该手法能松弛紧张的神经，令人容易接受。

1) 按摩方向按照淋巴液的流向，没有回来动作。

2) 不要直接压在肿大的淋巴结上。

3) 不可用力过大而伤及皮肤。

4) 手指和手掌需紧贴在皮肤上，要柔（不可粗鲁）、贴（调节磁场）、慢（速度）。

5．淋巴按摩的禁忌

淋巴按摩也称为淋巴引流，以促进淋巴循环和排除毒素为原则，为了达到良好的效果，因此在护理之前须与顾客进行充分咨询及沟通，了解顾客的现状，同时也让顾客了解淋巴引流按摩的好处。

（1）进行淋巴按摩的注意事项。

1）做淋巴排毒前先检查局部淋巴结，如有肿胀、压痛则禁止淋巴按摩。因为淋巴结具有过滤废物及毒素的作用，当淋巴结肿大时，说明局部有炎症或异常情况，为了防止炎症蔓延而造成不当的后果，所以应避免淋巴按摩。

2）如有发热等身体不适时，不宜进行淋巴按摩。

3）静脉发炎的部位、局部皮肤有炎症、皮肤晒伤后或创伤时，应避免淋巴按摩。

4）血压异常、低血糖患者、心脏功能不稳定者要慎重选择是否进行淋巴按摩。

5）甲状腺功能亢进者可以进行淋巴按摩，但不可直接于甲状腺部位按摩。

6）气喘患者发作期不能接受全身淋巴按摩。

7）结核病患者、接受放射疗法治疗者、恶性肿瘤患者不可施行淋巴按摩，以免癌细胞扩散。

8）月经来潮的第二、三天不宜做腹部淋巴按摩。

9）怀孕期间不宜进行任何部位的淋巴按摩。

10）接受手术不到一年或未完全恢复者不宜做淋巴按摩。

11）打过预防针后36小时内不宜进行淋巴按摩。

12）经常服用大量药物者或吸毒者不宜做淋巴按摩。

13）饮酒后未超过12小时者不宜做淋巴按摩。

14）针灸当天不得进行淋巴按摩。

15）不宜接受传染病患者做任何护理。

16）癫痫病患者不可做淋巴按摩。

17）白血病患者不可做淋巴按摩。

18）饮食过量者不宜进行淋巴按摩。

19）浴后或运动后，身体发热时按摩效果加倍。

（2）在进行淋巴按摩时，应该注意以下要点：

1）护理时，施行的动作频率要慢且一致，不可太快。按摩先从手指、脚趾等远离心脏的部位开始。“从末端到中心”是淋巴按摩的基本原则。

2）操作的力度不可过重，因为皮肤内有浅层淋巴分布，动作轻缓就可以帮助淋巴液流动。根据顾客所护理的部位肌肉大小决定力度，通常不宜过重。顺应呼吸，在各个部位温柔地按摩各1分钟。

3）每做完一个动作，操作者需甩手。操作时双手不能同时离开身体。全部做完要及时用肥皂洗手。

4）按摩时使用油质或胶质的护肤品，可以起到护肤、放松的双重作用，但要符合顾客的身体状况和肤质，并在手掌中加热后使用。

5）护理前仔细检查顾客是否有任何禁忌证。

6）操作时需保持顾客身体的温暖，其他部位用毛巾盖好。

7）操作时需保护好顾客的私密部位，只需露出护理部位。

8）做完后观察患者面部是否发光（应有光泽）。

9）整套的淋巴引流所需护理时间为1小时，可建议顾客每周做一次。

10）护理前建议顾客喝水，这样会加速血液循环及流动，使精油吸收较多。

学习单元3　芳香水疗法SPA

【学习目标】

1. 了解SPA的特点和功效
2. 熟悉SPA的种类
3. 掌握SPA流程
4. 能够做身体SPA护理

【知识要求】

一、概述

SPA（源于拉丁文 Solus Par Agula）意为“健康之水”，英式休闲文化的SPA（Spring Pute Air）意为“在矿泉区里享受纯净的空气”。

国际SPA协会对SPA的定义是“致力于通过提供鼓励更新观念及身体、精神的各种专业服务，提高人们的整体健康水平”。

1．SPA的起源

在古埃及、古希腊和古罗马，人们从几千年前就利用芳香物质享受沐浴的乐趣。日本至今保留着冬至时的柚子澡和五月五的菖蒲澡等。远古的时候人们就有使用浓郁香味沐浴的习惯，沐浴并非只是将身体清洁干净，同时也是为了消除身心疲惫。

在15世纪欧洲的比利时有一个被称为spau的小山谷，山谷中有一个富含矿物质的热温泉旅游、疗养区，当时有许多贵族到这里来度假疗养，这就是SPA最初的形式。18世纪后SPA开始在欧洲贵族中风行开来，成为贵族们休闲度假、强身健体的首选，20世纪末在欧美民间社会又重新掀起了SPA热潮，并于21世纪初传入亚洲各国。

SPA早期仅是以具疗效的温泉和矿泉区为主，到现在演变成一种人人都可享受，并且集休闲、美容、减压于一体的休闲健康新概念。

广义的SPA包含脸部护理、音乐按摩、芳香疗法、淋巴排毒、水疗、泥疗、海洋疗法、瑜伽、五感疗法等内容，以养生、美容、健身、舒心为主旨，利用水、颜色、声音、光线、植物芳香精油、死海矿物泥，甚至热石做工具，满足人的视觉（色彩、自然景观）、嗅觉（花草香薰）、触觉（按摩）、听觉（音乐）、味觉（花草茶）五官和心灵感受，将精、气、神三者合一带给人愉悦享受，实现身、心、灵的放松。

狭义的SPA指的是水疗美容与养生。利用水的力量和水的温度，再加入适量针对身体症状的植物精油，使身体充分吸入精油，借着代谢效果，让身心得到放松。狭义的SPA包括温泉浴、海水浴、冷水浴、热水浴、冷热水交替浴、自来水浴，每一种都能在一定程度上松弛、缓和紧张、疲惫的肌肉和神经，排除体内毒素，预防和治疗疾病。

2．SPA的特点与功效

SPA可改善身心状况，利用此方法将躯体、手、脚浸泡在植物精油或中药药液中，可使血液循环顺畅，提升或平衡精神。在水中刺激手穴、足穴，可改善反射区位的功能，具有相辅相成的效果。该疗法是任何人都可以进行的保健方法，而且没有副作用。在实际的运用中，为了特定的治疗目的，美容师可以组合不同的水疗疗程。

为了保持身体健康兼维系良好身材，SPA必须考量多种因素，摄取低卡路里的饮食、运动、刺激血液循环与淋巴循环、松弛紧张肌肉都是水疗的部分。另外，水疗配合海洋疗法，还可经由皮肤吸收各种矿物质与稀有微量元素，恢复细胞内部的平衡，再加上淋巴循环的渗透与刺激，具有持续恢复体能的效果。

人体的自然平衡始终受到外在压力因素威胁，也就是适应症候群。水疗抗压的设计能舒解压力，有助于松弛体内紧绷的肌肉，可减少人体组织内或组织与组织之间的衔接脂肪细胞团群。水疗还可以加速体内脂肪与糖类的新陈代谢作用。在水疗作用下，人体代谢过程加强，低温水疗时更是如此。在高温水疗时，汗腺分泌加强，汗液大量排出，而使血液浓缩，组织内的水分进入血管，故可促使渗出液的吸收，许多有害代谢产物及毒素随汗排出。但大量出汗则可使氮化钠大量损失，使身体有疲劳感，因此，水疗时应注意顾客排汗的情况，在热作用下，顾客有时汗液分泌可达 1～2 L 或更多。

此外，SPA 项目在给客人全身心的呵护外，更注重从以下五个方面给予客人心理感受：

（1）视觉。房间光线要特别柔和，房间要整洁，东西摆放要有序。

（2）嗅觉。房间里要散发着植物清香、水果淡香或芬芳的精油气味，让客人在做护理时领略到大自然的气息。

（3）味觉。给客人准备新鲜的水果及与护理相配套的饮品。

（4）听觉。放松舒缓的音乐是必不可少的。

（5）触觉。运用准确到位的按摩手法，要让客人感受到真正的有效与舒缓。

3．SPA 种类

依照不同用途，SPA 可分为都会型 SPA、美容 SPA、俱乐部 SPA、酒店度假村 SPA、温泉型 SPA。

（1）都会型 SPA（Day SPA）。这类 SPA 通常位于著名的饭店、购物中心或拥有独立的店面格局，而其疗程也不像在度假中心的 SPA 那么漫长。针对紧张的都市节奏，这种 SPA 有其应对的疗程，能够让顾客在短时间内恢复体力，是非常有效率的休闲方式。

（2）美容型 SPA（Beauty SPA）。这类 SPA 多以女性顾客服务为主，多为调理肌肤、塑身及保养，在居民生活区较为常见。

（3）俱乐部型 SPA（Club SPA）。这类 SPA 多以会员制为主，主要目的为健身、运动，并提供各类 SPA 的基本使用方式，逐渐成为结合按摩、美容、水疗的复合式休闲中心，健身房也被纳入其中，成为涵盖更广的休闲中心。

（4）酒店/度假村型 SPA（Hotel / Resort SPA）。不论是在商务洽谈之余，或休闲旅游行程中，提供 SPA 使客户能彻底地解除疲惫，完全放松。

（5）温泉型 SPA（Mineral Spring SPA）。设置在温泉或冷泉处。

还有一些具有特殊功效而吸引眼球的 SPA，如寒冰 SPA、啤酒 SPA、红酒 SPA、巧克力 SPA、鱼疗 SPA、蛇疗 SPA、热石 SPA 等。

4．SPA 环境的要求（每个 SPA 间必配）

（1）温度、湿度：四季保持温度 25～30℃、湿度 50%～60%。

（2）灯光：可调明暗。

（3）气味：熏香灯 + 精油。

（4）食物：纯鲜果汁、高纤点心、花茶。

（5）听觉：独立音响、特制 CD 音乐碟（放于 CD 架或 CD 包内）。

（6）更衣柜。

1）衣架 3～4 个、软包衣架 1 个、裤裙架 1 个。

2）一次性储物袋 1 个、浴帽 1 个、纸内裤 1 条。

3）浴巾若干。

4）美容袍 1 件。

（7）冲淋房或浴桶。

二、SPA 的护理项目

SPA 的护理项目非常多，使用的媒介和产品自由组合搭配多种多样。下面介绍一些常见的 SPA 项目。

1．SPA 护理项目

（1）沐浴类。利用水浴本身的热度、水、压力、浮力等机械学效应，配合不同的产品可以达到清洁肌肤、促进皮肤表面血管扩张、改善血液循环、提高脏器功能、促进新陈代谢、放松肌肉关节、改善关节滑液黏稠度、消耗热量、增加内分泌、强化免疫系统、放松心情、缓解压力等方面的作用。

芳香沐浴法适用于全身，根据身体状况选用精油，将准备好的精油倒入浴盆内，仰卧于内，进行洗浴。每次洗 10～30 min，每日 1～2 次。为保持水温，可不断往浴盆内加热水。

局部浸浴法适用于身体的上下肢，根据身体状况选用精油，将准备好的精油倒入盆内，进行搓洗。每次洗 10～30 min，每日 1～2 次。为保持水温，可不断添加热水。

臀浴法多用于身体的躯干部位，根据身体状况选用精油，将精油加入盆内，用纱布或毛巾擦洗所需洗部位。每次洗浴 20～30 min，每日 1～2 次。

热水指 42℃以上的水，温水指 42℃以下接近体温的水。一般泡浴最适宜的温度为 38～40℃，也可随着季节进行适度的变化，冬天水温可以控制在 40℃左右，夏天水温可以控制在 38℃左右。

（2）调整角质类。角质层位于皮肤的最外层，承担着保护皮肤的重大责任。正常的角质不仅可以保持皮肤光滑、细腻、有光泽，而且可以保证皮肤的通透性。但很多顾客存在着角质层过厚或过薄的情况，过厚、不均匀的角质会影响皮肤的外观，阻碍产品的吸收；过薄的角质又会引发敏感或过敏。因此，调整、保证角质处于正常状态是非常重要的工作。

对于过厚、不均匀的角质，在美体项目中一般采用物理性调整角质法，使用特殊处理过的谷物、海盐、糖类等原料配合物理摩擦去除多余的角质，视皮肤情况每周做一次到两次。

对于过薄的角质，尽量避免或减少去角质的护理，可以通过养护性的护理让其尽快恢复。

损伤、晒伤、过敏、脱毛后有潜在伤口的皮肤处不宜进行此项护理。

磨砂是指含有均匀细微颗粒的乳化型洁肤品，主要用于去除皮肤深层的污垢。使用磨砂在皮肤上摩擦，可使老化的鳞状角质剥起，除去死皮。

磨砂产品可以根据不同的肤质和顾客喜好进行选择，可以选择颗粒粗厚一点的海盐产品，也可以选择一些相对轻柔的植物果壳类产品。

(3) 体膜。皮肤是人体最大的一个器官，它所需的营养、水分也是由血液循环系统运输来的，但因皮肤位于人体的最外侧，它所得到的营养水分一般不如内脏器官那么充足，再加上皮肤经常暴露在外，饱受外界有害环境的摧残，特别是皮肤的最外层——表皮，缺水、干燥、脱皮、晒伤、晒黑、皮肤不稳定等是顾客经常遇到的困扰。体膜可以帮助他们很好地解决这一难题。

体膜是医学上“封包疗法”的一种，当体膜敷在顾客身体上时，皮肤原本自然散发的水分和热量被阻挡在膜与表皮之间，在膜与表皮之间形成了一个局部小环境。在这个小环境中，温度升高，湿度上升，毛孔受热自然打开，毛孔内的毒素被排出；皮肤的通透性增强，皮肤的水合度增加，皮肤可以更好地吸收外界补充的营养；温度升高，皮肤的循环加快，营养的供给与毒素的排走也随之加强。另外，体膜中富含的各种营养成分可以更好地改善表皮营养、水分缺乏导致的各种症状与不适。

(4) 精油按摩。精油按摩是指用芳香精油按摩油（基础油和精油调配好的按摩油）涂抹在需要的部位进行按摩，达到放松心情、缓解压力的功效。

根据不同的疗效需求，美容师可为客人搭配合适的基础油和精油。

(5) 桑拿。桑拿又称芬兰浴，是指在封闭房间内用蒸气对人体进行理疗的过程。通常桑拿室内温度可以达到 90℃以上。桑拿起源于芬兰，有 2 000 年以上的历史。利用对全身反复干蒸冲洗的冷热刺激，使血管反复扩张及收缩，能增强血管弹性，预防血管硬化，对关节炎、腰背肌肉疼痛、支气管炎、神经衰弱等都有一定的保健功效。

2．SPA 的操作要领

(1) 浸洗时，水温要适中，一般为 35～45℃，不能过热和过凉（除特殊症状）。

(2) 浸洗时，可按摩所需部位及穴位。

（3）浸洗时间不可太短或过长。一般浸洗 15～30 min。

（4）饭前、饭后 30 min 内不宜进行，空腹易发生低血糖或休克，过饱会影响食物消化。

（5）进行水疗时要注意保暖，避免受寒、吹风，完毕后应及时拭干皮肤。

（6）加过精油的水应防止溅入口、眼、鼻内。

（7）高热、高血压病、冠心病、心功能不全、哮喘及有出血倾向者避免进行香熏水疗。

（8）凡老年人、儿童、病情重急者应避免进行。如在特别情况下，要有专人陪护，避免烫伤、着凉或发生意外事故。

（9）激烈运动前后、饮酒后避免进行水疗。

三、SPA 设备、设施

1．护理前物品准备（由下至上）

床单×1、浴巾×3、枕巾×2、洞枕、一次性垫巾×1、枕头×1、盖单、空调被/毯子×1、体位调节垫×1。

2．SPA 间备用物品

（1）一次性用品：一次性床单、内裤、浴帽等。

（2）调节气氛：熏香灯+精油+蜡烛、音响设备（放背景音乐）等。

（3）控制温、湿度：加湿器、暖气、温湿度测量仪、水温计等。

（4）茶具：暖壶、茶具、茶叶壶等。

（5）冲凉用品：浴巾、洗浴产品、拖鞋等。

（6）其他：纸巾、发夹、垃圾筒、其他装饰品、眼罩等。

3．SPA 设施

淋浴房、泡浴缸、足浴盆、桑拿房、更衣室及其他 SPA 专业设备。

4．SPA 发展趋势

在人们提倡回归自然、注重养生的生活潮流中，如何活得健康、有活力是繁忙都市人十分关心的问题。水疗 SPA 中心集放松、养生、运动、休闲娱乐于一体，一站式的 SPA 中心将成为人们度假休闲的好去处。SPA 能让身体曲线变得更加完美，皮肤更加柔滑靓丽，身心更加健康。因此，SPA 行业将成为未来几十年内的朝阳行业，已经从奢侈享受变成生活必备，所以 SPA 行业的未来将非常光明。

四、身体 SPA 流程

SPA 身体护理的流程根据顾客不同的需求有不同的搭配方式，一般来说，SPA 流程遵循清洁—补给—放松三个模块，完整流程一般为沐浴清洁—桑拿—去角质—水疗—按摩—体膜。

五、面部 SPA 流程

面部 SPA 流程是通过使用一系列含有纯天然植物成分的护肤产品、科学有效的手法及高科技的皮肤护理仪器对面部皮肤进行深层次的清洁和保养。一般来说，面部 SPA 的流程为卸妆—清洁—喷雾—去角质—面部按摩—面膜—眼霜、面霜—防晒。

在为顾客护理前，美容师要准备好所有的产品和物品，护理过程中以顾客的感受为先，每个步骤都为他们介绍所使用的产品及功效。

六、SPA 专业设备简介

现代的 SPA 护理中，无论是身体还是面部，除了安全、有效、舒适的手法护理之外，高科技的先进护理仪器也走入了大小 SPA 中心。但是无论何种仪器，都以安全性为第一要义，以顾客是否舒适为原则，为顾客提供护理。下面介绍几款常见的 SPA 中心专业设备。

1. 红外线类

远红外线太空舱仪利用红外线灯发出的光波与人体产生共鸣的原理，提高皮肤表面的温度，促进血液循环及新陈代谢，促进人体排汗及脂肪燃烧，达到减肥的目的。远红外线波长较长而且渗透力很强，能深入皮下组织，从内部温暖身体。此外，循环的蒸汽可加速血液循环，促进新陈代谢，所以适用于为客人敷上体膜之后使用，不但能松弛肌肉，加速产品吸收，还可以舒缓压力。

2. 负压类

负压类设备通过真空负压原理，在身体各个部位进行深层按摩，其作用深度远远超过手工按摩。利用负压杯吸放不同皮层的结缔纤维，通过来回按摩的方式有效分解皮下脂肪，减少蜂窝组织，改善橘皮症状。此外，这类设备还可以促进新陈代谢，增强肌肉弹性，尤其对产后难以恢复的体型及水肿型肥胖效果更好。

3．震动类

震动类设备利用震荡消耗能量的原理，对身体不同部位进行按摩，从而引起震荡消耗脂肪，有效改善脂肪堆积现象。震动类的机器可以有效放松肌肉，提高深层脂肪分解速度，对下半身肥胖的女性较为有效。

4．正负离子类

正负离子类设备利用正负极电离子相吸的原理，通过电极棒和操作棒之间的电荷转换，瞬间打开皮肤通道，有助于产品吸收。

5．注氧类

这类机器的原理类似空气净化器，即将空气抽到机器中并且提高氧气的含量，将含氧量为20%的空气变成含氧量98%以上的纯净氧气，然后利用特别设计的喷嘴把氧气喷射到脸部皮肤，对于敏感、痤疮、色斑、晦暗及老化的肌肤有明显功效。此外，加入不同作用的精油，顾客带上氧气面罩吸氧15 min并休息片刻，可有效改善肺功能，有提神醒脑、舒缓压力的功效。

6．射频类

射频技术近些年广泛应用于美容领域。次极化电子产生移动时，会造成电子互相产生碰撞、旋转及歪曲，深达皮下脂肪组织，从而产生生物热能，可用于燃脂减肥或拉皮瘦面。电磁波能量作用于人体刺激皮下胶原立即收缩，达到紧肤除皱、美白嫩肤的效果。它是目前美容界公认疗程短、时效久的抗衰老美容项目。

七、SPA其他知识介绍

1．ISPA

ISPA是国际SPA协会的英文简写，是世界公认的SPA产业专业协会，拥有数千家SPA机构会员。

2．东南亚SPA介绍

东南亚洋溢着迷人的热带度假风情，每一个东南亚的旅游胜地都有吸引顾客的SPA服务。

泰国的SPA多位于高级度假村或者酒店内，糅合了传统泰式按摩的技巧与欧洲SPA的理念，还有一些别出心裁的食疗法，深受游客喜爱。

印尼凭借丰富的天然资源成为旅游大国之一。当地SPA以植物保养品为主，SPA中心大多位于别墅中，让顾客享受到私密的天然环境。

马来西亚色彩鲜艳的鸟群及小岛数不胜数，马来西亚的SPA中心多位于具有典型马来风格的建筑中，包括山间木屋，沙滩木屋等，让人流连忘返。

新加坡的 SPA 疗程以美容、瘦身、减压为主。随着生活节奏的加快，新加坡 SPA 的设施技术及服务相较于其他国家更加高效、快速。新加坡 SPA 中心往往位于酒店的美容机构内，海洋疗法、芳香疗法都是游客不错的选择。

第 7 章

减肥与塑身

学习单元1　肥胖概述
学习单元2　体型分析
学习单元3　减肥塑身护理

学习单元 1　肥 胖 概 述

【学习目标】

1. 了解肥胖的危害和肥胖预防方法
2. 熟悉肥胖的常用判断标准
3. 熟悉、掌握肥胖的成因
4. 熟悉肥胖的分类

【知识要求】

一、肥胖概念与判断标准

1. 肥胖与肥胖症的概念

(1) 肥胖是指人体一定程度的明显超重与脂肪层过厚，是体内脂肪，尤其是甘油三酯积聚过多而导致的一种状态。

(2) 肥胖症是指人体进食热量多于消耗热量时，多余热量以脂肪形式储存体内，当体内脂肪堆积过多和（或）分布异常，体重增加的一种多因素慢性代谢疾病。

2. 肥胖的判断标准

(1) 标准体重计算法。体重是反映和衡量一个人健康状况的重要标志之一。不同体型的大量统计材料表明，反映正常体重较理想和简单的指标，可用身高体重的关系来表示。

我国常用的标准体重计算公式为：标准体重（kg）＝［身高（cm）－100］×0.9，即用身高的厘米数减去 100 后乘以 0.9，得出的答案就是标准体重（kg）。标准体重计算与结果见表 7—1。

表7—1　　标准体重计算与结果

结果	标准体重［身高（cm）－100］×0.9
超重	超过标准体重10%～20%
轻度肥胖	超过标准体重20%～30%
中度肥胖	超过标准体重30%～50%
重度肥胖	超过标准体重50%

世界卫生组织推荐的计算方法如下：

男性：（身高cm－80）×70%＝标准体重

女性：（身高cm－70）×60%＝标准体重

标准体重正负10%为正常体重。

标准体重正负10%～20%为体重过重或过轻。

标准体重正负20%以上为肥胖或体重不足。

超重计算公式如下：

超重百分比＝［（实际体重－理想体重）/（理想体重）］×100%

例1：某女生年龄21岁，身高160 cm，体重66 kg，请问该女生的体重属何种状况？

该女生的标准体重＝（160－100）×90%＝54（kg）

该女生超重百分比＝［（66－54）/54］×100%＝22%，为肥胖

（2）身高体重指数（BMI）法。身高体重指数这个概念由19世纪中期比利时的凯特勒最先提出。它的定义如下：

身高体重指数（BMI）＝体重（kg）/体高（m^2）

身高体重指数正常范围为18.5～22，中国人身高体重指数的最佳值是20～22。世界卫生组织及英、美等国认为，男性BMI指数＞27，女性BMI指数＞25，即诊断肥胖。

中国人体重BMI指数见表7—2。

表7—2　　中国人体重BMI指数

结果	BMI指数
偏瘦	18以下
标准	18～22.6
略胖	22.6～26
肥胖	26～30
非常肥胖	30～34

例 2：王小姐年龄 25 岁，身高 160 cm，体重 60 kg，请问该女生的体重属何种状况？

王小姐的 BMI 指数 = 60 ÷ （1.6×1.6）= 23.4，属略胖范围。

BMI 指数是测试超重和偏瘦的标志，但是它不能说明脂肪的局部分布。即使一个人的体重正常，但在某些部分仍可存在过多脂肪，尤其是躯干部位，又由于 BMI 没有把一个人的脂肪比例计算在内，所以一个 BMI 指数超重的人，实际上也可能并非肥胖。如一个练健身的人，由于有发达的肌肉，他的 BMI 指数会超过 26，因此，要全面分析。

（3）腰围是反映脂肪总量和脂肪分布的综合指标。

标准腰围计算方法：±5%为正常范围

男性：身高（cm）÷2－11（cm）

女性：身高（cm）÷2－14（cm）

世界卫生组织推荐的测量方法是：被测者体重均匀分配站立（双脚分开 25～30 cm）。测量位置在水平位髂前上棘和第 12 肋下缘连线的中点。将测量尺紧贴软组织，但不能压迫，测量值精确到 0.1 cm。

例 3：李小姐年龄 23 岁，身高 160 cm，腰围 65 cm，请问该女生的腰围属何种状况？

李小姐的标准腰围 = 160÷2－14 = 66，现李小姐实测腰围 65 cm 属正常范围。

常用测量办法：将带尺经脐上 0.5～1 cm 处水平绕一周，肥胖者选腰部最粗处水平绕一周测腰围。男性腰围大于等于 90 cm，为肥胖。女性腰围大于等于 80 cm，为肥胖（见图 7—1）。

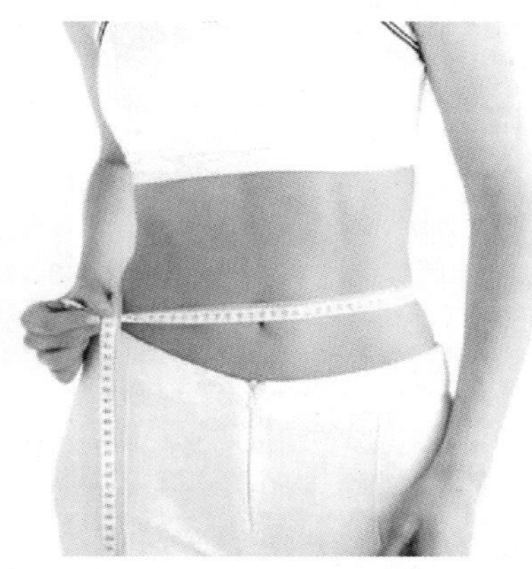

图 7—1　腰围测量图

通常所测人群的腰围只要在公式计算的正常范围内，体重指数几乎都在正常范围，腰围低于或超出正常值范围的百分数和与之相应的体重指数降低或升高的百分数也基本相符。

（4）腰臀比例。腰臀比例是腰围和臀围的比例，简写为 WHR，是判断中心性肥胖的重要指标。女性理想的腰臀比例在 0.67～0.80 之间，男性这一比例在 0.85～0.95 之间。测量腰臀比的方法：先测量腰围，然后再测量臀围（一定要是臀部最宽的部分）。最后用腰围除以臀围，就得到了腰臀比例。

例 4：陈小姐年龄 20 岁，腰围是 66 cm，臀围是 90 cm，请问该女生的腰臀比属何种状况？

陈小姐腰臀比例 = 66/90 = 0.73，属于正常范围。

二、 肥胖的分类与成因

1．肥胖的分类（见表7—3）

肥胖有多种不同的分类方式：

（1）依据肥胖产生的原因分类

1）单纯性肥胖：肥胖是临床上的主要表现，全身脂肪分布比较均匀，无明显神经、内分泌系统形态和功能改变，但伴有脂肪、糖代谢调节过程障碍。此类肥胖最为常见，约为95%，其家族往往有肥胖病史。

2）继发性肥胖：是以某种疾病为原发病的症状性肥胖。临床上少见，仅占肥胖患者中的2%～5%。

表7—3　肥胖的分类及特征

<table>
<tr><th colspan="2">分类</th><th>特　征</th></tr>
<tr><td rowspan="2">单纯性肥胖</td><td>体质性肥胖</td><td>1．由遗传和机体脂肪细胞数目增多导致，也与25岁以前的营养过剩有关
2．物质代谢过程慢而低，合成代谢超过分解代谢
3．在两岁以内（脂肪细胞活跃增生期）若营养过剩，引起脂肪细胞增多，最多可达正常人脂肪细胞数目的3倍</td></tr>
<tr><td>获得性肥胖</td><td>1．也称“外源性肥胖”“过食性肥胖”
2．是20～25岁以后过度摄入，使摄入热量大于身体生长和活动的需要，多余的热量转化为脂肪，主要以脂肪细胞肥大所引起的肥胖
3．脂肪主要分布于躯干，饮食控制等治疗容易见效</td></tr>
<tr><td rowspan="2">继发性肥胖</td><td>水、钠潴留性肥胖</td><td>1．也称特发性浮肿、周期性水肿、精神性水肿
2．可能与雌激素增加所致毛细血管通透性增高、醛固酮分泌增加及静脉回流减慢等因素有关
3．脂肪分布不均匀，以小腿、臀、腹部及乳房为主</td></tr>
<tr><td>甲状腺性肥胖</td><td>1．见于甲状腺功能减退症患者
2．面容臃肿，体脂积聚主要在面、颈，常伴有黏液水肿，生长发育明显低下，基础代谢率与食欲都低下
3．皮肤呈苍白色，乏力、脱发，反应迟钝，表情淡漠</td></tr>
</table>

续表

分类		特　征
继发性肥胖	肾上腺性肥胖	1. 常见于肾上腺皮质腺瘤或腺癌，自主分泌过多的皮质醇，引起继发性肥胖 2. 主要表现为颈项部脂肪隆起，腹部膨出，四肢相对瘦削
	胰岛性肥胖	1. 常见于轻型Ⅱ型糖尿病早期、胰岛 β 细胞瘤及功能性自发性低血糖症 2. 因多食而肥胖。胰岛 β 细胞瘤主要由胰岛素分泌过多而引起
	药物性肥胖	1. 使用某些导致肥胖的药物而引起的肥胖 2. 长期服用胰岛素、氯丙嗪或促进蛋白合成制剂，可使食欲亢进，导致肥胖
	间脑性肥胖	1. 下丘脑综合征：可由下丘脑本身病变或垂体病变影响下丘脑引起。因下丘脑食欲中枢损害致食欲异常，如多食，而导致肥胖 2. 肥胖性生殖无能症：由垂体病变引起，部分影响下丘脑功能，发育前肥胖以颌下、颈、髋部及大腿上部及腹部等为主；男孩常有乳房肥大，外生殖器小

(2) 依据脂肪分布分类（见图 7—2）

1) 腹部型肥胖—— 也称为“苹果型”（apple shape）肥胖，苹果型身材的人腰腹部过胖，状似苹果，细胳膊细腿，大肚子，又称向心型肥胖。脂肪主要分布在腹部，尤其是腹内，男性多见，腹内脂肪增多与肥胖症相关疾病的危险关系更密切。

2) 臀部型肥胖——也称为“梨型”（pear shape）肥胖，即脂肪主要分布在臀部、大腿，成年妇女肥胖常为此型。

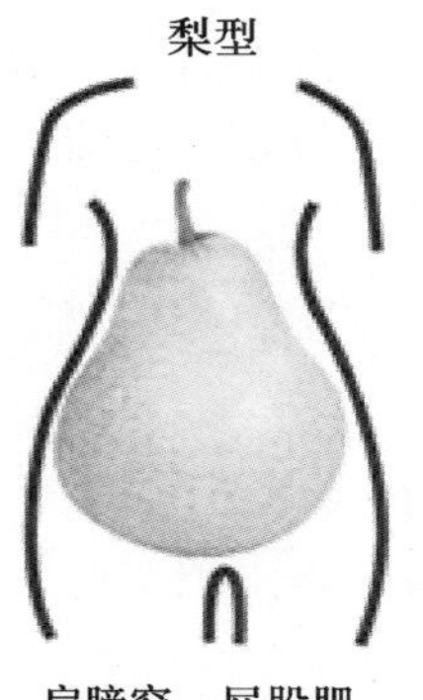

图 7—2　肥胖类型图

(3) 依据脂肪组织的解剖特点分类

1) 多细胞性肥胖——发生儿童期。

2) 大细胞性肥胖——细胞体积增大，与正常人大小差别为 40%，成人多。

2. 肥胖的成因

肥胖形成的原因主要有以下几个：

(1) 遗传。肥胖与遗传有密切关系，原因是因遗传基因使能量代谢降低，进食过多而致肥胖。相当多的肥胖者有一定的家族倾向，父母肥胖者其子女及兄弟姐妹的肥胖也较多，大约 1/3 的肥胖者与父母的肥胖有关。

(2) 物质代谢与内分泌功能的改变。肥胖的物质代谢异常，主要是碳水化合物代谢、糖代谢、脂肪代谢的异常，内分泌功能的改变主要是胰岛素、肾上腺皮质激素、生长激素等代谢的异常。

(3) 饮食因素——热量摄入过多。热量摄入过多，尤其是高脂肪饮食是造成肥胖病的主要原因。脂肪进入血液后，一部分通过氧化而供给身体活动所需热量，小部分作为细胞的组成部分，多余的便进入脂肪库储存起来。如果吃得太多，机体所摄取的热量超过正常消耗，食物中的脂肪进入脂肪库储存的数量就会增多，从而形成肥胖。

(4) 运动因素——运动过少。运动有助消耗脂肪。散步每分钟约消耗 12. 2 kJ (2. 9 kcal)能量，跑步每分钟约消耗 37. 8 kJ (9 kcal) 能量，而坐时每分钟仅消耗 7. 98 kJ (1. 9 kcal) 能量，在日常生活中，随着交通工具的发达、工作的机械化、家务量的减轻等，使得人体消耗热量更少，但摄入能量并未减少，因而导致肥胖。另外，肥胖使日常活动更趋缓慢、热量消耗更降低，形成恶性循环，助长肥胖的发生。

(5) 神经精神因素。人在失意、得意时都有可能引发肥胖。现今食物种类繁多，各式各样美食引诱，很多人都有着“能吃就是福”的观念，再加上朋友聚会、同学联谊中普遍的娱乐就是吃，这也成为造成肥胖的原因。

同时为了解除烦恼、稳定情绪，不少人也是用“吃”来发泄的。这也是引起饮食过量而导致肥胖的原因。

(6) 其他因素。职业、环境因素、吸烟饮酒等都与肥胖有关。

肥胖一般都是几种因素综合的结果，因此，临床防止肥胖时，大多采取综合性方案。

三、肥胖的危害与预防方法

1. 肥胖的危害

肥胖不仅影响形体美，而且对人类健康危害很大，给生活带来不便。肥胖的危害主要表现在以下几方面：

（1）肥胖伴高脂血症。肥胖者大多合并有血脂浓度过高的情形，因此容易发生血管栓塞，加速了血管的粥状变化，容易造成包括冠状动脉心脏病、心肌梗死、缺血性心脏病等；若能维持理想体重，则可减少心血管疾病及脑栓塞的发生率。

（2）肥胖者大多合并有高血压。肥胖者体内脂肪组织大量增加，使血液循环量相应增加，心脏必须加强做功，增加心搏出量，以保证外周组织的血液供应。由此而引起小动脉硬化，外周阻力增加，导致高血压发生，若是体重减轻，由于全身血流量、心搏出量及交感神经作用减少，所以血压通常也会下降。

（3）肥胖伴心脏肥大及缺血性心脏病。肥胖常与高血压病、高脂血症及糖耐量异常等疾病并存，而这些疾病又与动脉硬化性疾病的发生密切相关。在肥胖者中左心室舒张末压异常增加，有时会导致心脏肥大。心脏肥大产生的心肌缺血常加剧心脏功能障碍。

（4）肥胖影响消化系统的功能。肥胖者体内脂肪过剩，造成胆固醇合成增加，使胆汁中胆固醇呈过饱和状态而析出结晶，进而融合成胆结石。重度肥胖者中脂肪肝的发病率可达61%～94%。约半数的肥胖患者可见肝内轻度脂肪浸润。

（5）肥胖影响内分泌系统的功能。肥胖可导致糖代谢异常并发生胰岛素抵抗。肥胖与2型糖尿病的发病率有密切关系。在40岁以上的糖尿病人中，70%～80%的人在患病之前已有肥胖症。所以，肥胖者会增加罹患糖尿病的风险。若是体重减轻，则会改善血糖不正常的情况。

（6）肥胖伴阻塞型睡眠呼吸暂停综合征。肥胖者发生阻塞型睡眠呼吸暂停综合征（OSAS）的可能性是非肥胖者的3倍，成年肥胖男性50%以上有可能发生OSAS。

（7）肥胖增加关节疾病。因为肥胖者骨头关节所需承受的重量较大，所以较易使关节老化、损伤而患骨性关节炎。

对女性而言，还有一些常见的妇科疾病也与肥胖关系密切。如多囊卵巢综合征：主要表现为月经紊乱或闭经、多毛、痤疮及雄激素水平增高，此病在育龄期妇女中发病率很高；又如子宫肌瘤、子宫内膜癌以及乳腺肿瘤等，也与肥胖症有直接或间接的联系。由此可见，肥胖已不只是影响美观的问题，它还给女性的生理甚至心理带来很大影响。

2．肥胖的预防方法

肥胖的预防方法表见表7—4。

表7—4　　肥胖的预防方法

预防类型	预防方法
提高认识	充分认识肥胖对人体造成的危害
合理饮食	改变不良饮食习惯，荤素搭配；少甜食，多素食，少零食，勿饱食
加强运动	经常参加有氧运动，如慢跑、爬山、打拳等，消耗多余的脂肪
生活规律	调整好工作与休息时间，按时就餐与睡眠
心情舒畅	乐观豁达，快乐生活，保证各系统的生理功能正常运行，保持代谢正常

相关链接

BMI值：原来的设计是一个用于公众健康研究的统计工具，由于BMI没有把一个人的脂肪比例计算在内，所以一个BMI指数超重的人，实际上可能并非肥胖。如一个练健身的人有很大比例的肌肉，他的BMI指数会超过30。如果他们身体的脂肪比例很低，那就不需要减重。随着科技进步，现今BMI值是评估个人体重和健康状况的多项标准之一，也是一个大众的纤体指标。

肥胖基因：肥胖与遗传有很大关系，肥胖基因在肥胖的发生中起重要作用。肥胖是多基因遗传病，已研究发现的与肥胖相关的基因或染色体区域已达200多个，遗传对肥胖的影响作用占40%～60%，一半左右的肥胖是由遗传基因决定的。

学习单元2　体型分析

【学习目标】

1. 了解体型分析方法
2. 熟悉测量的注意事项
3. 熟悉标准体重的计算方法
4. 掌握常用的测量方法
5. 掌握三围测量

【知识要求】

减肥塑身方法有很多种，修饰体形首先从体型分析开始，体型的目测诊断与分析通常在为顾客进行第一次美体护理操作之前完成。要求被测量者裸体或穿着尽量少的内衣（如只穿内裤和文胸）测量，测量胸围前应松开文胸。

一、 目测分析

1．正确的检测站姿

首先请顾客站在落地镜前，美容师应提醒顾客站姿要正确，不要以巧妙的站姿或收腹等方式来掩饰自己体型的缺点。美容师可适时检查顾客的姿势是否正确，然后巧妙地观察顾客的身材。无论何种姿势，身体都必须保持左右对称，由于呼吸而使测量值有变化的测量项目应在呼吸平静时进行测量。

正确的检测站姿如下：

（1）顾客应轻松自在，身体挺直却不僵硬，即在不勉强身体任何部位的情形下放松站立。

（2）头部与双肩保持水平，且略微挺胸。

（3）腹部可稍微后缩，臀部则应收拢，不要凸出而造成背部凹陷的现象。

（4）膝盖可略微弯曲，两脚略微向外打开。

为了使站立时所做的目测分析更完善，美容师必须从侧面观察，因为侧面观察比从正面或背面更能看出体型问题。如胸部是否下陷、腰部或腹部是否凸出、臀部是否下垂等，都可以从侧面观察中得到确认。

2．观察与记录

首先应注意顾客身体的比例进行体型分析，然后从上至下分别从各局部进行观察并做好记录。东方女性常见体型分析表见表 7—5。

观察顺序及需要注意的地方如下：

（1）肩部。背部和肋部到面部和头部之间的部分，内有肱骨头和肩胛骨构成的肩关节，是人体中活动范围最大的关节。也是现代女性性感柔美部位之一。应注意的地方包括：颈与肩交界处，颈部是否前倾，颈背部以及脊椎上是否有脂肪堆积；肩的类型；双肩是否对称；肩部是否有赘肉等。

（2）背部。美背的必要条件是脊柱要直，从后面观，脊柱从颈到腰呈一条直线，不能向左（或向右）弯曲；背部要纤薄，脂肪层太厚，则显臃肿。观察脊柱是否侧弯，正常骨架形态下的不良背形主要是肩胛下脂肪堆积和全背部脂肪堆积。这种情况多出现于全身型肥胖者或上半身肥胖者（也即苹果型身材）。

表7—5　　东方女性常见体型分析

下半身粗大型	上半身粗大型	全身肥胖型
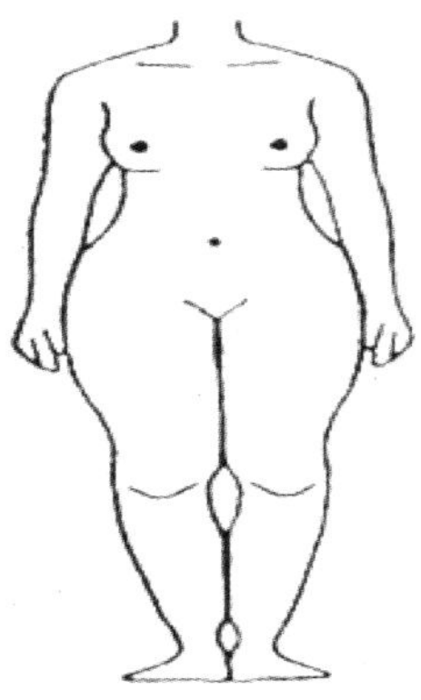	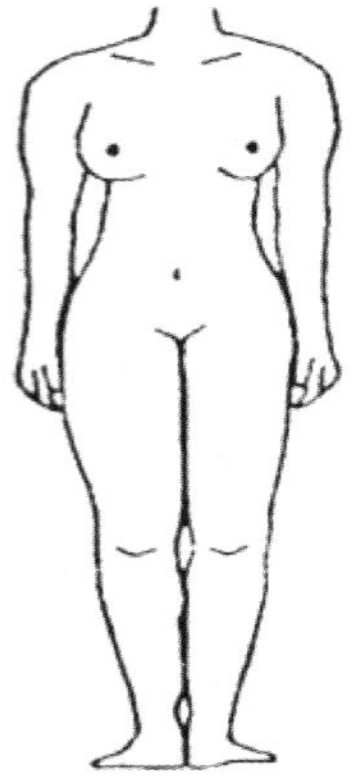	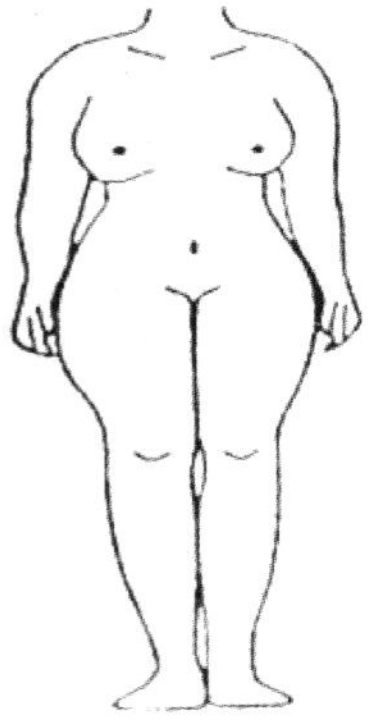
下半身的宽幅超过上半身者	上半身的宽幅超过下半身者	身体各部分都有多余的脂肪增厚

（3）胸部。美胸是指乳房丰满、健美、柔韧而富有弹性。要观察乳房大小、位置高低、是否下垂；乳房是否有发育不良、两侧大小不等；是否有乳头凹陷及乳晕颜色偏深等问题。

（4）腰部、腹部、臀部。女性的腰部、腹部、臀部最容易囤积脂肪，而这些部位的脂肪堆积情况直接影响身材曲线的优美。所以，美容师要观察这些部位的外部形态以及脂肪堆积情况，如臀部是否浑圆丰满、是否过于硕大，是上翘还是下垂；腰部脂肪是否肥厚；腹部是圆凸还是平坦等。了解这些情况对制定改善方案非常有帮助。腰腹类型见表7—6。

一般来讲，臀部脂肪堆积过多是身材分析中最常见的问题。亚洲女性臀部大多比较丰满。

（5）手臂。女性手臂应圆润、纤细、洁白、柔软；从形状来看，上臂呈圆柱状、上下均匀一致，上臂自然下垂时，无任何外凸的部位。观察有无手臂过粗、脂肪堆积过多、皮肤松弛等。

（6）腿部。主要观察腿的形状、长短、胖瘦等，是否匀称，是否过于粗壮，是否有静脉曲张、浮肿等症状，并仔细观察脂肪堆积的部位。大腿外侧是最容易形成凹陷或者“棉絮”状脂肪团的地方，常被称为“马裤”。此处集中的脂肪常与大腿内侧和臀部的脂肪组织混合存在。大腿内侧囤积脂肪的情况在女性身上十分常见。同时要观察小腿的腓肠肌肌腹是否过宽或过长，对于肌肉发达的腿部，无论是由于遗传还是后天运动所造成的，都难以改善。

表 7—6　　腰腹类型

三段腹	外凸腹	直筒腰
腰到下腹之间有增厚且松弛现象，出现两条以上的褶皱 造成原因：腹部易囤积脂肪，不适当的内裤和腰带造成	苹果型——中腰外凸型 梨型——腰部以上瘦，从小腹开始外凸 造成原因：生育、长期站立或饮食习惯不良等	先天型直筒腰——身材瘦如平板或上下体腔发育不良，使腰身形如笔筒 后天型直筒腰——腰部脂肪增厚，使上下身形如直筒，不见腰身

二、 手工测量分析

静态观察之后，美容师应做手工测量和记录，以下是具体部位的测量方法和参考值。

1．人体各部位主要测量点

人体各部位主要测量点是根据人体的骨性标志、皮肤皱褶和皮肤的特殊结构以及肌性标志而确定的。与美体塑身相关的人体主要测量点如下：

（1）头顶点。从正确立姿站立时，头部的最高点位于人体中心线上方，是测量身高的基准点。

（2）颈窝点。左右侧锁骨胸骨端上缘的连线与正中矢状面的交点。

（3）肩端点。肩胛骨上缘最向外突出之点，即肩与手臂的转折点。

（4）胸上点。胸骨柄上缘的颈静脉切迹与正中矢状面的交点。

（5）胸中点。左右第四胸肋关节上缘的连线与正中矢状面的交点。

（6）胸高点。胸部最高的位置。

（7）脐点。脐的中心点。

(8) 耻骨联合点。耻骨联合上缘与正中矢状面的交点。

(9) 肘点。尺骨上端向外最突出的点，上肌自然弯曲时，该点有明显凸起，是测量上臂长的基准点。

(10) 茎突点。也称手根点，桡骨下端茎突最尖端的点。

(11) 膝盖中点。膝盖骨的中点。

(12) 外踝点。脚腕外侧踝骨的突出点。

2. 高度测量

(1) 身高测量。受测者赤脚，立正站好，背靠身高计的立柱，颈部、躯干、胯部和膝关节要充分伸直，两臂自然下垂。测试者站在侧面，将身高计的水平板轻轻沿着柱下滑直至触到受测者头顶，这时水平板所指的刻度，即为身高。

(2) 上下身的比例测量。受测者赤脚站立，背靠身高计的立柱，颈部、胯部和膝关节充分伸直，脚跟并拢，两臂自然下垂，使身高计水平板轻触受测者头顶。用软皮尺沿身高计分别记录从水平板至肚脐、肚脐至踏板的长度，便可得出上下身的比例。

3. 体重测量

要求受测者脱鞋，尽量穿单薄的衣裤，自然站立在体重计或磅秤的中央，并保持身体平衡。指针所指的刻度即为体重值。超过指标有两种情况：一是肌肉比较丰厚的健美者，因为肌肉的比重较脂肪大；二是脂肪过多的肥胖人。因此，要参考脂肪厚度。

4. 围度测量

减肥的一大目的是外形上的美丽，而身体围度的改变，能直接体现出外形上的变化，所以，关注围度的变化，也可以检测减肥成果。

(1) 胸围。直立，两臂自然下垂于体侧，由腋下沿胸部的上方最丰满处平绕一周，皮尺前面放在乳房上，皮尺后面约置于肩胛骨下角处。胸围约为身高的一半。女子健美体型的计算方法为：胸围 = 身高（cm）×0.515（上胸围：乳头处，乳房最丰满那一圈的维度，前后要平行，如果下垂，可以前倾，或是把乳房托高量）；下胸围 = 身高（cm）×0.432（乳房的根部和胸罩后背扣要平行量）。

当被测试者吸气达到最大程度时，围测同一部位的围度，即可得胸的最大围度。受测者将肺内气体完全排出（呼气）后，围测同一部位的围度，即可得最小围度。

(2) 腰围。直立，身体自然伸直，腹部保持正常姿势，暂停呼吸，用皮尺在肚脐上方腰部最细部位处平绕一周。腰围比胸围小 20～25 cm；女子健美体型的计算方法为：

$$腰围 = 身高（cm）\times 0.34$$

(3) 髋围。直立，身体自然伸直，用皮尺在耻骨平行于臀部最大部位处平绕一周。

髋围度较胸围大 4 cm。

(4) 臀围。直立，两腿并拢，皮尺绕小腹下缘，用皮尺在臀大肌最突出部位平绕一周，量出臀围（髋围侧重度量骨骼，臀围侧重度量肌肉）。胸围约等于臀围。女子健美体型的计算方法为：

$$臀围 = 身高（cm）\times 0.542$$

(5) 大腿围。两脚分开自然站立，间距约 15 cm，在臀折线下大腿的根部，用皮尺量出大腿肌肉群放松时的围度。大腿围比腰围小 10 cm。

(6) 小腿围。直立，体重均匀分布在两腿上，用皮尺量出小腿最粗处的围度。小腿围较大腿围小 15～20 cm。

(7) 足颈围。直立，体重均匀分布在两腿上，用皮尺在内踝上方约 5 cm 处测足颈的最细部位。足颈围较小腿围小 10 cm。

(8) 上臂围。直立，手臂伸直下垂于体侧，在肩关节与肘关节之间的中部，量出放松时的上臂围。上臂围等于大腿围的一半。

(9) 前臂围。受测者两臂自然下垂。用软皮尺沿前臂的最粗部位平行围测，即可得前臂围。

(10) 手腕围。受测者两臂自然下垂。用软皮尺沿手腕的最细部位平行围测，即可得手腕围。上臂围约等于 2 倍手腕围。

(11) 颈围。受测者自然站立，保持正常呼吸，两臂下垂，头正直，颈部放松。测试者用软皮尺围绕受测者颈部的中间部位测量，所得数值是颈围。

围度测量如图 7—3 所示。

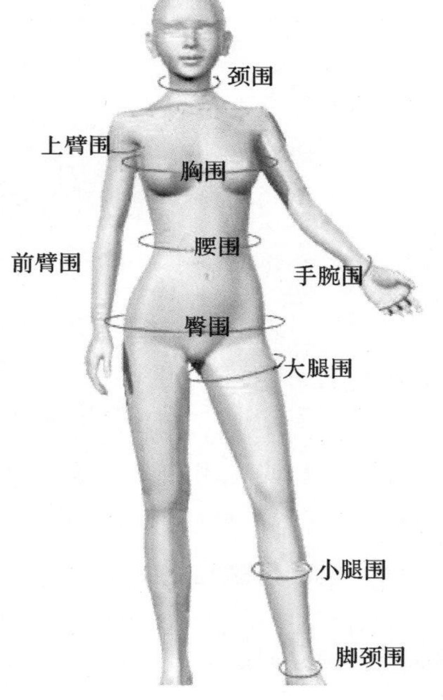

图 7—3 围度测量

通过测量计算，如果发现某个围度与标准数据有差距，则可以通过减肥和健美运动来弥补矫正。

通常围度与体重结合在一起检验减肥的成果，比简单地以体重变化作为检验减肥成果更加全面。

5. 皮褶厚度测量

皮褶厚度是推断全身脂肪含量、判断皮下脂肪发育情况的一项重要指标。皮褶厚度可用 X 光、超声波、皮褶卡钳等方法测量。但用卡钳测量皮褶厚度最简单而实用。

测量皮褶厚度的常用部位有上臂肱三头肌部（代表四肢）和肩胛下角部（代表躯

体)，这些部位组织均衡、松弛，皮下脂肪和肌肉能充分分开，测点明确，测量方便，测值重复率高。另外，还可以测量肱二头肌部、髂上、腹壁侧等。皮褶厚度测量如图7—4所示。

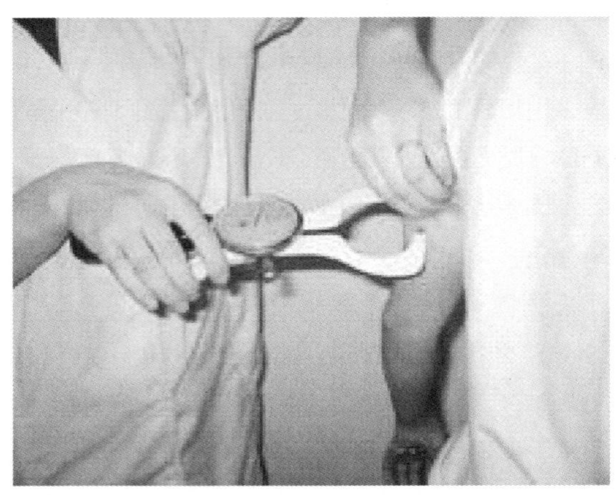

图7—4　皮褶厚度测量

皮褶厚度和体脂含量间有相关关系，可通过皮褶厚度的测量值估计人体体脂含量的百分比，从而判定肥胖程度。

测量时，被测者直立，两臂自然下垂，测量者将其肩胛骨下角5 cm处皮肤和皮下脂肪与脊柱成45°角捏起，用卡尺量得的数值即为脂肪厚度。一般正常人的脂肪厚度为0.5～0.8 cm。对同样体重的人，通过检测脂肪厚度，可确定体型是肌肉型、肥胖型，还是消瘦型。

6．肌肉力量测量

肌肉力量是机体依靠肌肉收缩克服和对抗阻力来完成运动的能力，肌肉在人体内的作用是十分重要的，人在20～40岁肌肉变化不大，但一过40岁，肌肉量就开始快速走下坡路，以每年1%的速度递减，到了60岁，男性体内肌肉含量仅相当于年轻时的75%。同时，肌肉力量也开始衰退。肌肉量减少会使人的基础代谢降低，热量消耗随之降低，摄入过多热量便转化成脂肪堆积于体内。行动变得迟缓，提重物力不从心，也都和肌肉力量下降有关。简单的力量运动包括哑铃运动、仰卧起坐、俯卧撑等，这些项目可以减少脂肪量，增加肌肉量，使肌肉发达，防止其耐力衰退。

肌肉力量的检测根据检测目的分为一般力量检测与专门力量检测。一般力量检测主要是为了了解机体各主要部位肌肉力量的发展水平。其大小和变化对增进人体健康和健美体型有极为重要的作用。专门力量检测主要针对不同项目运动员、神经肌肉系统疾病患者等特殊人群，采用特异性良好的检测手段，实施肌肉力量检测。

7．测量时的注意事项

美容师了解观察顾客体型后会进行体型测量，测量工具为软尺、体重计、身高计、皮褶卡钳等，根据测量的数据确定顾客的体型类型，记录原始数据，以便通过数据的变化说明护理疗效，并与顾客分析交流，制定护理方法和确定护理疗程。

手工测量分析时，顾客需保持目测分析时的状态。

8．徒手按摩分析体型

美容师徒手按摩可借助亲切的接触，消除顾客不安情绪，帮助他们放松心情。美容师可以通过徒手按摩方式了解顾客肌肉与循环系统的情况，对顾客体型进行综合分析。

我国的健美专家根据国人的体质、体型，结合健身运动对人体形态和体质的影响等因素，研究归纳出计算女性标准三围的方法：

胸围 = 身高（cm）×0. 535；

腰围 = 身高（cm）×0. 365；

臀围 = 身高（cm）×0. 565。

实际计算得出的指数与标准指数 ± 3 cm 均属标准。

相关链接

女性身体标准围度对照表见表 7—7。

表 7—7　女性身体标准围度对照表

身高	胸部	腰部	臀部	大腿	小腿	标准（kg）
150.0	79.5	55.5	81.0	46.8	28.1	48.0
151.0	80.0	55.9	81.5	47.1	28.2	48.5
152.0	80.6	56.2	82.1	47.3	28.4	49.0
153.0	81.1	56.6	82.6	47.6	28.5	49.5
154.0	81.6	57.0	83.2	47.8	28.7	50.0
155.0	82.2	57.4	83.7	48.1	28.9	50.5
156.0	82.7	57.7	84.2	48.4	29.0	51.0
157.0	83.2	58.1	84.8	48.6	29.2	51.5
158.0	83.7	58.5	85.3	48.9	29.3	52.0
159.0	84.3	58.8	85.9	49.1	29.5	52.5
160.0	84.8	59.2	86.4	49.4	29.6	53.0

续表

身高	胸部	腰部	臀部	大腿	小腿	标准（kg）
161.0	85.3	59.6	86.9	49.7	29.8	53.5
162.0	85.9	59.9	87.5	49.9	30.0	54.0
163.0	86.4	60.3	88.0	50.2	30.1	54.5
164.0	86.9	60.7	88.6	50.4	30.3	55.0
165.0	87.5	61.1	89.1	50.7	30.4	55.5
166.0	88.0	61.4	89.6	51.0	30.6	56.0
167.0	88.5	61.8	90.2	51.2	30.7	56.5
168.0	89.0	62.2	90.7	51.5	30.9	57.0
169.0	89.6	62.5	91.3	51.7	31.0	57.5
170.0	90.1	62.9	91.8	52.0	31.2	58.0
171.0	90.6	63.3	92.3	52.3	31.4	58.5
172.0	91.2	63.6	92.9	52.5	31.5	59.0
173.0	91.7	64.0	93.4	52.8	31.7	59.5
174.0	92.2	64.4	94.0	53.0	31.8	60.0
175.0	92.8	64.8	94.5	53.3	32.0	60.5

【技能要求】

腰围测量

操作准备

在美容室内，客人只穿文胸和内裤，外披浴袍，选用最小刻度为 1 mm 的软尺。

操作步骤

步骤 1　软尺消毒

步骤 2　测量

请顾客直立，两臂自然下垂于体侧，双足自然分开 30 cm 左右，使体重均匀分布，平稳呼吸，美容师持软尺在腋中线髂嵴和第 12 肋下缘连线的中点，沿水平方向围绕腹部一周，紧贴而不压迫皮肤进行测量（见图 7—5）。

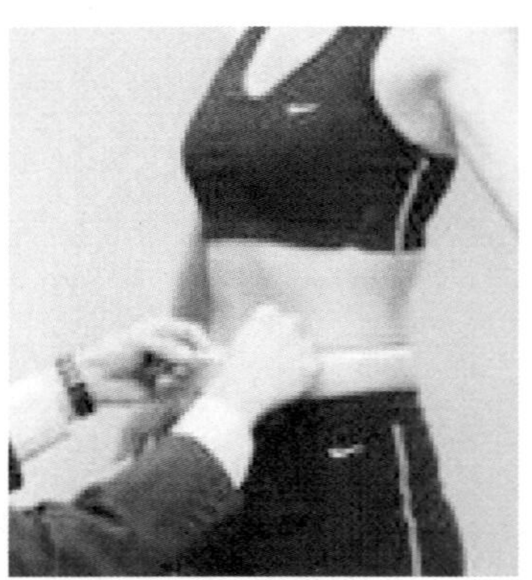

图 7—5　腰围测量

步骤 3　读数

测量值精确到 1 mm。

步骤 4　记录与分析

注意事项

1. 保护客人的私隐部位。

2. 注意保暖。

学习单元3　减肥塑身护理

【学习目标】

1. 熟悉常用减肥方法
2. 掌握美容院减肥护理程序
3. 掌握常用减肥手法

【知识要求】

一、常用的减肥方法

减肥方法多种多样，“调整食谱、限量进食、适当运动”是减肥的总原则。塑造形体美，运动是关键，饮食是要素，同时不可忽视心理卫生。大约42%的人觉得自己过胖，需要减肥。因此引导顾客在实施真正的减肥计划前，最好先有理想体重的概念，设定初期目标，逐步完善。如果期望值过高，往往会造成影响心理层面的不良因素。

常用的减肥方法有以下几种：

1．运动减肥法

运动减肥虽然健康，但不能马上见效，在一定时间内必须达到一定的运动量，才能收到运动减肥的成效。所以运动减肥必须持之以恒，经常采用的有慢跑、步行、游泳、骑车、跳健身舞等有氧运动，而且这种程度的运动每周需保持3～5次，每次坚持30 min以上。

各年龄段的人锻炼时必须使心率达到一定的频率，这样的锻炼能充分分解体内的糖分，甚至还能消耗体内的脂肪，是健身和减肥最有效的方式。马拉松运动员瘦削的身材就是很好的例子。有氧运动后须节食，减肥才能奏效。

运动减肥的条件和要求见表7—8。

表7—8　运动减肥的条件和要求

条件	要　求
心率	最大心率是测定有氧运动效果和强度的直接指标 最大心率（MHR）＝（220－年龄）×（60%～75%）
时间	有氧运动持续30 min以上，因脂肪供能在运动后15～20 min才开始启动
氧气	在户外，因脂肪酸在氧供给充足条件下完全分解，所以氧气是有氧运动减脂的关键

2．饮食减肥

饮食减肥最重要的是让机体少摄入热量，同时又让机体已有的脂肪代谢掉。

成人每日需要热量=人体基础代谢所需要的基本热量+体力活动所需要的热量+消化食物所需要的热量。

科学减肥指的是科学搭配三餐，逐步降低热量摄入，同时帮助体内脂肪代谢的减肥饮食方式。饮食治疗的原则是口味清淡、低热能、营养平衡和热量负平衡。目前应用最广泛的饮食疗法是低热量饮食疗法。

每天总热量控制在男性为6 270～8 360 kJ（1 500～2 000 kcal），女性为4 900～6 270 kJ（1 200～1 500 kcal）。控制动物脂肪的摄入，低盐饮食，戒除烟酒，改变吃零食及甜食的习惯。这就要求做到以下几点（见表7—9）。

表7—9　饮食减肥要求

减肥方法	减肥作用
合理控制热量	饮食供热量必须低于机体实际消耗的热能量，促使过多的热能被消耗掉
巧用谷类食物	在主食固定的前提下，增加粗杂粮摄入量，促进肠蠕动，抑制糖、脂肪的吸收
善用肉类食物	肉类食物是蛋白质、脂溶性维生素和矿物质的重要来源，宜选含脂肪少的肉类摄入，如水产类
保证奶类、豆类	豆类是蛋白质及钙质的重要来源，还能补充B族维生素、膳食纤维等
多吃蔬菜、瓜果	具有饱腹、抑制脂肪和糖类吸收、加快肠蠕动、促进排泄的功效
限制油脂食物	坚果、高油荤汤、油煎炸食物等，热量高，易致胖，要限制
慎用高热量食物	忌食纯糖、糖果、甜饮料、甜点、冰淇淋、黄油、动物脑、动物内脏、鱼子等

如一个体重60 kg的人，建议蛋白质每天提供60 g（4.1×60=246 kcal）；碳水化合物每天提供150～200 g（150×4.1=615 kcal；200×4.1=820 kcal）；脂肪每天提供30 g（30×9.3=279 kcal），总热量摄入=246+820+279=1 345 kcal。

3．仪器减肥瘦身

泛指那些利用仪器帮助身体减肥的方式，不同的仪器有不同的减肥原理（见表7—10）。

表 7—10　仪器减肥原理

方式	原　理
电流刺激	以电流诱发肌肉振动，帮助肌肉收缩，消耗能量
震动	采用机械震动，辅助人体运动消耗体内脂肪
气动挤压	运用气压机理，达到人工按摩减肥的目的
热效应	采用设备使人体体温升高，加速人体代谢，增加人体排汗
微波共振	促使体内“深层脂肪”细胞出现共振，使脂肪链快速崩解、断裂，将原本无法燃烧的大颗粒脂肪团分解为一个个可燃烧的小颗粒脂肪块
真空吸附	把人体皮肤利用真空吸起，随着工具在身体上面的游走动作，起到挤压、按摩、运动的作用，消耗体内脂肪
激光	利用激光的特定波长照射减肥部位，选择性地作用于皮下的脂肪组织和微循环系统，将体内的一些脂肪溶化掉
超声波	利用特定波长的超声波，选择性地破坏脂肪细胞

4．按摩减肥

按摩减肥是美容院最常用的减肥法。通过按摩使皮下脂肪处于柔软且容易分解的状态，按摩提高皮肤的温度，促进血液循环，将多余水分排出体外；按摩使肌肉被动运动，大量消耗能量。例如，平常缺乏运动而积存在腰间的脂肪，经过反复揉捏等按摩促动，可以获得非常明显的效果。如能在控制饮食和运动的基础上按摩减肥，可取得事半功倍的效果。然而按摩有很多种类，而且随着部位的不同，按摩手法也有一定的差异(见表 7—11)。

表 7—11　按摩减肥类型与方法

类型	减 肥 方 法
穴位按摩减肥法	先手法点穴位，后进行按摩推拿，有升阳降阴、振奋经络之气、打通全身经脉的作用。可防止气血瘀滞，活血行气，化痰祛风，对强壮的肥胖症人有较好的疗效
循经按摩点穴减肥法	循脏腑经络的走向按摩一经或多经的穴位，对由一经或多经引起的脏腑病变所导致的肥胖有良效，一般重点在肺、脾、肾、胃、膀胱 5 条经络之中
循经摩擦拍打去脂法	采用循经摩擦、拍打、握拧手足肩臂脂肪堆积处皮肤的方法，以达到消除、分解脂肪的目的。适合于呼吸短促、多汗、腹胀、下肢浮肿等症状的单纯性肥胖症人
分部按摩减肥法	适合于各种类型的肥胖症人，可分为面部、颈部、上肢、胸部、腰部、腹部、背部、腿部、膝部、足部 10 个部分，可以视肥胖症人脂肪堆积程度进行调整，因而具有灵活性

5．心理减肥

在心理学越来越被重视的今天，心理减肥开始受到越来越多减肥专家和肥胖人士的重视。消除精神压抑，创造自我的良好形象，是减肥和健美的有效手段。合理减肥是根据自己的体质、年龄、骨架大小、健康状态等条件，采取行为疗法和心理指导，配合相应的药物和饮食控制。

（1）自律神经训练法。通过全身放松，使精神与肉体得到安定的方法。

（2）“自由联想”法。即通过在脑海中具体描绘自己优秀的一面来进行自我控制的方法。冥想和自我暗示等手段也很有效果。

（3）行为矫正术法。以心理治疗的方式，指导其选配每天的饮食，改变饮食习惯，避免食物外来诱因；对节食有效、体重下降给以鼓励；安排适当的运动，以排除多余的脂肪等，效果比较理想。

6．中医减肥

中医对肥胖的认识早有记载，发生原因多与“湿、痰、虚”有关。中医认为其根本原因是阴阳平衡失调，直接影响人体体液的酸碱度及体内酶的存活度。而中医则能够由内而外的调整人体，从调节内分泌入手，对肝、脾、肾、心脏、肺及三焦等进行调节，通过气血津液的作用来完成机体的统一，达到减肥的目的。

（1）中药。服用中草药制剂，增加排泄、抑制吸收，从而起到减肥降脂、滋补和保健的作用。

（2）针灸。针灸美容，就是运用针刺、艾灸的方法，补益脏腑，消肿散结，调理气血，从而减轻或消除影响容貌的某些生理或病理性疾患，进而达到强身健体、延缓衰老、美容美颜的目的，灸疗可调节人体阴阳平衡、温通经络、扶正祛邪，调整人体的代谢功能和内分泌功能，取得减脂效果。

（3）循经推拿。是运用祖国医学传统推拿手法，在肥胖患者身体上循着经络走向进行推拿，并针对一些特定穴位，进行重点刺激，来达到减肥目的的一种纯自然疗法。对经络系统及脏腑功能进行调节疏导，协调阴阳，拨乱反正，清胃热，利水湿，助脾运，活气血，使淤积在体内的脂肪消解，浊湿排泄，气机通畅。

二、减肥的用品用具

1．减肥外用产品

常用的减肥外用产品主要有以下几种（见表7—12）。

表 7—12　　常用减肥外用产品的分类、功效及使用方法

品名	功效	使用方法
身体洁肤乳	彻底清除身体皮肤上的油脂污垢	取少量涂于皮肤上，用打圈手法清洁按摩后，用清水洗净
身体去角质霜 磨砂产品	祛除身体多余角质及毛孔中污垢，使皮肤吸收能力增强，有助于后续产品的更好渗透吸收	取少量涂于皮肤上，蘸水打圈去掉老化的角质细胞
溶脂按摩霜	快速渗透至皮下脂肪组织，促进血液循环，分解多余的脂肪及毒素，燃烧溶解并转化过剩脂肪	取适量本品涂抹于需减肥部位，配合专业减肥按摩手法按摩 15～20 min
燃脂霜	能燃烧分解体内过多积聚的脂肪，排除多余水分及毒素，促使皮下脂肪液化，排出体外。并能抑制脂肪增长，有效防止新脂肪形成及积聚	取适量本品涂抹于需减肥部位，用保鲜膜包裹，后盖被 20～30 min（如用电热毯效果更佳）
瘦身霜	用于减少皮下脂肪，可以消解脂肪、去除橘皮，收紧松弛的肌肤	浴后做瘦身按摩
紧致霜	有效紧致并改善皮肤松弛，增强皮肤弹性，促进肌肤自我更新，温和去除身体纹，预防橙皮纹形成。坚持使用有助于肌肤变得紧实、光滑，富有弹性	取适量本品涂抹于需减肥部位，稍加按摩即可

减肥外用产品需要一个周期才能发挥作用。一般情况下，纤体产品的疗程为 28 天，也就是一个生理周期的时间。而且减肥外用产品并不是速效减肥药，需要耐心地坚持使用，并且对它始终乐观地充满信心，才能逐渐感受到它的实际效用。

减肥外用产品里所添加的有效成分的浓度比普通化妆品要高很多，使用后会对皮肤以及皮下脂肪产生刺激，出现热、辣等现象。因此，使用过程中要避开身体比较敏感的部分，如脸部以及娇嫩的胸部等。此外，如果是敏感体质的人，使用产品后觉得灼烧感过于强烈，应停止使用，擦拭干净，必要时冷喷或冷敷，以减轻不适感。

2. 减肥内服产品（见表7—13）

表7—13　常用减肥内服产品的分类、功效及主要成分

种类	功效	主要成分
食欲抑制剂	主要是通过抑制人体下丘脑食物中枢，使人的食欲下降，从而减少热量摄入。但副作用大	苯丙胺及其类似物（包括甲苯丙胺、苄甲苯丙胺、安非拉酮等），芬氟拉明、右旋芬氟拉明、西布曲明等
代谢刺激剂	能提高机体的新陈代谢，增加脂肪的分解、消耗，从而减轻体重	甲状腺素等
中枢兴奋剂	能刺激脂肪分解、增加能量消耗，并有降低食欲的作用	麻黄碱、茶碱、咖啡因等
胃肠道脂肪酶抑制剂	抑制消化道脂肪酶，使食物中的脂肪（主要是甘油三酯）无法水解为可吸收的游离脂肪酸和甘油。从而减少脂肪吸收，减少热量摄入	奥利司他等
吸收阻碍剂	抑制人体肠道对食物的消化吸收，减少热量的摄入，从而达到减肥目的	消胆胺、阿卡波糖等
双胍类降糖药物	增加肌肉组织的无氧糖酵解，增加葡萄糖的利用并减少其在肠道的吸收，从而降低血糖	降糖灵等
中药减肥药	麻黄、茶叶等可通过兴奋中枢、增加饱感或增加能量消耗。山楂可降低血脂、减少脂肪利用。大黄可引起腹泻，减少脂肪吸收，并引起脂肪溶解 中成药可以疏通经络，调节内分泌，改善脏腑功能，提高基础代谢率，使脂肪分解、代谢，达到减肥目的	麻黄、茶叶、山楂、大黄 防风通圣散、大柴胡汤、防己黄芪汤、温胆汤及导痰汤、七消丸等

任何药物都可能有副作用，所以必须严格掌握药物的适应证和禁忌证。不能单纯依赖于药物减肥，而是应该综合运用节食、运动、按摩、心理等方法，从根本上改变引起肥胖的生活方式，这样才能取得理想的减肥效果。

3. 常用减肥仪器

泛指那些利用仪器帮助身体减肥的方式。目前，常用的减肥仪器主要有以下几种（见表7—14）。

表 7—14　　常用的减肥仪器名称、原理及效果

减肥仪器名称	减肥原理	减肥效果
纤体消融仪	主要是震脂、熔脂、燃脂、消脂，使人体被迫运动，将脂肪快速软化分解	强度设定越大，脂肪分解越快，减肥效果就越好
超声波碎脂仪	通过超声波震动，声波可达皮下组织，可使脂肪细胞间产生摩擦运动，起到快速消耗脂肪的作用	可加速脂肪分解，使脂肪细胞缩小，取得独立分解顽固性脂肪的效果
经络疏通仪	通过刺激全身穴位，疏通经络，促进血液循环，调理内分泌	在调理疏通经络的同时，达到快速减肥的目的
M6 纤体塑身仪	主要是利用立体负压按摩，依靠先进的物理机械理疗、重新激活细胞	促使人体新陈代谢加强 4 倍，修复因肥胖导致的橘皮纹和妊娠纹
远红外线溶脂毯（如热毯、太空毯等）	通过热能效应使人体排汗、消耗能量，使体内毒素及多余水分随汗液带去	配合按摩有减肥瘦身的效果
复合程式美体仪	通过脉冲输出，增加人体的循环功能，消耗多余脂肪	锻炼松软的肌肉组织，并可以取得减重、瘦身的效果

三、 减肥按摩和护理

1．常用减肥穴位（见表 7—15）

减肥、瘦身常用有效穴位，通常主穴为胃经、大肠经相关穴位。

脾经：阴陵泉、公孙。

胃经：中脘、天枢、足三里。

大肠经：曲池、合谷。

辨证选穴

脾虚湿阻：足三里、阴陵泉、三阴交、公孙等。

胃热湿阻：合谷、曲池、丰隆等。

脾肾两虚：关元、足三里、三阴交等。

阴虚内热：内关、足三里、三阴交等。

食欲亢进：上脘、手三里、足三里等。

表 7—15　　常用减肥穴位

部位	名称	位置	适应证
腹部减肥穴位	中脘	前正中线，脐上4寸	厌食症、胃肠神经官能症
	气海	前正中线，脐下1.5寸	神经衰弱，消化不良
	天枢	脐旁2寸	腹泻、便秘
	大横	位于人体的腹中部，距脐中4寸	腹泻，便秘，腹痛
背部减肥穴位	肝俞	第9胸椎棘突下，旁开1.5寸	蜘蛛痣、蝴蝶斑、色素沉着
	脾俞	第11胸椎棘突下，旁开1.5寸	浮肿皮肤苍白、萎黄、松弛
	胃俞	第12胸椎棘突下，旁开1.5寸	消瘦、肥胖、胃肠功能紊乱
	肾俞	第2腰椎棘突下，旁开1.5寸	脱发、毛发早白、面色黧黑
	肺俞	第3胸椎棘突下，旁开1.5寸	皮肤干燥、开裂、皮毛憔悴
上肢减肥穴位	曲池	曲肘成直角，肘横纹正中线	胃热湿阻、上下肢关节痛麻木
	合谷	第一、二掌骨的中点	便秘，头痛感冒
	手三里	在前臂背面桡侧，当阳溪与曲池连线上，肘横纹下2寸	食欲亢进：溃疡病、肠炎、消化不良
下肢减肥穴位	委中	腘横纹中央	腰痛、偏瘫
	承山	小腿正中	美化小腿、腰腿痛、腿抽筋
	血海	正坐屈膝，髌骨上缘上2寸股内侧肌内缘	通气血蝶斑、色素沉着、皮肤痒
	足三里	外膝眼下3寸，胫骨外缘1横指	腹痛、腹泻、体虚
	三阴交	内踝上3寸胫骨内侧缘后方	腹胀、消化不良、食欲不振等
	阴陵泉	胫骨内侧髁下方凹陷处	清利湿热，健脾理气
	公孙	在足内侧缘，第一跖骨基底部的前下方，赤白肉际处	胃肠病证
臀部减肥穴位	承扶	臀线底端横纹的正中央	通便，舒筋活络
	环跳	侧卧屈股位，在股骨大转子最高点与骶骨裂孔的连线上，我1/3与中1/3的交点处取穴	祛风化湿，强健腰膝

2．减肥程序与方法

虽然按摩不能完全帮助脂肪分解和塑身，但因能促进血液循环和淋巴循环，加速代谢，能辅助减肥。经络按摩和香熏按摩都是流行的按摩减肥方法。

（1）美容院减肥护理程序（见图 7—6）

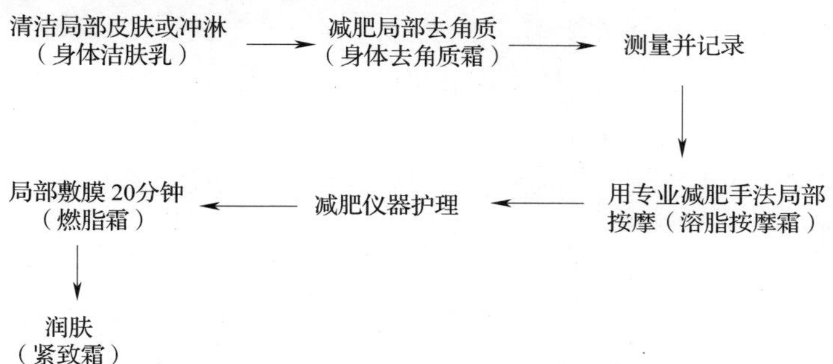

图 7—6　美容院减肥护理程序

（2）常用的减肥手法及适用部位（见表 7—16）

表 7—16　　常用的减肥手法及适用部位

名称	手法	适用部位
手掌按压法	用整个手掌来按摩，用不同的力量来回搓揉按摩部位	适用于肌肉较硬的部位
抓捏法	使用手掌第一、二两节手指对减肥部位进行抓捏、揉按	适用于皮肤松弛或脂肪丰富的部位，长期按摩可重造弹性肌肤
拧法	以拇指为主力，以其他手指为辅助，左右手反方向用力，来回扭转	适用于肌肉多而脂肪厚的部位

在按摩减肥过程中，要注意按摩的力度与方向。通常由远心端往向心端方向按摩。这样可以促进血液循环和新陈代谢，而增加按摩减肥效果。此外，还可以通过穴位按摩、局部按摩等方法来促进减肥。

按摩后可以再辅助于按抚、摩擦、拍打等动作来完善减肥效果。

(3) 常见部位的减肥按摩

1) 腹部减肥按摩及护理

①腹部肥胖的常见原因：

一是排便不畅，长期便秘。人体的废物会堆积在肠子里，肠子表面就像过滤器，滤孔被塞阻后，就形成慢性腹胀，导致腹部肥胖。

二是压力大，面对生活、工作压力。许多人都会借暴饮暴食来缓解心中的压力，导致过多地摄入热量和食物，造成肠胃突出，腹部肥胖。

三是姿势不良。很多人坐的时候习惯将身体摊在椅背上，不自觉地将后腰腾空，或是走路习惯弯腰驼背，身体会不知不觉向前倾，腹部肌肉松弛，小腹也就跟着胖起来了。

四是久坐不动。饭后就坐着看电视，或是边吃零食边上网，摄取食物后继续坐着不动，缺少运动，糖分都转换为脂肪，变成赘肉，囤积在腹部。

②腹部减肥按摩。腹部减肥按摩是利用按摩揉捏等动作，促进血液循环，增加皮肤的温度，加强脂肪分解，让代谢废物和多余的水分排出，再利用按摩紧致霜，增加皮肤的紧实度。常用腹部按摩减肥手法见表7—17。

表7—17 常用腹部按摩减肥手法

手法图示	操作手法
	将双手放在腰部两侧，做顺时针旋转按摩。左右手交替顺时针滑行
	将双手放在腹部，做顺时针按揉

续表

手法图示	操作手法
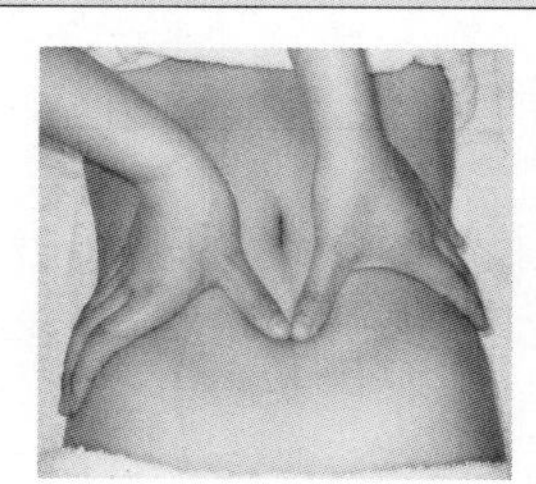	将双拇指放在肚脐上，用向上的力推动胃部脂肪，然后滑向腰底，收紧腹部脂肪
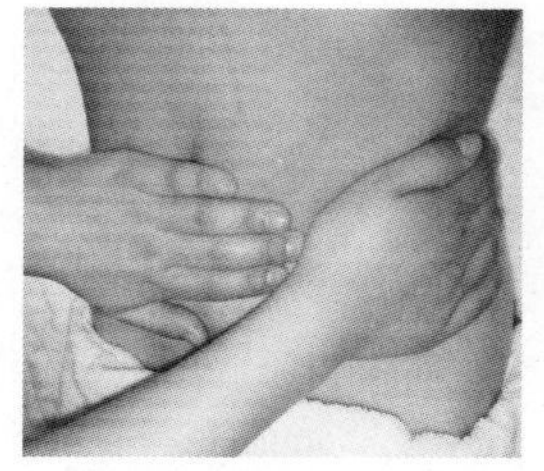	将双手分别插向腰部，双手交替推拉腰部
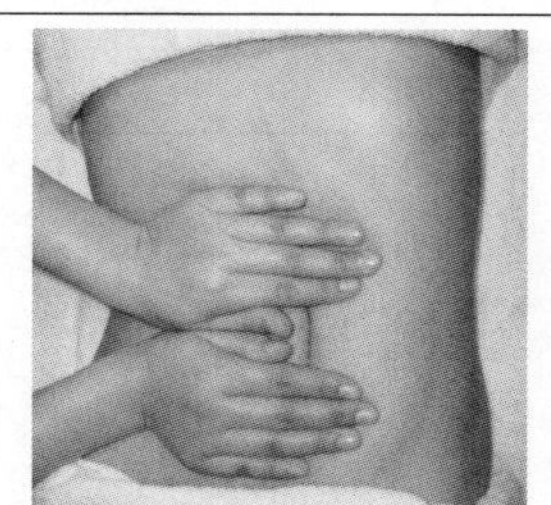	将双手放同侧，用大小鱼际和手掌的力量推压腹部至对侧，然后再提拉至同侧
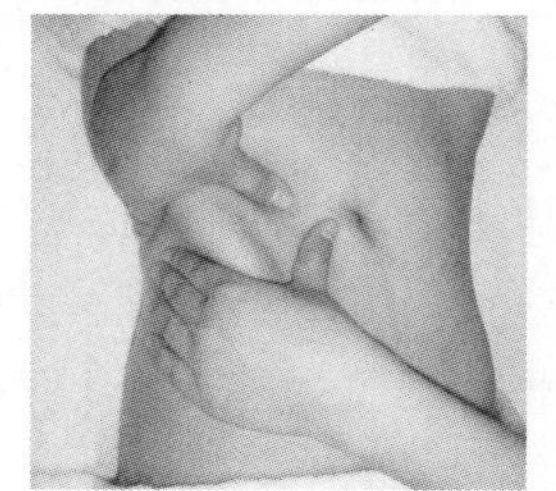	右手四指置于受术者左侧下腰部，左手拇指与其相对用力挤压 2～3 s，然后左手四指与右手拇指相对挤压 2～3 s，反复交替数次后，逐渐向上腰部移动，上下往返数遍
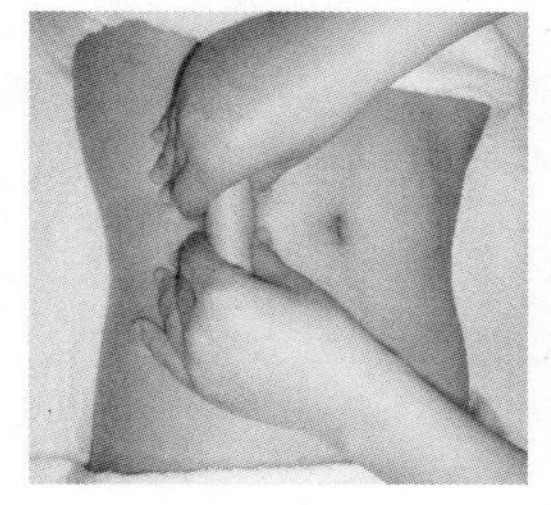	双手拇指置于腹部一侧，其余四指与拇指相对推挤脂肪，逐渐向髂腰部移动，反复数次，然后换另一侧

续表

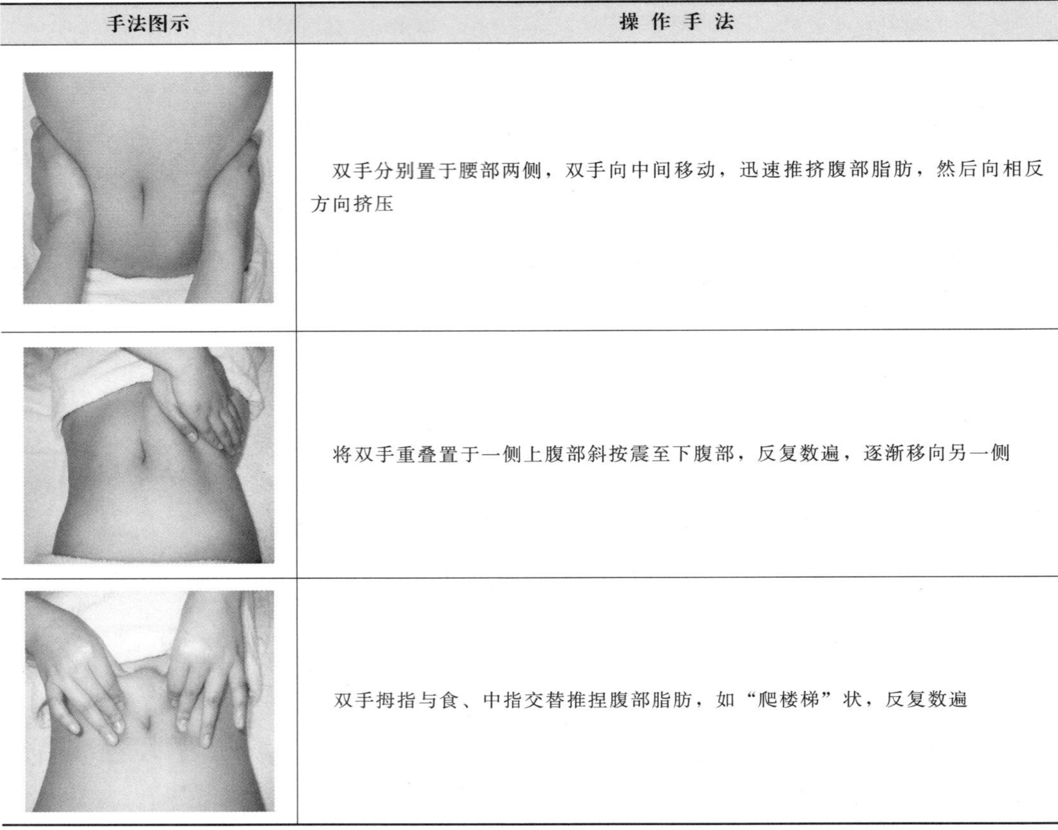

手法图示	操作手法
	双手分别置于腰部两侧，双手向中间移动，迅速推挤腹部脂肪，然后向相反方向挤压
	将双手重叠置于一侧上腹部斜按震至下腹部，反复数遍，逐渐移向另一侧
	双手拇指与食、中指交替推捏腹部脂肪，如“爬楼梯”状，反复数遍

注意：此套手法不宜过重，以免伤及内脏，一周2～3次。

2）腿部减肥按摩及护理。大腿是皮下脂肪容易聚集之处，尤其是大腿内侧容易积累赘肉，使整体比例失调。通过运动，令双腿有线条美。跑步、游泳、自行车等有氧运动可以分解多余脂肪，慢慢改变肥胖体质，消除腿部赘肉。也可以通过被动运动减肥按摩护理达到目标。

①常见腿部肥胖类型

常见腿部肥胖类型与表现症状见表7—18。

表7—18　　常见腿部肥胖类型与表现症状

肥胖类型	表现症状
脂肪型	外观比实际体重看起来胖的人，常见于全身肥胖者，腿部易堆积脂肪。由于缺少运动，容易令双腿积聚脂肪

续表

肥胖类型	表现症状
肌肉型	外观比实际体重看起来瘦的人，双腿的肌肉非常结实。通过按摩来缓解紧张的肌肉，适度牵拉韧带，使自然双腿望上去会修长
浮肿型	浮肿型双腿是因为很少运动，而水分代谢又不能很好地进行，淋巴循环差。常见于长时间坐着不动的人。适当运动，增加淋巴回流，这样才可以改善浮肿腿的状况

②腿部减肥按摩。腿部按摩不仅可以促进减肥，而且可以促进腿部血液循环，减轻腿部及足部的疲劳感。通常做腿部按摩时，大腿前、后与小腿肚按摩分别进行，三组按摩动作基本相同。这里以左大腿后部为例，具体见表 7—19。

表 7—19　腿部减肥步骤与手法

操作图示	操作手法
掌推腿部 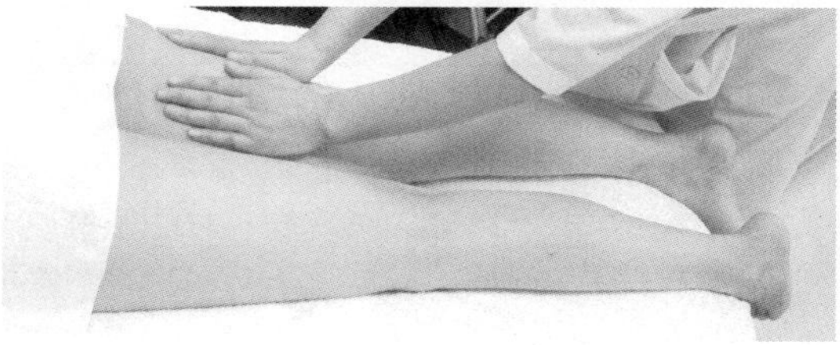	美容师站在顾客右侧，手横位。双手自然平伸，指尖相对，全掌着力于大腿腘窝上方。手同时用力，推至臀横纹处；然后以掌部为轴，指尖向外旋转 90°，指尖向上，变为手竖位。双手并拢，手部放松，迅速拉回至腘窝上方后，恢复手横位。此按摩称为第一个动作
推压腿部 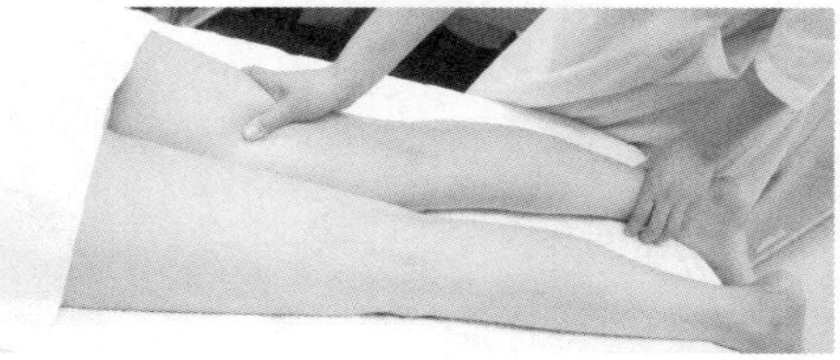	美容师站在顾客右侧，双手四指平伸，食指、中指、无名指并拢，虎口向上用力推，双手交替进行推压
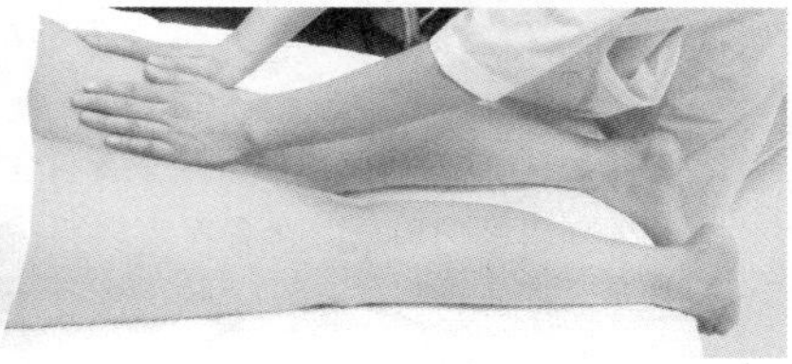	重复掌推腿部动作（即第一个动作）

续表

操作图示	操作手法
搓推腿部 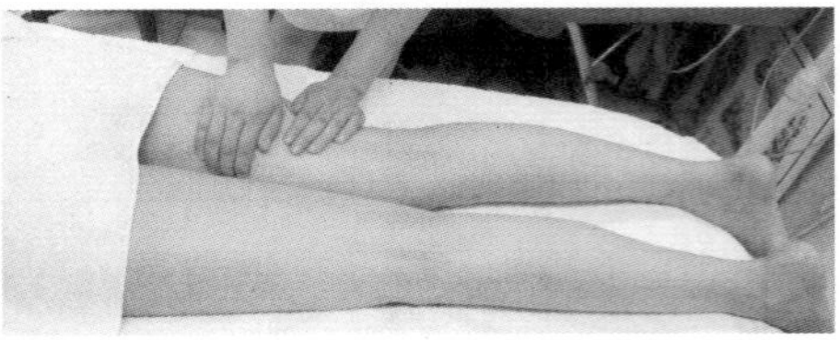	侧位（左侧位或右侧位）按摩。双手交替横向推拉腿部。即左手搓推，右手提拉；反之右手搓推，左手提拉。从腘窝上侧搓推至臀横纹处
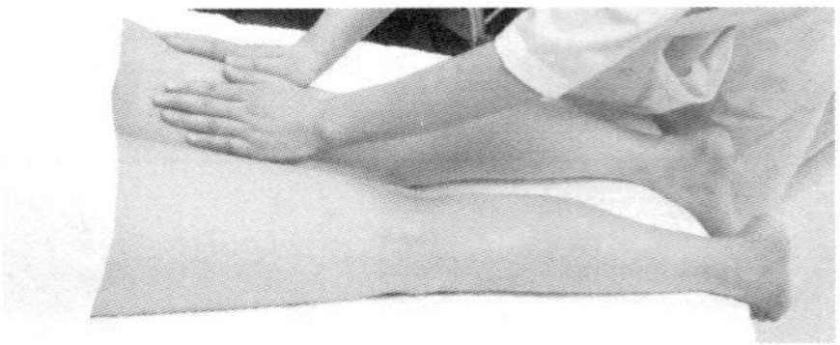	重复掌推腿部动作（即第一个动作）
拿捏腿部 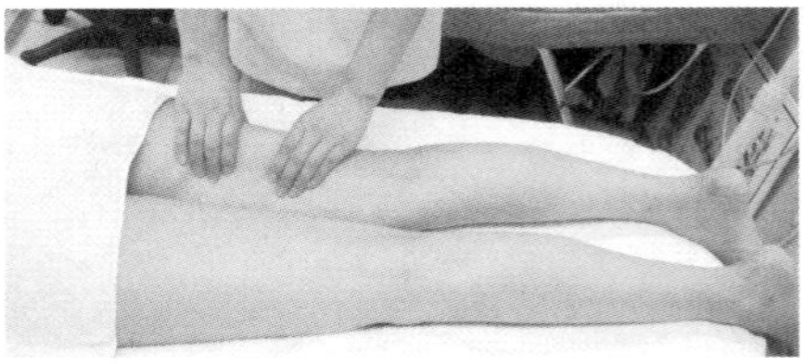	右侧位按摩。双手五指微屈，拇指与其余四指指腹对合呈“钳”形。双手虎口相对，同时叩于腘窝上侧。在与腿部接触时，拇指与其余四指相对用力，将肌肉深层拿起，稍停放开。从腘窝上侧拿捏至臀横纹处为1遍，反复10～20遍
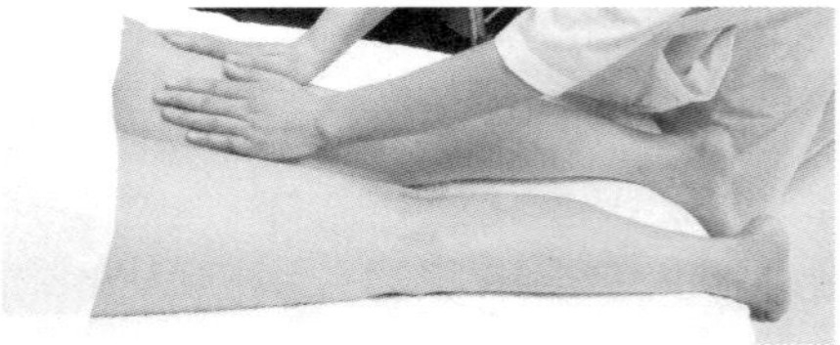	重复掌推腿部动作（即第一个动作）
叩击腿部 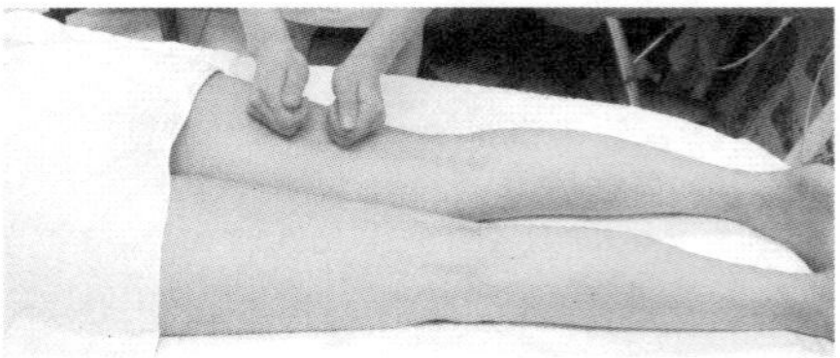	右侧位按摩。双手五指分别自然并拢稍屈，掌心呈空拳状（微握拳），拇指抵于食指桡侧，手腕放松，在抖腕的瞬间，交替叩击腿部。从腘窝上方叩击至臀横纹处为1遍，反复10～20遍

续表

操作图示	操作手法
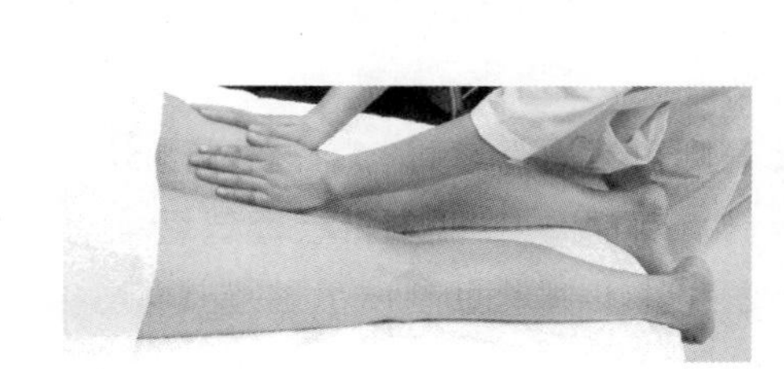	重复掌推腿部动作（即第一个动作）
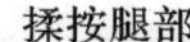揉按腿部 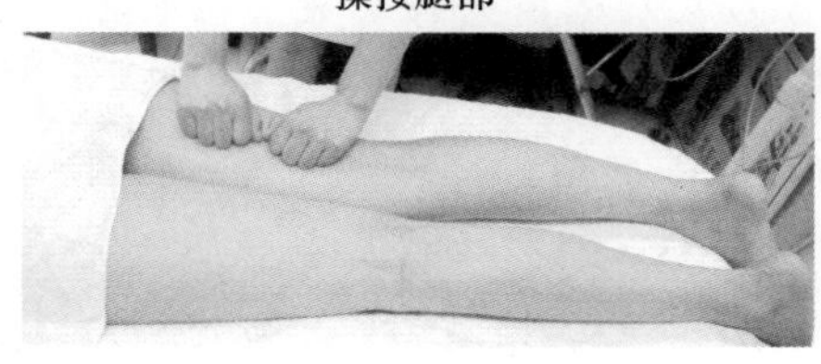	右侧位按摩。双手微握拳，用食指、中指、无名指和小指第一关节的背侧部位着力于腿部。双手旋转掌指关节，交错在腿部打圈揉按。从腘窝上方揉按至臀横纹处为 1 遍，反复 10～20 遍
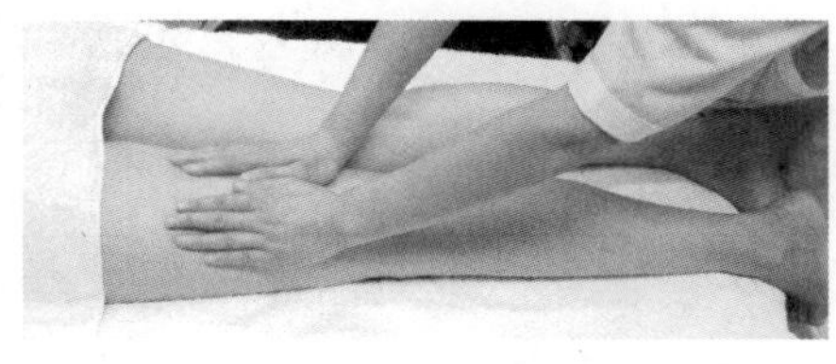	重复掌推腿部后分别指压、按揉相应穴位，最后安抚放松

此外，肩部、背部、腰部、臀部及上臂减肥按摩手法可参考上述手法。

相关链接

1. 常用饮食减肥法介绍

(1)“少吃多餐”减肥法：少食多餐不仅节省时间，而且由于空腹时间缩短，可防止脂肪积聚，有利于防病保健，增进人体健康。

(2)“热效应”减肥法：如果合理控制脂肪量的摄入，不必少吃就能达到减肥目的。这种方法旨在减弱“热效应”，因为1 g脂肪氧化产生9.3 kcal热量，而1 g葡萄糖或蛋白质氧化产生4.1 kcal热量。故在减少脂肪摄入量的同时，补充足够的蛋白质和碳水化合物，以满足身体的需要。

(3) 慢食减肥法：减慢进食速度，以达到减肥的目的。食物进入人体后，体内的血糖就会升高，当血糖升高到一定水平时，就会抑制大脑摄食中枢，停止进食。如果一个人进食速度太快，在大脑发出停止进食的信号时，往往已经吃了过多的食物。

(4) 蔬果餐减肥法：蔬果餐是指以蔬菜、水果为主，完全不吃或基本不吃谷类或肉类食品，以此降低摄入膳食的总热量，而达到减肥目的。因为肉类食品含较高热量，很容易在人体内储存起来。但长期如此会导致营养不均衡，所以并不提倡。

(5) 食醋减肥法：因为食醋中所含的氨基酸不仅可消耗人体内的脂肪，而且能使糖、蛋白质等新陈代谢顺利进行。据研究，肥胖者每日饮用15～20 mL食醋，在1个月内就可以减轻体重3 kg左右，增加消耗。

(6) 分食减肥法：平衡饮食，即让肥胖者减少摄食量而不改变食物中蛋白质、碳水化合物和脂肪的比例，由肥胖者自己抑制食欲，控制进食。这种饮食疗法虽易被肥胖者所接受，但肥胖者往往难以长期坚持。应让肥胖者明确其必要性，并多予鼓励。

2. 安全减肥速度

安全减肥速度是每周不要超过1 kg。一般来说，1 kg脂肪内约包含9 000 kcal的能量。也就是减1 kg脂肪，必须消耗或少摄入9 000 kcal的能量。如果纯粹通过控制饮食是不安全的（因为能量摄入不够，人体会消耗自身体内的蛋白质，将蛋白质分解作为体内的能量供应，严重时会造成心肌和血管平滑肌的蛋白质逐渐流失而导致心脏血管疾病）。理想的减肥方案是50%由控制饮食来完成，另外50%由运动（主动与被动）来实现。运动能消耗能量，使人们更健康，又能保证体内蛋白质不丢失。

【技能要求】

腹部减肥按摩手法

操作准备

(1) 客人准备：冲淋后是按摩减肥的最佳时间，可建议客人先冲淋，让身体活跃起来。

（2）用品用具准备：如大小毛巾、护理用的产品等。

（3）核对疗程单。

（4）仪器准备。

（5）了解客人的情况，以便分析减肥塑身效果。

操作步骤

将减肥膏抹在脐周围，向上向两侧抹匀后按摩，手法参考如下（见表7—20）。

表7—20　腹部减肥步骤与手法

步骤	手　法
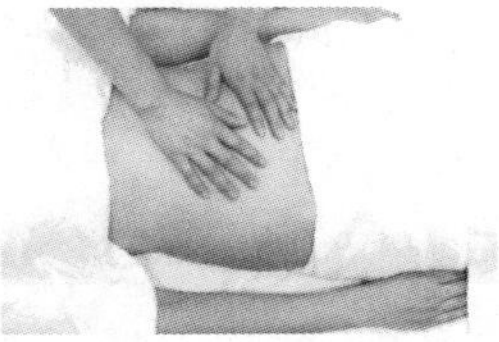	将双手放在腹部做顺时针按摩
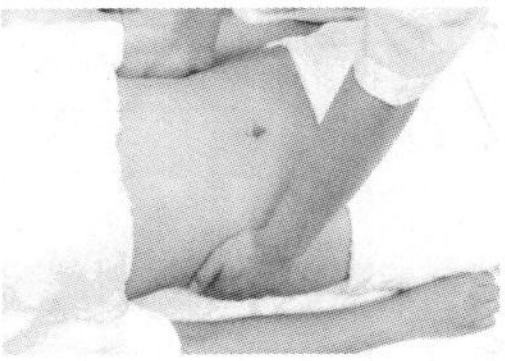	将双手放在腰部两侧，做逆时针加震旋转
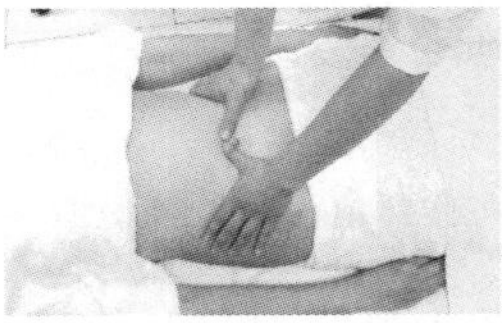	将双拇指放在肚脐上，用向上的力推动胃部脂肪，然后滑向腰底收紧腹部脂肪
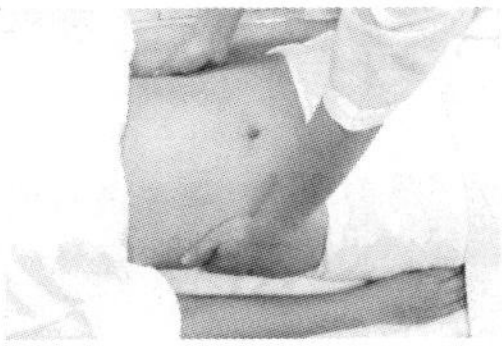	将双手插向腰底部，双手交替提拉腰部

续表

步骤	手　法
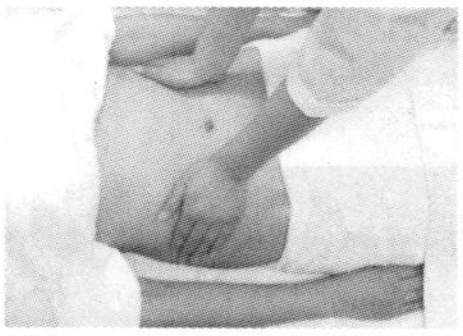	用双手大小鱼际和手掌的力量推迫腹部
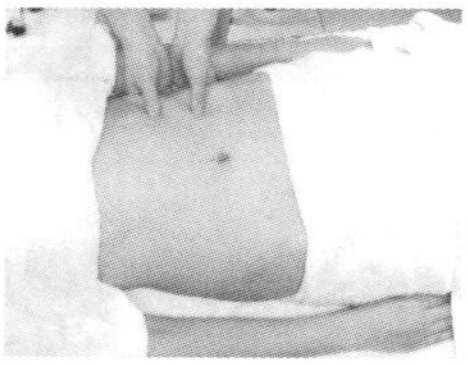	右手四指置于受术者左侧下腰部，左手拇指与其相对用力挤压 2～3 s，然后左手四指与右手拇指相对挤压 2～3 s，反复交替数次后，逐渐向上腰部移动，上下往返数遍
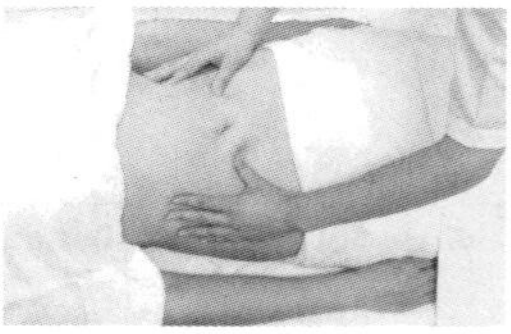	双手拇指置于腹部一侧，其余四指与拇指相对推挤脂肪，逐渐向一侧髂腰部移动，反复数次
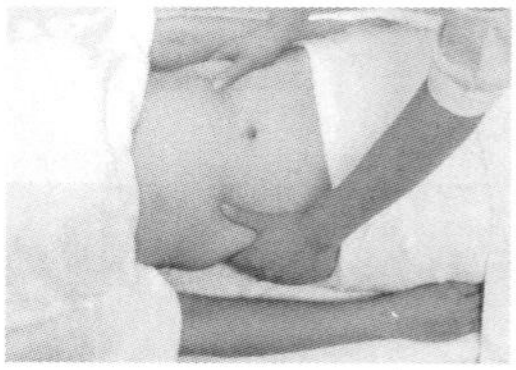	双手分别置于腰部两侧，指尖朝向一侧，迅速相对推挤腹部脂肪，顺势向相反方向挤压；反之，同上。此法反复数遍
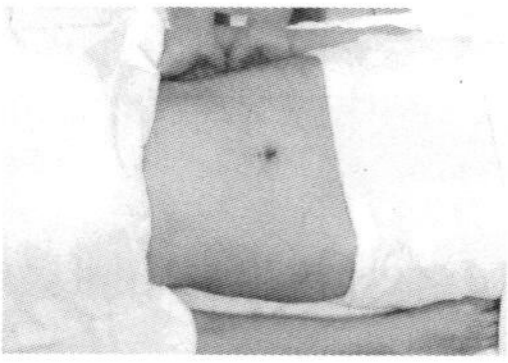	将双手重叠置于一侧腰底部斜按震至同侧下腹部，左手按在此处，右手返回腰部，反复数遍
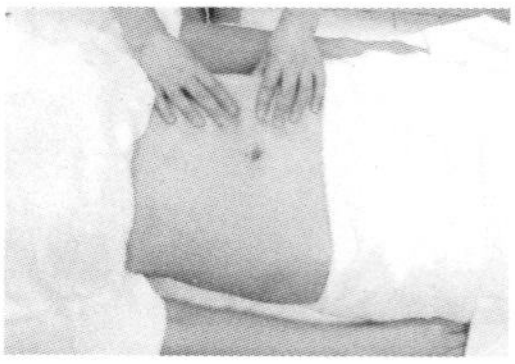	双手拇指与食、中指交替推捏腹部脂肪，如“爬楼梯”状，反复数遍

注意事项

1. 做减肥护理，客人裸露部位较大，对减肥护理环境的要求有以下两点：

(1) 使客人具有安全感。

(2) 保持室温不低于24℃。

2. 做减肥护理，要注意以下两点：

(1) 做肩、背、腰、臀部减肥护理时，客人俯卧时间不宜较长。

(2) 在整个操作过程中，要保护好客人的私隐部位。

相关链接

日常减肥按摩方法参考

采用波浪式推压法（两手手指并拢，自然伸直，左手掌置于右手指背上，右手掌指平贴腹部，用力向前推按，继而左掌用力向后压，一推一回，由上而下慢慢移动，似水中的浪花）。从上腹移到小腹3～4遍，然后依次采用二指叠按法（即两拇指重叠，按的轻重以手下有脉搏跳动和病人不感觉痛为宜）施于中脘、天枢、关元三穴，每穴按2～3 min，每按一穴后施波浪推压法2～3 min，每日一次。但饭后或特别饥饿时不宜进行按摩。每天坚持按摩，配合饮食调整，坚持长久，则有减肥效果。

第8章
美　胸

学习单元 1 乳 房

【学习目标】

1. 了解乳房的结构与发育
2. 熟悉乳房常见问题与成因

【知识要求】

乳房对女性来说已不仅仅是哺乳的器官，还是女性美和魅力的重要标志。美满的乳房不仅能衬托出婀娜多姿的体态，而且是身体健壮的表现。美满的乳房曾是人类原始的性崇拜。但常因种种原因会出现乳房下垂等现象，如生育哺乳后的女性由于乳房腺体和结缔组织经过增生肥大和萎缩后使乳房的皮肤弹性降低，支持韧带松弛，出现乳房下垂等；如减肥后因乳房内脂肪组织与皮肤松弛、出现乳房萎缩等。不仅影响女性的胸部形态，而且给女性生理和心理产生不良影响，美容师要懂得保养顾客的乳房，让美胸成为一门科学，成就完美的乳房。

一、乳房生理知识

1．乳房的外观形状及结构

（1）乳房的位置。乳房位于两侧胸部胸大肌的前方，成年女性的乳房一般位于胸前的第 2～6 肋骨之间，内缘近胸骨旁，外缘达腋前线，乳房肥大时可达腋中线。乳房外上极狭长的部分形成乳房腋尾部伸向腋窝。青年女性乳头一般位于第 4 肋间或第 5 肋间水平、锁骨中线外 1 cm；中年女性乳头位于第 6 肋间水平、锁骨中线外 1～2 cm。

（2）乳房的形态。一般呈半球状或圆锥状，两侧基本对称。大小因人而异，又随种族、遗传、年龄、哺乳等因素而差异较大，一般未生育过或已生育而未授乳的女子，乳房紧张而有弹性，泌乳期增大 1 倍左右，哺乳后有一定程度下垂或略呈扁平。年老妇女乳腺萎缩，体积缩小而松软下垂（见图 8—1）。

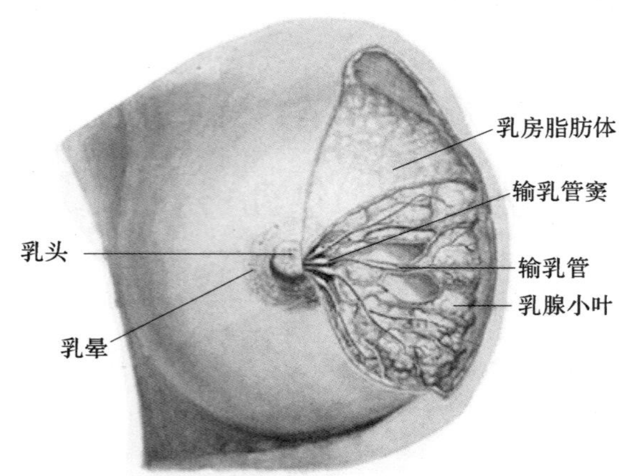

图 8—1 乳房正面图

1）乳头。乳房的中心部位是乳头。正常乳头呈筒状或圆锥状，两侧对称，表面呈粉红色或棕色。乳头直径为 0.8～1.5 cm，其上有许多小窝，为输乳管开口。

2）乳晕。乳头周围为环形色素沉着的乳晕。乳晕的直径为 3～4 cm。乳晕色泽各异，幼女为浅粉色，青春期呈玫瑰红色，妊娠期、哺乳期色素沉着加深，呈深褐色。乳晕的大小因人不同，直径为 15～60 mm。乳晕区的皮肤上有汗腺、皮脂腺、乳晕腺的开口，以及少量柔细的汗毛生长。乳晕表面有 5～12 个小结节，为乳晕腺。乳晕腺与皮脂腺能分泌脂肪样物质，起保护皮肤的作用。乳房部的皮肤在腺体周围较厚，在乳头、乳晕处较薄。有时可透过皮肤看到皮下浅静脉。

乳头、乳晕的形态和结构，是维持女性乳房形态美的一个重要组成部分，也是维持女性性征及女性性心理的重要因素。

（3）乳房组织结构（见图 8—2）。乳房表面是皮肤，皮肤下面是脂肪组织和乳腺腺体组织。在深层的组织是胸大肌。乳房主要由腺体、导管、脂肪组织和纤维组织等构成。

1）腺体。乳房腺体由 15～20 个腺叶组成，每一个腺叶分成若干个腺小叶，每一腺小叶由 10～100 个腺泡组成。它们是泌乳的功能性单元。腺泡紧密地排列在小乳管周围，腺泡的开口与小乳管相连。

2）乳管。多个小乳管汇集成小叶间乳管，多个小叶间乳管再进一步汇集成一根整个腺叶的乳腺导管，又名输乳管。输乳管有 15～20 根，以乳头为中心呈放射状排列，汇集于乳晕，开口于乳头，称为输乳孔。乳头表面覆盖复层鳞状角质上皮，上皮层很薄。

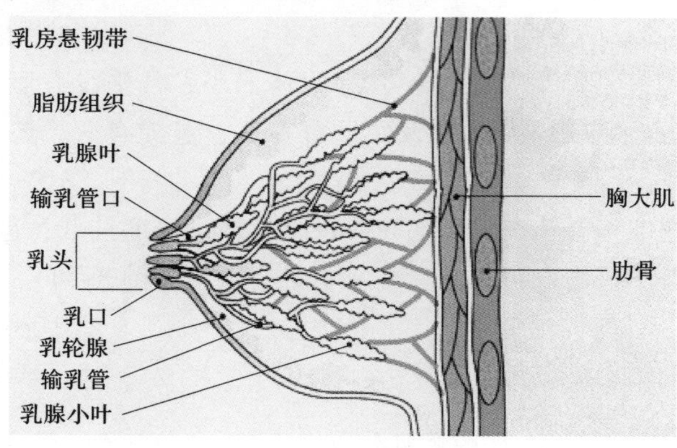

图 8—2 乳房组织结构

3）脂肪组织。乳房内的脂肪组织呈囊状包于乳腺周围，形成一个半球形的整体，这层囊状的脂肪组织称为脂肪囊。脂肪囊的厚薄可因年龄、生育等原因，个体差异很大。脂肪组织的多少是决定乳房大小的重要因素之一。

4）纤维组织。乳腺位于皮下浅筋膜的浅层与深层之间。浅筋膜伸向乳腺组织内形成条索状的小叶间隔，一端连于胸肌筋膜，另一端连于皮肤，将乳腺腺体固定在胸部的皮下组织之中。这些起支持作用和固定乳房位置的纤维结缔组织称为乳房悬韧带。乳腺通过乳房悬韧带连接交织于胸大肌上，如果胸肌发达，可以将乳房托起，显得更健美。

除以上结构外，乳房还分布着丰富的血管、淋巴管及神经，对乳腺起到营养作用及维持新陈代谢作用，乳房除感觉神经外，尚有交感神经纤维随血管走行分布于乳头、乳晕和乳腺组织。乳头、乳晕处的神经末梢感觉敏锐。

2．乳房的生理功能

（1）哺乳。哺乳是乳房最基本的生理功能。乳房是哺育后代的器官，人们将女性乳房喻为生命的源泉。乳腺的发育、成熟均是为哺乳活动做准备。在产后大量激素的作用及婴儿的吸吮刺激下，乳房开始规律地产生并排出乳汁，供婴儿成长发育之需。

（2）第二性征。乳房是女性第二性征的重要标志。一般来讲，乳房在月经初潮之前2～3 年即已开始发育，也就是说在 10 岁左右就已经开始生长，是最早出现的第二性征，是女孩青春期开始的标志。每一位女性都希望能够拥有完整而漂亮的乳房，以展示自己女性的魅力。

（3）参与性活动。在性活动中，乳房是女性除生殖器以外最敏感的器官。乳房在整个性活动中占有重要地位。在触摸、爱抚、亲吻等性刺激时，乳房的反应可表现为：乳头勃起，乳房表面静脉充血，乳房胀满、增大等。随着性刺激的加大，这种反应也会加强，至性高潮来临时，这些变化达到顶点，消退期则逐渐恢复正常。

3．乳房分类

（1）平坦型。乳头紧贴于胸肌上，乳腺腺体很小，几乎没有脂肪组织存在。如同小孩还未发育的乳房。形成原因与先天性发育不良、遗传有关，还与卵巢机能不良有关（见图8—3）。

（2）圆盘型。胸部不够美满，胸部轮廓过于扩散，高度过低；也称荷包型。与血液循环不良、内衣穿着不恰当、黄体激素分泌不足有关（见图8—4）。

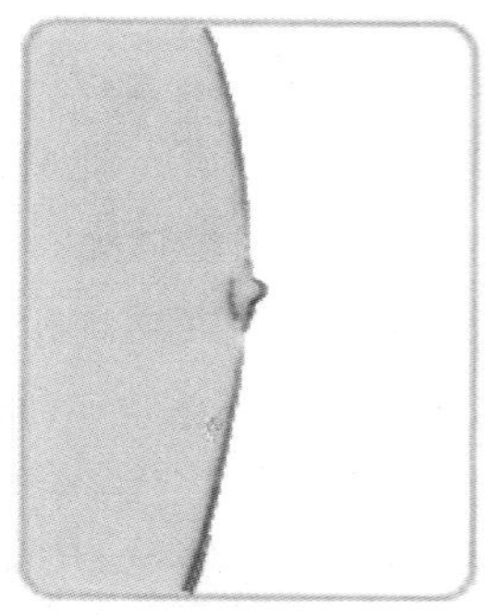

图8—3　平坦型乳房

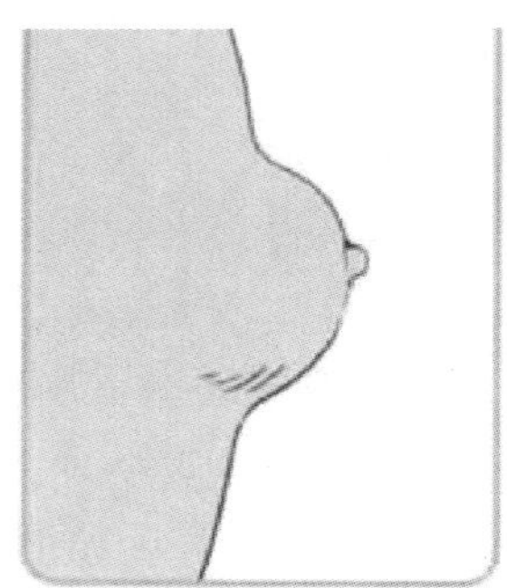

图8—4　圆盘型乳房

（3）圆锥型。乳房侧面的形状如同尖锐的三角形，乳房感觉不自然的尖长隆起。与胸肌不够结实有关（见图8—5）。

（4）下垂型。乳房肌肤松弛、没有弹性，乳头不坚挺，指向地面，即属于萎缩型。与文胸穿着不当或不穿内衣；不当减重，造成乳房里脂肪急速减少有关。也与生育后打退奶针或吃退奶药，产后造成皮下脂肪减少、乳腺萎缩，疏于保养有关（见图8—6）。

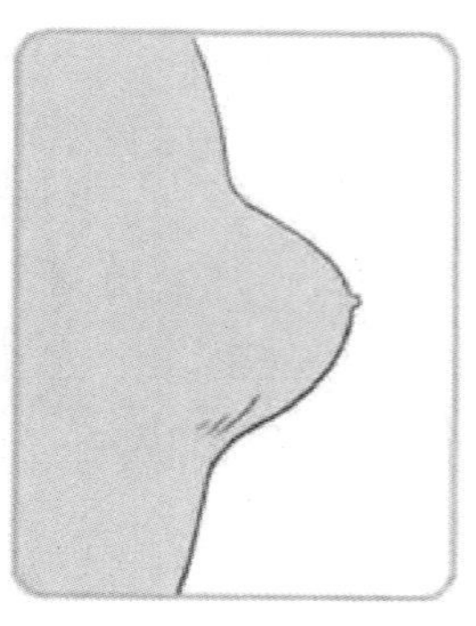

图8—5　圆锥型乳房

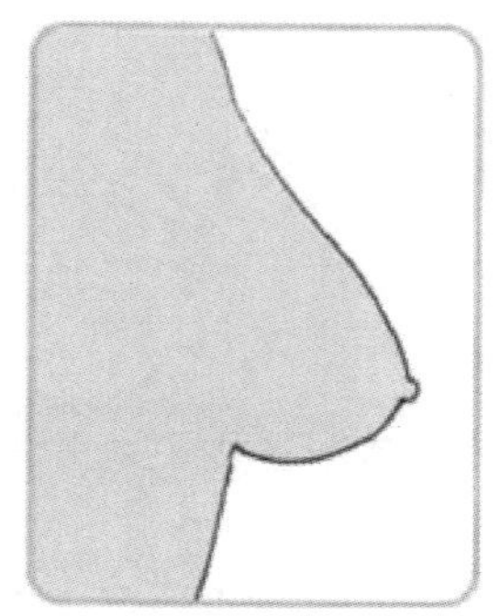

图8—6　下垂型乳房

（5）半球型。乳房基底圆形的半径与高度大致相同，侧面有如正三角形，有足够的脂肪组织，是最理想的乳房形态。

4．乳房的健美标准

（1）胸围。中国女性完美胸围大小与身高的关系为：身高（cm）×0.53，如 160（cm）×0.53 = 85（cm）。假如胸围 ÷ 身高（cm）≤0.49，胸围太小；胸围 ÷ 身高（cm）=（0.5～0.53），标准；胸围 ÷ 身高（cm）≥0.53，美观；胸围 ÷ 身高（cm）>0.6，胸围过大。但胸围达到了标准并不就是美胸，还要考虑其他条件。

（2）形状。完美乳房应该是形状挺拔美满，不下垂，柔韧且富有弹性。美学的观点认为半球型乳房、圆锥型乳房是属于外形较理想的乳房。乳房基底面的直径依人体体型不同而有所不同，在 10～20 cm 之间。

（3）间距。健美的乳房乳头间的距离应当大于 20 cm，在 22～26 cm 之间，乳房微微自然向外倾。

（4）厚度。乳房微微向上挺，乳房的轴线，即从乳房的基底面到乳头的厚度 8～10 cm，乳头微微上翘。

（5）高度。乳头的位置相当于第 4 肋间或稍下，两个乳头应该高度一致，水平高度不应该低于腋窝至臂弯的 1/2 处（手臂自然下垂挺胸抬头）。

（6）乳晕。大小不超过 1 元硬币，颜色红润粉嫩，与乳房皮肤有明显的分界线，婚后色素沉着为褐色。

（7）乳头应凸出，不内陷，大小为乳晕直径的 1/3。

胸部要漂亮，理想的乳房是丰满、匀称、柔韧而富有弹性。有些女性对乳房的大小有些偏见，认为乳房越大越美，盲目追求大乳房。其实，乳房的大小与身材、体型、胖瘦等协调，才称得上是美。

二、乳房的发育

1．乳房发育的过程

乳房的发育经历幼儿期、青春期、性成熟期、妊娠期、哺乳期以及绝经期等不同时期。在各个不同时期女性的胸部轮廓会逐步随着年龄变化而改变，机体内分泌激素水平差异很大，受其影响，乳房的发育和生理功能也各具特色（见表8—1）。

表 8—1　　乳房的发育分期及状态表

乳房的发育分期	乳房的状态
儿童期	乳房未曾发育时的阶段；胸部只有一对小小的乳头。10 岁以前为女性儿童性器官安静期乳腺基本上处于“静止”状态，自 10 岁左右起，女性特征开始出现，胸部、臀部皮下脂肪增加，乳房略为膨胀成盘状。这阶段又称为青春前期，至 13 岁左右逐渐过渡到青春期

续表

乳房的发育分期	乳房的状态
青春期	青春期指从月经初潮到生殖器官发育成熟的时期。一般在13～18岁之间。生理发育和功能活动最活跃的时期；乳房和乳晕周围的组织明显隆起，胸部呈现圆锥状
性成熟期	女性的性成熟期一般从18岁开始，约持续30年。乳腺的组织结构已趋完善；随着卵巢内分泌激素变化，乳腺组织也发生着周而复始的增生
妊娠期	乳房进一步增大、丰满，乳头和乳晕色素加深、乳管终末部扩大，腺泡充分发育，皮脂腺发达，乳房皮肤因乳房充盈而见轻度静脉怒张
哺乳期	哺乳期是育龄妇女的特殊生理时期，此时乳腺充盈着乳汁，乳房美满硕大，并且开始露出了乳房下垂的苗头
绝经期	乳房的生理活动日趋减弱，乳房组织逐渐萎缩，因此乳房变得平坦而松垮

上面所说的六个阶段是通过乳房辨别年龄最典型的阶段，在这些阶段还会有许多形态变化。一般来说，瘦弱的女性经历这些阶段的变化速度会在一定程度上较为缓慢，而肥胖的女性则会加快胸部发育的过程。

2．发育与性激素

（1）女性激素。

1）雌激素。雌激素主要由卵巢和胎盘产生。女性进入青春期后，卵巢开始分泌雌激素。雌激素能使乳腺管日益增大，刺激乳房组织发育，并且选择性地将脂肪积聚在乳房及臀部，形成美妙动人的曲线，表现女性的第二性征，并促进阴道、子宫、输卵管和卵巢本身的发育，同时子宫内膜增生而产生月经。在一般情况下，雌激素会随着年龄增长而逐年减少。雌激素水平的高峰期在20～30岁。

2）孕激素。孕激素由卵巢的黄体细胞分泌，以黄体酮为主。孕激素的作用是使乳腺管末端的腺泡渐渐增大，小叶渐渐发育，这时乳腺更胀大，为泌乳做准备。实验也证明，雌激素主要刺激乳腺管的增生，孕激素则促使腺泡的发育。

（2）发育。少女到了9～10岁，乳房开始发育，乳房内组织增多，乳房外形也增大。经过4～5年的发育，也就是到15岁左右，变得丰满，乳头增大，从而显现出女性所特有的曲线美。自青春期开始，受各种内分泌激素的影响，女性乳房进入一生中生理发育和功能活动最活跃的时期，直至绝经期。经历青春期之后，乳腺的组织结构已趋完善。在每一个月经周期中，随着卵巢内分泌激素的周期性变化，乳腺组织也发生着周而复始的增生与复旧的变化。妊娠期与哺乳期是育龄妇女的特殊生理时期，此时乳腺为适应这种特殊的生理需求，乳房增大明显，乳头也相应增大，乳晕扩大，乳头、乳晕着色加深，表皮增厚，乳晕腺分泌旺盛，此时乳房充分发育，要为哺乳做好准备。所以妊娠期要注意乳房保护。自绝经期开始，卵巢内分泌激素逐渐减少，乳房的生理活动日趋减弱。为了保持乳房的健美，应该十分注意乳房的护养。

(3) 女性激素的分泌调控。女性激素的分泌受垂体“促性腺激素”的控制，促性腺激素的分泌又受下丘脑“促性腺激素释放激素”的控制。下丘脑、垂体及性腺激素之间存在相互联系、相互制约的复杂关系，它们一起参与控制和调节生殖活动（见图8—7）。

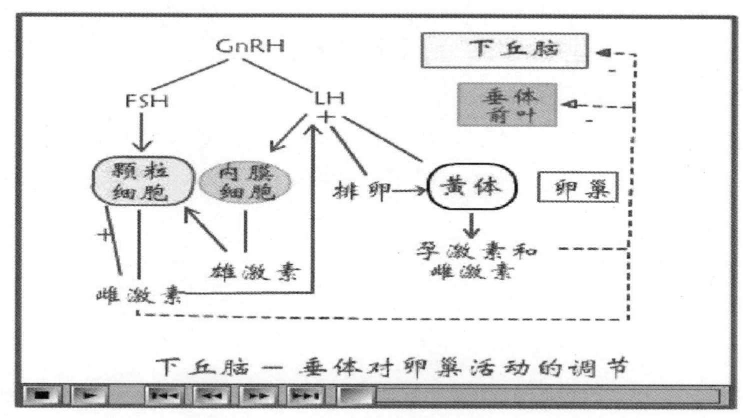

图 8—7 下丘脑—垂体对卵巢活动的调节

注：垂体分泌的促性腺激素为促黄体生成激素（LH）和促卵泡成熟激素（FSH）。

下丘脑分泌促性腺释放激素（GnRH）和促进垂体分泌促性腺激素（GtH），后者引起性腺分泌性激素和卵泡发育、成熟、排卵。

性激素对垂体和下丘脑有反馈性作用。

美乳健胸最好的方法就是通过适当运动来刺激女性荷尔蒙的分泌，使雌激素达到高水平。

在月经周期中，由于受到卵巢所分泌的女性激素的刺激，乳房也会有周期性反应，多数女性在月经前期乳房因充血水肿出现胀痛感，经后即自行消失，周而复始，相当规律，这种疼痛多为功能性的生理现象，与内分泌改变及精神因素有关，一般无器质性改变，无须治疗。

3. 影响乳房发育的因素

女性的乳房发育主要受以下因素影响：

(1) 内分泌。乳房的生长发育主要受生殖内分泌轴系的多种激素的影响，如脑垂体分泌的促性腺激素、泌乳素，卵巢分泌的雌激素和孕激素；以雌激素最重要，分泌不足则乳房发育差。

(2) 乳腺对雌激素刺激的反应敏感度。如内分泌正常，乳腺对上述激素不敏感，尤其是乳腺对雌激素的反应不好，乳房也难发育良好，这是多数女性胸部发育不良的原因，即使补充雌激素也无济于事，效果不明显。

(3) 饮食。蛋白质含量高的饮食可促进乳房发育，尤其是青春期前营养不良会妨碍乳房发育。但过了青春期，饮食对乳房大小的影响变小，除非在经过激烈的“节食法”减肥后，胸部因营养不良而萎缩，此时如果多补充蛋白质，只要体重增加，乳房大小亦能逐渐恢复。

(4) 遗传。如果母亲乳房较小，则女儿也大多较小，这是遗传因素的作用，瘦体型的女孩，也很难有丰满的乳房。

此外，乳房发育还会受到气候条件、营养条件、胖瘦、体育锻炼等多种因素的影响。

三、乳房常见问题

1. 乳房发育不良的常见原因及护理

乳房发育不良主要为腺体组织缺少皮肤仍光整而有弹性，发生在单侧者常伴胸大肌发育不良。

(1) 常见的乳房发育不良的症状

1) 小乳房。乳房较小，胸部扁平，触诊腺体组织不甚明显，平坦型胸部的乳房非常小，乳头几乎可以说是紧贴于胸肌上。乳腺腺体小，几乎没有脂肪组织的存在，就像幼年时刚发育的样子。

2) 乳房不发育。乳房扁平，胸部平坦，无曲线特点。

3) 乳房不对称。一边发育充分，另一边较小，左右不对称。

4) 乳头内陷。乳头不能突出，内陷于乳晕中。

(2) 乳房发育不良的常见原因。青春期是乳房发育的重要阶段。在这个阶段，造成乳房发育不良的常见原因如下：

1) 雌性激素分泌不够。雌性激素分泌不够，直接影响乳腺管的生长发育及乳腺末端的分枝，可导致小乳腺叶和腺泡发育不良，从而使乳房发育受到影响。

2) 青春期发育不良。由于多种原因造成的青春期营养不良，阻碍了乳房的正常发育。

3）青春期内分泌紊乱。青春期性知识缺乏和少女的羞辱感会导致心理障碍引起内分泌紊乱，影响乳房正常发育。

4）束胸。由于心理障碍而把胸部束起来，或穿戴过紧的乳罩，易造成乳房发育不良、乳头内陷等。

5）缺乏体育锻炼。由于长期缺乏适度的体育锻炼，造成胸部肌肉不发达。或单侧运动会造成乳房大小不对称。

6）遗传因素。先天发育不良，或遗传造成。

（3）发育不良乳房的日常护理方法。首先应解除顾虑，并在日常生活中注意如下几点：

1）适应经期前后乳房周期性生理变化，保持心情愉快、舒畅，生活有规律，劳逸适度。

2）合理膳食。一定要避免过度节食，要维持均衡饮食，建议要多食用有美胸效果的食品，在生理期前后还要特别注意多摄取蛋白质及补充胶质食物、坚果类食物。

3）加强体育锻炼，并持续按摩，避免乳腺阻塞。

4）选用合适的文胸，不过紧。

5）保持乳房、乳罩的清洁。

6）对于乳房大小不对称者，睡眠时，宜多侧向乳房较小的一边。并有意识地对小乳房进行按摩。

7）对于乳头内陷，可采用牵拉或吸引等方法治疗矫正。每日用湿毛巾擦拭后，向外轻拉或吸引乳头，至矫正为止。

2．乳房下垂、过早衰老的原因及护理

乳房下垂可直接或间接影响体形曲线美，使人产生自卑感，影响人的心理健康。有的人由于一侧或两侧的乳房下垂较重，导致行动不便，颈肩部不适，两侧乳房皱褶处有糜烂或患湿疹，故一定要对此进行矫治。

（1）乳房下垂、过早衰老的原因

1）哺乳后出现乳房下垂现象。第一次怀孕和哺乳后，乳房部位的皮肤难以承受分泌乳汁的腺体组织的急骤增长，在腺体组织团块过大过重的部位，皮肤结缔组织会发生断裂，形成疤痕，留下以乳头为中心向四周散射的白色痕迹，即妊娠带。当停止哺乳后，因为激素水平的减低，乳腺泡管、腺体和脂肪组织都会发生萎缩，而皮肤及支撑组织却相应较多，所以就会造成乳房下垂，乳房的皮肤出现皱褶，只剩下坠拉长、失去弹性的乳头。哺乳后出现乳房下垂现象，与支持乳房的悬韧带是否仍有韧性以及两侧胸肌是否强壮有力有关。

2）不恰当的快速减肥。当发胖以后，每次体重减轻都会对乳房的外形产生不良影响。因为随着体重减轻，特别是快速减肥时，造成乳房内脂肪组织与皮肤松弛随着脂肪的减少，乳房会出现下垂现象。多见于中青年妇女。

3）老年乳房下垂。人变老后各种机能都有所减退，内分泌机能同样下降。

4）青春期乳房发育过快。青春期的少女，如果乳房发育过快，在短时期内会长得很大。脂肪组织的过度增长因重力关系将会导致乳房过早下垂，即乳房早衰。或胸部肌肉发育不良、胸部肌力衰弱而导致乳房松弛。

5）外力。乳房部位遭受粗野、猛烈的外力挤压或外伤，可导致乳房内部软组织挫伤，或引起内部增生等，使乳房出现过早衰老的现象。再者受外力挤压后，较易改变外部形状，使上耸的双乳下塌、下垂等。

6）日常不良习惯引起乳房下垂。如喜欢用很热的水洗、喜欢用喷头喷洗乳房、趴着睡觉、运动时没有穿运动型内衣、胸罩尺码不符，过小的胸罩会影响胸部发育。

（2）乳房下垂类型

1）乳房下垂分度（见图8—8）

①轻度下垂：乳房下极超过乳房下皱襞1～2 cm。

②中度下垂：乳房下极超过乳房下皱襞2～3 cm。

③重度下垂：乳房下极超过乳房下皱襞4～10 cm。

④特重度下垂：乳房下极超过乳房下皱襞10 cm以上。

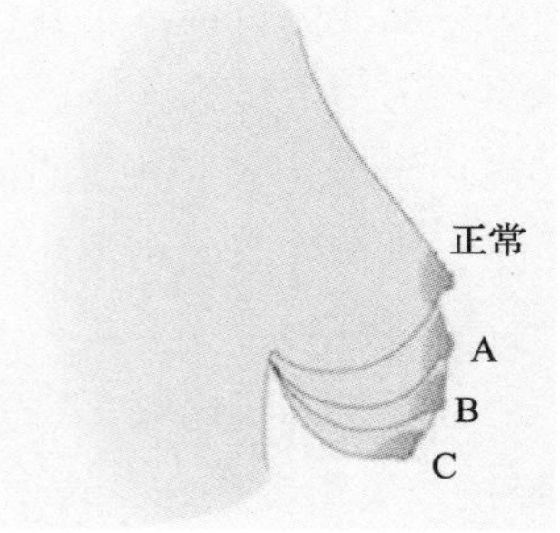

图8—8　乳房下垂分度

2）根据乳房下垂的原因分类可以分为以下三个类型：

①减肥后乳房下垂。主要是减肥后乳房内脂肪组织与皮肤松弛所致。多见于中青年妇女。

②老年乳房下垂。老年人各种机能都有所衰退，内分泌机能同样下降。

③哺乳后乳房下垂。哺乳停止后，因激素水平降低，乳腺泡管、腺体及脂肪组织均发生萎缩，而皮肤及支撑组织却相应较多，因而导致乳房下垂。

（3）乳房下垂、过早衰老的护理

1）哺乳期正确喂奶。哺乳时间应适可而止（建议6～8个月）。在哺乳期，要采取正确的喂奶方法，两个乳房要交替喂奶，当宝宝只吃空一只乳房时，母亲要将另外一侧的乳房用吸奶器吸空，保持两侧乳房大小对称。同时喂奶时不要让宝宝牵拉奶头。在哺乳期同时要避免乳腺炎的发生。

2）饮食结构要合理。雌激素分泌增加时，可使乳房更美丽。B族维生素是体内合成雌激素的必需成分，维生素 E 则是调节雌激素分泌的重要物质，所以应该多吃富含这类营养的食物，如瘦肉、蛋、奶、豆类、胡萝卜、莲藕、花生、麦芽、葡萄、芝麻等。

3）不要盲目节食减肥。节食的后果是使乳房的脂肪组织也随之受累。乳房必然随之缩小。一般女性产后，体重需要一年左右的时间才能逐渐恢复，因此不要急于节食减肥，应当采用其他方法。避免外推、挤压。

4）选择合适文胸。从哺乳期开始，就要坚持戴文胸。假如不戴文胸，重量增加后的乳房会明显下垂。尤其是在工作、走路等乳房震荡厉害的情况下，下垂就越明显。戴上文胸，乳房有了支撑和扶托，乳房血液循环通畅，对促进乳汁分泌、提高乳房抗病能力都有好处，也能保护乳头不受擦伤和碰疼。

穿胸罩时，要选择大小合适、有钢托的款式，穿后整理一下，用双手将乳房周围的赘肉拢到胸罩内，使乳房看上去丰满、挺拔。

5）按摩。在每晚临睡前或是起床前，可以躺在床上自行按摩。将一只手的食指、中指、无名指并拢，放在对侧乳房上，以乳头为中心，顺时针由乳房外缘向内侧划圈，两侧乳房各做 10 次。这项按摩可促进局部的血液循环，增加乳房的营养供给，并有利于雌激素的分泌。有条件建议到美容院做专业按摩护理。

6）运动健胸。最有效、最经济的美乳方法首推健胸操。如果经常进行胸部肌肉锻炼，能使乳房看上去坚挺、结实、丰满。但健胸运动不是一日之功，需要长期坚持，效果才明显。

7）外科整形术。乳房下垂严重者可行乳房下垂矫正术。

相关链接

乳 房 胀 痛

1. 经前期乳房胀痛

有许多女性在月经来潮前有乳房胀满、发硬、压痛的现象；重者乳房受轻微震动或碰撞就会胀痛难受。这是由于经前体内雌激素水平增高，乳腺增生，乳房间组织水肿引起的。月经来潮后，上述变化可消失。

2. 孕期乳房胀痛

一些妇女怀孕 40 天左右时，由于胎盘、绒毛大量分泌雌激素、孕激素、催乳素，致使乳腺增大，而产生乳房胀痛，重者可持续整个孕期，不需治疗。

3．产后乳房胀痛

部分女性产后3～7天常出现双乳胀满、硬结、疼痛。这主要是由乳腺淋巴潴留、静脉充盈和间质水肿及乳腺导管不畅所致。

4．人工流产后乳房胀痛

部分女性在人工流产后会出现乳房胀痛的现象，这是因为妊娠突然中断，体内激素水平骤然下降，使刚刚发育的乳房突然停止生长，造成乳腺块及乳房疼痛。

学习单元2　美胸的方法

【学习目标】

1．了解乳房的日常护理

2．熟悉常用美胸的方法

3．掌握健胸美乳的操作流程和基本手法

【知识要求】

健美的乳房耸起身体外在的体形曲线美，要美丽，就先要呵护好乳房。胸部要漂亮，最重要的就是形状匀称，外科手术可以矫正胸部，并且让年轻女性的乳房更加坚挺，而胸衣、文胸等也能够对胸部起到很好的支撑，从外观上强化乳房的美丽，但是美乳健胸的最好方法就是通过适当运动来刺激女性荷尔蒙的分泌，使雌激素达到高水平。因为化学合成的荷尔蒙容易引起副作用，唯有通过运动来提高体内自身的雌激素，才是美胸美乳最安全可靠的方法。

一、　乳房的日常保健护理方法

1．日常保健护理

美丽的胸部不仅要丰盈饱满，挺拔匀称；乳沟深壑迷人；而且要白嫩柔滑；充满弹性，乳晕粉嫩如桃花。保持这份美丽日常的保健护理至关重要。可以通过下列措施来达到健胸美乳的目的（见表8—2）。

表 8—2　　乳房的日常护理

护理类型	护 理 方 法
营养充足 合理膳食	摄取适量的动物蛋白和脂肪；忌过度节食，不要偏食，多吃一些豆类、蛋类、牛奶等富含蛋白质的食物。多吃含胶原的食物，如肉皮、凤爪、猪蹄、坚果、黄油等，保持乳房部的肌肉强健，脂肪饱满
行端坐正 足量运动	保持优美的体态，应挺胸、抬头、收腹保持挺拔的身姿，不能含胸驼背。注意有意识锻炼胸部肌肉；胸肌结实美满，乳房就显得挺拔而富有弹性。如练健美操、跑步、做俯卧撑、做扩胸运动等
健胸按摩 定期检查	按摩是促进乳房健美的有效方法。每天早上起床前和晚上临睡前仰卧在床上时，可用双手自我按摩乳房，通过点穴、推、揉等手法，调整和促进性激素分泌，并需定期对乳房进行自我检查
文胸合适 保护乳房	戴文胸有良好保护作用。它可以支持和托扶乳房，使乳房的血液循环通畅，防止乳腺血流阻滞和防止乳房组织的松弛下垂，有利于乳房发育和增强抗病能力，要注意保护乳房，防撞击，免受意外伤害
冲拍冷水 锻炼乳房	避免用过热的水刺激浸泡乳房，这会使乳房组织松弛。可用稍冷一些的水冲洗乳房，有刺激和锻炼乳房及胸部皮肤，增加乳房的弹性并促进局部血液循环作用
快乐生活 和谐性爱	和谐的性生活能调节内分泌，刺激孕激素分泌，增加对乳腺的保护力度和修复力度，性高潮刺激还能加速血液循环，避免乳房因气血运行不畅而出现增生

2．乳房的自我按摩方法

（1）改善乳房的外扩运动。用双手交替用力将背部和腋下脂肪向乳房中间推，大约 30 次（见图 8—9a）。

（2）防止乳房下垂运动。双手交替从腹部推脂肪至乳房根部，再向上推至乳房，大约 30 次（见图 8—9b）。

（3）在乳房周围旋转按摩，先由外向内方向，再由内向外方向，直到乳房皮肤微红微热为止（见图 8—9c）。

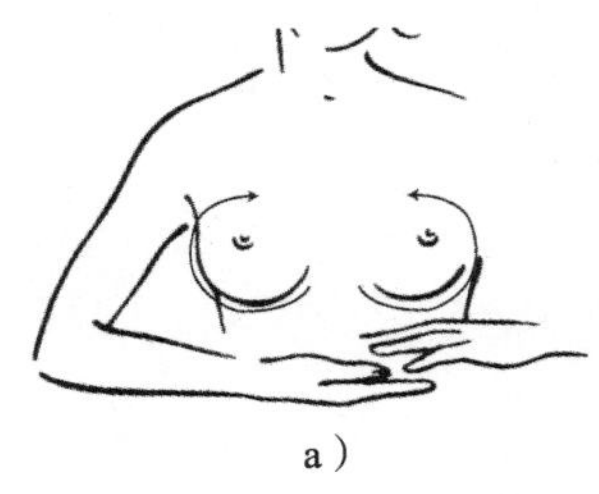
a）

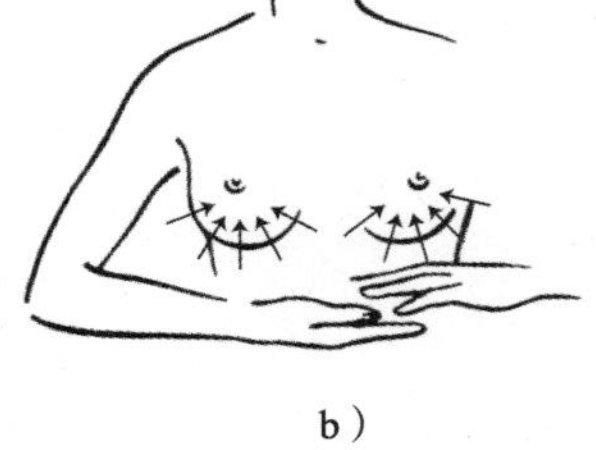
b）

c）

图 8—9　乳房的自我按摩

（4）提拉乳头数次，这样能刺激整个乳房，包括乳腺管、脂肪组织、结缔组织等，使乳房得更美满，更富有弹性。

3．指压穴道

因为细胞的活化及所需的营养，依赖血液运行，而血液生成有赖于气，所以要想美胸美乳，局部的气血循环一定要正常。倘若气血在经络间滞留不通，就一定会影响相关部位，引起机能障碍。指压穴道的主要目的是打通乳房经脉，供给乳房所需的营养，同时也促进了这些经脉的气、血及淋巴液的循环，同时也使体质得到了改善。常用的美胸穴位有膻中穴、乳根穴、天溪穴等。每个穴道至少需按5次，每次5～6 s，停留2～3 s。

膻中穴：位于胸部，当前正中线上，平第4肋间，两乳头连线的中点。

乳根穴：乳头直下，乳房根部，当第5肋间隙，距前正中线4寸。

天溪穴：位于乳头向外延长线上，将手的虎口张开，正对乳房四指托住，拇指对着乳房外侧两寸处（第四五肋间）即是天溪穴。

4．孕期和哺乳期的护理

（1）补充营养：孕期多食富含蛋白质的食物，为乳房进一步发育和哺乳做准备。

（2）促进血液循环：每日用温热水清洗、按摩乳房，以促进血液循环。孕期和哺乳期应戴宽松胸罩，切忌过紧，以免压迫胸部，影响乳房的血液循环。

（3）母乳喂养：提倡母乳喂养，切忌快速“回奶”。因为快速“回奶”，极易引起乳房松弛和下垂。

（4）节律地定期哺乳：每日有节律地定期哺乳，既有利于婴儿吮吸有营养的奶汁，也有利于乳房保持良好的形状。

（5）哺乳时间不宜太长：断奶应循序渐进，有一个逐渐的母乳和人工喂养结合的替代过渡阶段。

（6）忌让婴儿含着乳头入睡，空吮时间过长或吸较低浓度乳汁，易造成乳房松弛。

二、美胸方法介绍

随着国人对美的不断追求，多年来，美胸行业得到高速发展，美胸方法多样，归纳起来令胸部更丰满匀称的方法主要有以下几种（见表8—3）。

表 8—3　　美胸方法

美胸类型	美胸方法
药物美胸	仅促进青春期的胸部发育，但可能会扰乱正常的经期，影响排卵
注射美胸	通过自体的脂肪颗粒或注入液胶态材料，达到美乳塑形的效果
假体美胸	手术置入雕塑好的乳房假体于胸大肌下，达到丰胸目的，大多数为医用硅凝胶囊
经络美胸	刺激乳房经络上的穴位，改善乳房血液循环，使乳房更坚挺
仪器美胸	大多数仪器都以促进局部血液循环强健胸肌、使乳腺体膨胀为目的，如吸引式健胸仪、脉冲式丰胸仪器等
按摩美胸	按摩可促进乳房血液循环，使胸部自然美满、坚挺

三、 美容院的综合美胸方法

目前美容院的女性胸部保养和护理项目已进入细分化阶段，有胸部结实紧致护理、美胸塑胸护理、胸部乳晕嫩红护理等项目。美容院的美胸护理程序是通过局部使用美乳产品，并采用专门的手法按摩和点压穴位方法，再配合使用美胸仪，能使乳房美满并延缓衰老。但有乳腺增生者慎做，局部炎症、孕期、哺乳期、严重心脏病、高血压者禁做。

1．健胸护理的功效与作用

（1）加强胸部运动，强健胸肌及结缔纤维组织。

（2）促进血液和淋巴液的循环，使体内代谢加强。

（3）增加皮肤弹性，消除衰老的表皮细胞，改善皮肤的呼吸状况，促进皮脂腺与汗腺的分泌。

（4）改善肌肉营养供应，提高肌肉的张力、收缩力、耐力和弹力，增强肌肉运动功能。

2．常见胸部护理方法

（1）健胸护理（见图 8—10）。

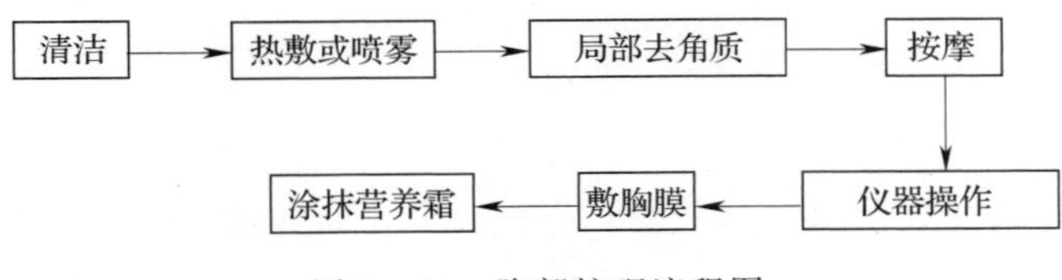

图 8—10　胸部护理流程图

（2）SPA美胸。关键是巧选精油。常用的有基础油+伊兰+天竺葵+玫瑰组成的精油，通过丰胸开穴、按摩等手法有效刺激穴道，促进腺体畅通、分泌，改善胸型，集中美满，使胸部组织获得养分。实现胸部的自然增大，改善后天造成的胸部下垂、外扩现象，提升胸部线条（见图8—11）。

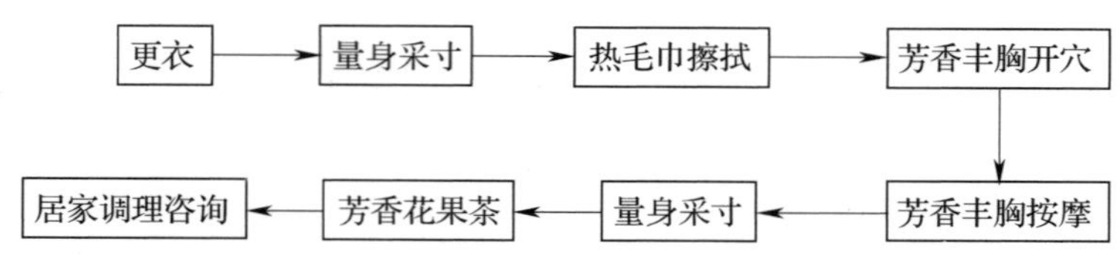

图8—11　SPA丰胸护理流程图

（3）仪器美胸。常用美胸仪器名称、作用（见表8—4）主要使乳房坚实，有弹性，矫正乳房的下垂状态。

表8—4　常用美胸仪器名称、作用

仪器名称	仪器作用
吸脂美胸仪	真空吸附原理使局部肌肉，组织得到充分锻炼，促进新陈代谢
电子脉冲美胸仪	采用特殊的脉冲频率，使胸部肌肉产生运动，加速乳房血液循环，使胸部自然美满、坚挺
微电脑智能美胸仪	能产生模拟人体生物节律的负压吸附于肌体，使乳房产生韵律的运动，从而激发了脑垂体前叶激素的分泌，并强健胸肌，增强支撑乳房的韧带群，使乳房坚挺，结实而富有弹性

保养建议：25岁以上应每月保养。

3．胸部按摩的操作要求

（1）操作时认真而郑重，以示对顾客的尊重。

（2）操作时注意避开敏感的乳头；热敷、喷雾时或敷膜时用湿棉片遮盖乳头。

（3）按摩时注意避开乳晕。

（4）要控制好按摩的力度、选择客人能够承受的力度进行按摩。

（5）要注意在两侧乳房尽量用等量力度和时间进行按摩。

相关链接

测量胸围方法

胸围反映胸廓的大小和胸部肌肉与乳房的发育情况，是身体发育状况的重要指标。请顾客两脚左右分开，与肩同宽直立，两臂自然下垂，保持自然呼吸。用软皮尺沿背部两肩胛骨下角经腋下至胸前乳头上方第四肋骨处围测，取平静呼、吸气时的中间读数，测出胸围。所得数值，称为常态胸围。再测深吸气时的胸围，最后测深呼气时的胸围。深吸气与深呼气时的胸围差为呼吸差，可反映呼吸器官的功能。一般成人呼吸差为6～8 cm，经常参加锻炼者的呼吸差可达10 cm以上。吸气时不要耸肩，呼气时不要弯腰。

上胸围：以乳头（Bustpoint，BP）为测点，由松慢慢收紧。量时应用手将乳房轻轻托起，就好像穿着胸衣一样。这时可以轻松测得的实际胸围环绕胸部最丰满处一周的值，就是上胸围。

下胸围：用皮尺测量胸底部一周，测量出来的值便是下胸围。

胸罩的尺寸选择

1. 确定胸罩大小

根据所测的下胸围，可用的标号有70、75、80、85、90、95、100、105，它们都是5的整倍数，允许误差为±2.5 cm，比如下胸围量得为76 cm，那应选择75号的胸罩。

2. 确定罩杯大小

罩杯就是那些数字后的ABCD，根据所测的胸围差（指的是上胸围减去下胸围的得数），一般来说，10 cm左右选择A罩杯，12.5 cm左右选择B罩杯，15 cm左右选择C罩杯，17.5 cm左右选择D罩杯，20 cm左右选择E罩杯，20 cm以上选择F罩杯，允许误差为±1.25 cm。如胸围差数为13 cm，那当然就是B罩杯。

【技能要求】

健 胸 护 理

操作准备

（1）主要用品用具准备。美体床、脸盆、美体服1件、铺巾1条、毛巾3条、挑棒、洗面奶、去死皮膏、丰胸按摩膏（乳液）、健胸精华素、蒸气仪、健胸仪、热膜（或软膜）粉。

（2）准备工作

1）建立顾客档案，测量胸围并做好记录，以便进行护理前后对比。

2）顾客进行桑拿或热水浴后，换上美体服，仰卧于美体床。美容师立于客人头侧。

操作步骤

步骤1　清洁皮肤

取适量洗面奶涂在手上（或者直接涂在胸部上），然后均匀涂抹在胸部。以螺旋打圈的手法清洁胸部皮肤，约2 min。

步骤2　奥桑蒸汽仪护理

请用湿棉片遮盖双侧乳头蒸5～10 min。

步骤3　去角质

用去死皮膏或去角质霜。

步骤4　涂抹膏霜并按摩

涂抹适量的胸部保养品（如健胸膏、天然丰胸霜等）均匀涂在胸部，进行手工胸部按摩。

（1）手横位，用双手虎口包围胸下围，由外向内推托双乳，以防胸部外扩。

（2）双手围绕在双乳间做8字形交叉按摩。

（3）双乳交替推拍：左手从外侧将右乳向中央推，推到中央后，同时用右手从右乳下方将右乳往上推，要一直推到锁骨处。同法按摩左侧乳房。

（4）双手拇指按压膻中穴：两个乳头连线交叉点，正对胸骨上的位置。每次压3 s，5～6次。

（5）双手交替使用四指的指腹，由下向上有节奏地于胸下围轻拍。

（6）双手罩住乳房后从底部往乳头方向做提拉动作。

（7）按压乳根穴：乳头向下到乳房底部的正下方处。每次压3 s，5～6次。

（8）双手虎口放在乳房两侧，用力往前挤压与按压。按压天溪穴，每次压3 s，5～6次。

（9）双手绕着乳房做圆周形按摩。

步骤5　仪器美胸

健胸仪。

步骤6　敷胸膜

涂抹健胸精华素，倒热膜或软膜（含胶原蛋白或海藻泥的产品）粉，避开乳晕和乳头（用湿棉片遮盖双侧乳头）。用保鲜膜裹住，保留热能，补充胸部肌肤的水分，加强滋润。

步骤7 润肤（涂抹营养霜）

卸膜后均匀涂抹营养霜。

注意事项

1. 按摩时注意避开乳晕。

2. 做胸部按摩时，告诉顾客可能出现局部微红，有胀痛感。

3. 一般情况下，注意在两乳房按摩的力度、时间应相同。如果客人双乳大小不一时，要侧重于小乳房一侧按摩。注意把握好力度，要跟客人沟通，选择客人能够承受的力度进行按摩。

4. 禁忌：有实体性结节、导管扩张或乳腺炎症、肿瘤等禁忌按摩。

相关链接

美胸最佳时期

月经来潮后的第11、12、13天，这三天为美胸最佳时期，第18、19、20、21、22、23、24天稍次。因为在这10天当中，影响胸部美满的卵巢的激素分泌旺盛，这也正是激发乳房脂肪囤积增厚的好时机。这10天就是每月美胸的最佳时期。以28天为一周期，那么，从月经来潮日开始算起，第11、12、13天，就是美胸最佳时期，第18、19、20、21、22、23、24天为稍次期。

第 9 章

中医美容基础知识

祖国医学是伟大的宝库，它不仅在人的防病治病方面做出了巨大的贡献，而且其理论体系对美容工作具有很重要的指导意义。中医美容就是要在健康的基础上创造人的外形美。中医美容是一门以人体健美为对象，以中医理论及具有中国特色的人体美学理论为指导，由多种学科相互交叉而成的新兴的中医学科。为维护人的形体美，而研究损美性疾病的防治，探讨抗衰驻颜的方法。美容师要掌握中医美容基本常识、刮痧美容等，以便更好地为顾客服务。

学习单元 1　阴 阳 学 说

【学习目标】

1. 了解阴阳的含义
2. 熟悉阴阳的属性及基本特征
3. 熟悉阴阳的基本内容

【知识要求】

一、阴阳简介

1. 阴阳的含义

阴阳的含义最初是很朴素的，仅指日光的向背，向日为阳，背日为阴。后来其含义逐渐延伸至晴与雨、寒与热、天与地、日与月、静与动、男与女等。至《周易》，阴阳已上升为哲学范畴，概指自然界一切具有相互对立又相互联系的两个方面，并用以阐释事物运动变化的规律，阴阳的对立统一观点被古代医家所吸收，并与长期疾病防治经验相结合，从而形成中医学的阴阳学说。《黄帝内经》是首先把阴阳概念全面而系统地运用于医学的典籍。

2. 阴阳的属性及基本特征

（1）阴阳属性的划分。阴阳是宇宙中相互关联的事物或现象对立双方属性的概括。阴阳属性的划分主要还是从日光的向背加以引申，可归纳于表 9—1。

表9—1　阴阳属性分类表

阳	运动	外向	上升	温热	明亮	无形	兴奋
阴	静止	内守	下降	寒冷	晦暗	有形	抑制

《素问·宝命全形论》有“人生有形，不离阴阳”的论述（见表9—2）。

表9—2　人体组织结构的阴阳属性分类表

属性	人体部位	组织结构
阳	表、上、背、四肢外侧	皮毛、六腑、手足三阳经气
阴	里、下、腹、四肢内侧	筋骨、五脏、手足三阴经血

（2）阴阳的普遍性。是指阴阳的概念并不局限于某一特定的事物，而是普遍存在于自然界各种事物或现象之中，代表相互对立而又相互联系的两个方面。其一，阴和阳可以代表相互对立的两个事物，如天与地、昼与夜、水与火、寒与热等。其二，阴和阳可以代表同一事物内部相互对立的两个方面，如人体内部的气和血、脏与腑等。一般说运动的、上升的、外向的、温热的、明亮的、兴奋的都属于阳；相对静止的、下降的、内守的、寒冷的、晦暗的、抑制的都属于阴。

（3）阴阳的相对性。是指对于具体事物或现象来说，其阴阳属性又不是绝对的、不可变的，而是相对的、可变的。在一定条件下，阴阳可以互相转化。同时，阴阳有无限可分性，如昼为阳，夜为阴，而上午与下午相对而言，则上午为阳中之阳，下午为阳中之阴；前半夜与后半夜相对而言，则前半夜为阴中之阴，后半夜为阴中之阳，所以，阴阳之中仍有阴阳可分。昼夜阴阳相对性如图9—1所示。

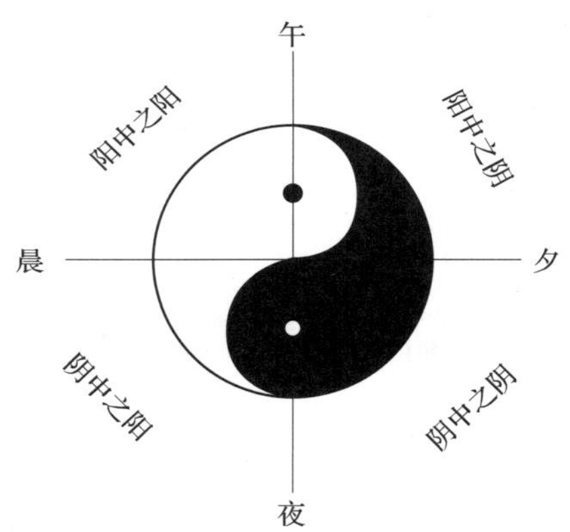

图9—1　昼夜阴阳相对性

二、基本内容

阴阳学说的基本内容包括阴阳交感、对立制约、互根互用、消长平衡和相互转化（见表9—3）。

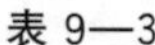

表 9—3　阴阳学说的基本内容及其定义

基本内容	基本定义
阴阳交感	指阴阳二气在运动中相互感应而交合的过程，在自然界，天之阳气下降，地之阴气上升，阴阳二气交感，形成云、雾、雷、电、雨、露，生命得以诞生，从而化生出万物。万物源于阴阳的相互作用
阴阳对立制约	指阴与阳的属性是相互对立、相反的。如上与下、天与地、明与暗、水与火、寒与热、动与静、出与入、升与降、昼与夜等。阴阳制约是指属性对立的阴阳双方相互约束、相互抑制、互为胜负。如人体的生理机能亢奋为阳，抑制属阴，二者互相制约，以维持人体机能的动态平衡，即人体的正常生理状态
阴阳互根互用	指一切事物或现象中相互对立着的阴阳两个方面，具有相互依存、互为根本的关系。即阴和阳任何一方都不能脱离另一方而独立存在，每一方都以相对的一方的存在为自己存在的前提条件。“互用”指的是阴阳双方可以促进和助长对方
阴阳消长平衡	指一事物中所含阴阳的量和阴与阳之间的比例不是一成不变的，而是不断消长变化着。如一年四季，从冬至后到春季再到夏季，阳气渐长而阴气渐消，故气温日增；从夏至后到秋季再入冬季，则阴气渐长而阳气日消，故气温日降
阴阳相互转化	指一事物的总体属性在一定条件下，可以向其相反的方向转化，即属阳的事物可以转化为属阴的事物，属阴的事物可以转化为属阳的事物。如昼夜变化，正午为一日之中阳最盛的极点，同时太阳又开始西斜，此点又成为由阳转阴的转折点；同理，子夜为一天之中阴最盛的极点，同时也是由阴转阳的转折点

学习单元2　脏腑学说

【学习目标】

1. 熟悉五脏的特性、功能
2. 了解六腑的功能
3. 掌握脏腑关系

【知识要求】

脏腑学说是通过观察人体外在现象、征象来研究人体内在脏腑的生理功能、病理变化及其相互关系的学说。

一、脏腑功能与美容

从中医美容学的角度来看，一个人的相貌、仪表、神志、体形等，都是脏腑、经络、气血等反映于外的现象。

脏腑气血旺盛，则肤色红润，有光泽，肌肉坚实丰满，皮毛荣润等，故中医美容学非常重视脏腑气血在美容中的作用，通过滋润五脏、补益气血，使身体健美、容颜长驻。

1．五脏

五脏是人体内心、肝、脾、肺、肾五个脏器的合称。脏，古称藏。如《灵枢》说："五脏者，所以藏精神血气魂魄也。" 五脏的主要生理功能是生化和储藏精、气、血、津液和神，故又名五神脏。由于精、气、神是人体生命活动的根本，所以，五脏在人体生命中起着重要作用（见表 9—4）。

表 9—4　　五脏特性

五脏	藏	特　　性	五行属性
心	神	心为君主之官，主神志。心主血脉，其华在面。开窍于舌。心和，则舌能知五味	火
肺	魄	主气，司呼吸，主宣发，外合皮毛。主肃降，通调水道。开窍于鼻，肺和，则鼻能知臭香	金
脾	意	主运化，主统血，主肌肉、四肢。开窍于口，其华在唇	土
肝	魂	肝藏血。主疏泄，调节精神情志，促进消化吸收。肝主筋，其华在爪。开窍于目。肝气通于目，肝和，则目能辨五色	木
肾	志	藏精气，主生殖，发育。主滋养和温煦各脏腑组织。主水。主纳气。主骨、生髓、充脑，其华在发。开窍于耳，司二阴	水

（1）心脏的生理功能、特性（见图 9—2）。心是脏腑中最重要的器官，起着主导和支配的作用。心在五行属火（与小肠相表里）。主血脉、主神志、其情志为喜、在液为汗、在体合脉；其华在面，开窍于舌。其与容颜相关的生理功能如下：

1）心主血脉，其华在面，即心气能推动血液的运行，从而将营养物质输送全身。而面部又是血脉最丰富的部位，心脏功能盛衰都可以从面部的色泽上表现出来。心气旺盛，心血充盈，则面部红润光泽。若心血不足，脉失充盈，面部供血不足，皮肤得不到滋养，则面色萎黄无华，甚至枯槁。

2）心主神志，与人们的思维意识活动有关。心是人体血液循环的动力，血液通过心脏的搏动输送到全身，心血的盛衰都可以从脉搏上反映出来。

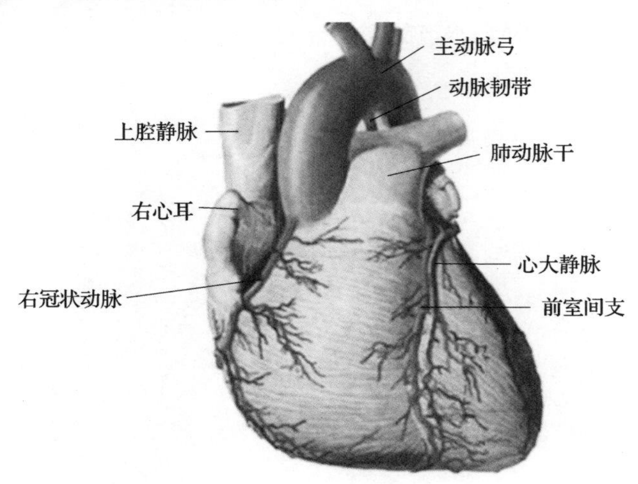

图 9—2 心脏

3）心主汗，开窍于舌，舌质变化可以反映心的生理及病理变化。人们常通过观察舌体的胖瘦，舌色泽的浓淡以及舌运动的灵拙等来判断心功能（主血脉和主神明）的情况，如血循环缓慢或血流瘀滞时，舌黏膜出现瘀点或瘀斑。

附心包：包在心脏外面的组织，具有“代心受邪”“代君行令”的职能，起到保护心脏的作用。如热病过程中如出现高热、神昏等，中医学称为“热入心包”或“蒙蔽心包”。

相关链接

补 心 食 物

桂圆可用桂圆肉泡茶常饮，或煮桂圆粥食用，它有益心脾、补气血、安心神的用途，尤其适宜心血不足型心悸之人。

红枣可用红枣煎水服或煮粥食，或早晚空腹嚼食。

（2）肺的生理功能、特性（见图 9—3）。肺居胸腔，在诸脏腑中，其位最高，故称“华盖”。肺为魄之处、气之主，在五行属金。肺与大肠互为表里。其与容颜相关的生理功能如下：

1）肺主气，司呼吸，是指肺有主持并调节全身各脏腑组织器官之气的作用。

2）肺主宣发和肃降，肺的气机以宣降为顺，人体通过肺气的宣发和肃降，使气血津液得以布散全身。肺气充沛，则皮毛得到滋养而润泽，汗孔开合正常，体温适度并不受外邪侵袭。若肺气虚弱，则皮毛失于滋养而憔悴枯槁，汗孔失于调节而多汗或少汗，体温失度。

3）肺主通调水道。肺通调水道的功能异常，则水的输布、排泄障碍，出现小便不利、水肿和痰饮等。

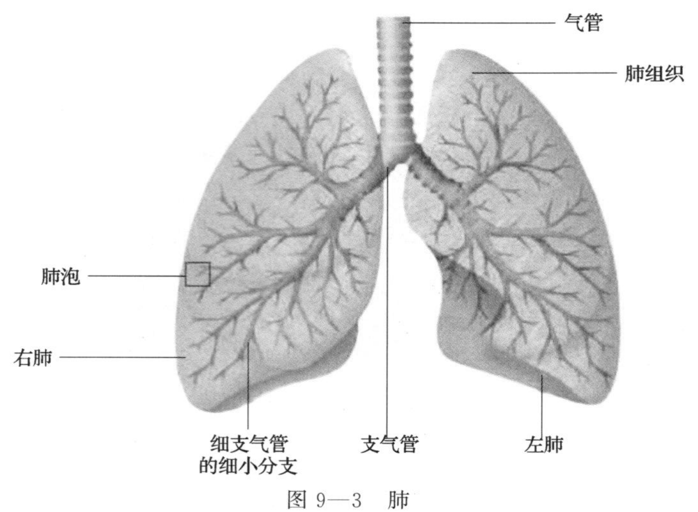

图 9—3　肺

4）肺开窍于鼻。鼻是肺的门户，为气体出入的通道，鼻的通气和主嗅觉的功能，均有赖于肺气的作用来维持。肺气的功能调和，则鼻的通气功能正常，嗅觉灵敏。而肺的某些病变常可影响鼻，如鼻塞流涕、不闻香或鼻衄等。

5）肺在体合皮，其华在毛。皮毛包括皮肤、汗腺、毛发等组织，是一身之表，依赖着卫气和津液的温养和润泽，成为抵御外邪侵袭的屏障。肺主宣发，外达于皮毛，以充养身体，温润肌腠和皮毛。外邪易于侵袭。若肺功能失常日久，则肌肤干燥，面容憔悴而苍白。

相关链接

肺功能失常者需要补肺气、养肺阴，可食用“百合粥”。百合 40 g，粳米 100 g，冰糖适量。将百合、粳米加水适量煮粥。粥将成时加入冰糖，稍煮片刻即可，代早餐食。对于各种发热症治愈后遗留的面容憔悴，长期神经衰弱，失眠多梦，更年期妇女的面色无华，有较好地恢复容颜色泽的作用。

（3）脾的生理功能、特性（见图 9—4）。脾位于中焦，在横膈之下。脾在五行属土，脾和胃互为表里。两者均是主要的消化器官。人出生后其生命活动的维持和气血津液的化生，都有赖于脾胃运化的水谷精微，故称脾胃为“气血生化之源”“后天之本”。其与容颜相关的生理功能如下：

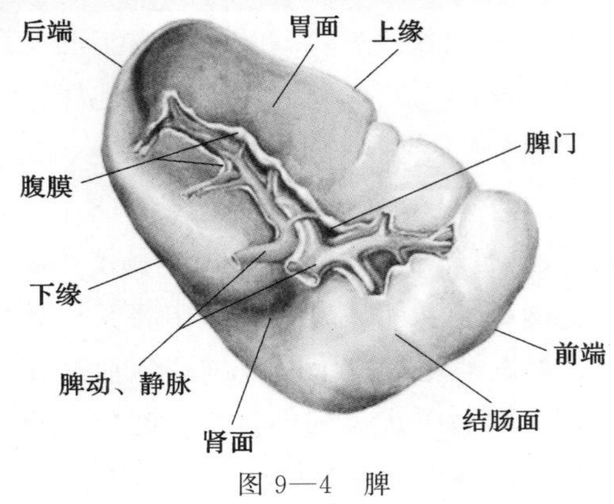

图 9—4　脾

1）脾主统血，是指脾能统摄、控制血液，使之正常循行于脉内，而不溢出于脉外。如脾气虚弱失去统血的功能，则血不循经而溢于脉外，可出现某种出血症状，如便血、皮下出血、子宫出血等，并伴有一些脾气虚的症状。

2）脾开窍于口，其华在唇。食欲正常与否与脾的运化功能有密切关系。脾气健运，则口味和食欲正常。反之，若脾失健运，则可出现食欲减退或口味异常，如口淡无味、口甜、口腻等。口唇色泽与全身气血是否充盈有关，而脾胃为气血生化之源，所以口唇色泽是否红润，实际是脾运化功能状态的外在体现。

3）脾在体合肌肉，主四肢。人体有赖于脾所运化的水谷精微的营养，才能使肌肉丰满发达，四肢活动有力。因此脾的运化功能健全与否，往往直接关系到肌肉的壮实与瘦削以及四肢功能活动正常与否。若脾虚不健，肌肉失其营养则逐渐消瘦或痿软松弛。

4）脾主运化。运，即转运输送；化，即消化吸收。脾主运化的生理功能包括运化水谷精微和运化水液两个方面。运化水谷精微，即是指对饮食物的消化和吸收，并转输其精微物质的作用。

5）脾的运化水液，是指脾对水液的吸收、转输和布散作用。脾的这一功能正常，能防止水液在体内停滞，也就防止湿、痰、饮等病理产物的生成。反之，就会导致水液在体内停滞，而产生湿、痰、饮等致病因素而发生多种疾病，如水肿、泄泻等。

相关链接

脾运障碍者可服用“红枣茯苓粥”。其做法是：大红枣 20 枚，茯苓 30 g，粳米 100 g。将红枣洗净剖开去核留肉，茯苓捣碎，与粳米共煮成粥，代早餐食。可滋润皮肤，增加皮肤弹性和光泽，起到养颜美容作用。

（4）肝的生理功能、特性（见图9—5）。肝位于右上腹部，横膈之下。在五行属木，故《素问·灵兰秘典论》说："肝者，将军之官，谋虑出焉。"《素问·六节脏象论》说："肝者，罢极之本，魂之居也。"肝与胆直接相连，又互为表里。其生理功能如下：

1）肝主疏泄，泛指肝气具有疏通、条达、升发、畅泄等综合生理功能。古人以木气的冲和条达之象来类比肝的疏泄功能，故在五行中将其归属于木。肝主疏泄的功能主要表现在调节精神情志，促进消化吸收，以及维持气血、津液的运行三方面。肝疏泄不及，则表现为精神抑郁、多愁善虑、沉闷欲哭、嗳气叹息、胸胁胀闷等；疏泄太过，则表现为兴奋状态，如烦躁易怒、头晕胀痛、失眠多梦等。

2）肝主藏血，主疏泄，能调节血流量和调畅全身气机，使气血平和，面部血液运行充足，表现为面色红润光泽。若肝之疏泄失职，气机不调，血行不畅，血液瘀滞于面部，则面色青，或出现黄褐斑。肝血不足，面部皮肤缺少血液滋养，则面色无华。

3）肝开窍于目，肝气通于目。肝为藏血之脏，目受血才能视，所以目之能辨五色，是肝的主要作用。肝脏有病常会引起各种眼病，两目干涩，暗淡无光，视物不清。

4）其华在爪，其充在筋，"爪"包括指甲和趾甲，有"爪为筋之余"之说。肝血充足，则指甲红润、坚韧；肝血不足，则爪甲枯槁、软薄，或凹陷变形。

（5）肾的生理功能、特性（见图9—6）。肾位于腰部。由于肾藏有"先天之精"，为脏腑阴阳之本、生命之源，故称为"先天之本"。肾在五行属水，肾与膀胱互为表里。

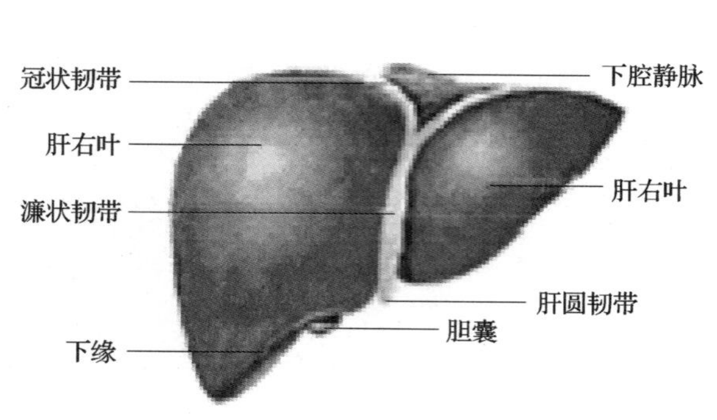

图9—5 肝

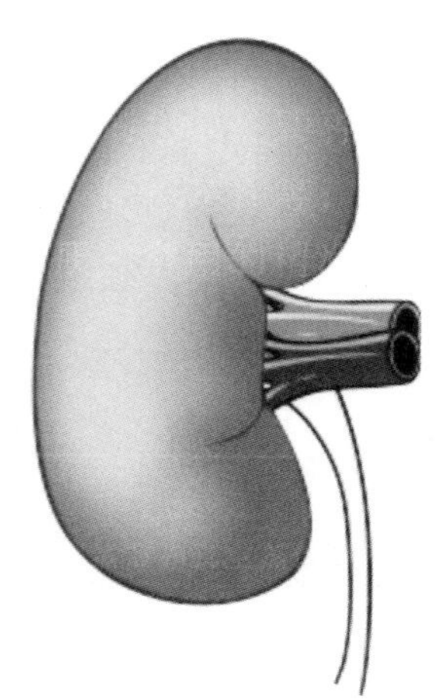

图9—6 肾

1）肾藏精，主生长发育和生殖（包括肾阴、肾阳）。精有精华之意，是人体最重要的物质基础。肾所藏之精包括“先天之精”和“后天之精”。“先天之精”受于父母，与生俱来，有赖于后天之精的不断充实壮大，“后天之精”源于水谷精微，由脾胃化生，转输五脏六腑，成为脏腑之精。脏腑之精充盛，除供应本身生理活动所需外，其剩余部分则储藏于肾，以备不时之需。当五脏六腑需要时，肾再把所藏的精气重新供给五脏六腑。故肾精的盛衰，对各脏腑的功能都有影响。肾是先天生命的根本。所以人得肾气才能生长发育，齿更发长；发的营养虽源于血，但其生机却根源于肾。肾精充盈，肾气旺盛时，五脏功能也将正常运行，气血旺盛，则毛发多而润泽，容貌不衰。到了成年肾气强盛精气充满的时候，就能有子；而肾气衰的时候，就会发堕齿槁。

2）肾在体为骨，其华在发。肾藏精，精能生髓，髓藏于骨腔中以营养骨骼，称为“肾主骨”“肾生骨髓”。而诸髓皆属于脑；脑是诸髓的会合，而又下通于肾；所以，人体的强弱与肾有关。骨和髓充实与否，是决定于肾气的盛衰。肾精充足，则骨髓充盈，骨骼得到骨髓的充分滋养，则坚固有力。如果肾精虚少，骨髓的化源不足，不能营养骨骼，骨骼便会软弱无力，甚至发育不良。

3）肾开窍于耳及二阴。耳的听觉功能依赖于肾精的充养。肾精充足，则听觉灵敏；肾精不足，则出现耳鸣、听力减退等。二阴是前阴与后阴的总称。前阴包括尿道和生殖器。尿液的储存和排泄虽为膀胱的功能，但须依赖肾的气化作用才能完成。因此，凡尿频、遗尿或尿少、尿闭，多与肾的功能失常有关。后阴指肛门。粪便的排泄虽由大肠所主，但中医认为也与肾有关。如肾阴不足可致肠液枯涸而便秘；肾阳虚衰，脾失温煦，水湿不运，可致大便泄泻；肾气不固，可致久泄、滑脱。

4）肾主水。是指肾具有主持全身水液代谢、维持体内水液平衡的作用。肾有司开阖的作用。开，则水液得以排出；阖，则机体需要的水液得以在体内潴留。如果肾的气化正常，则开阖有度，尿液排泄也就正常。如果肾主水的功能失调，开阖失度，就会引起水液代谢紊乱。如阖多开少，可见尿少、水肿；如开多阖少，则尿多、尿频。

2．六腑

腑，将饮食物腐熟消化，传化糟粕，受盛和传化水谷，“泻而不藏”。包括胆、胃、大肠、小肠、膀胱、三焦六个器官（六腑），大多是指胸腹腔内一些中空有腔的器官，它们具有消化食物，吸收营养、排泄糟粕的功能。除此之外，还有“奇恒之腑”，指的是在五脏六腑之外，生理功能方面不同于一般腑的一类器官，包括脑、髓、骨、脉、女子胞等（见表 9—5）。

表9—5　　六腑特性

类别	五行	特　性
胆	木	附于肝，与肝相连，和肝共同发挥疏泄作用。胆内储藏胆汁，因胆汁清净，又称为“中精之腑”
胃	土	位于膈下，上接食道，下连小肠。分上、中、下三部。上口为贲门，称为上脘；下口为幽门，称为下脘；上下脘之间名为中脘。主要功能是受纳和熟腐水谷
小肠	火	上连于胃，下通大肠。主要功能是“受盛”“化物”和“泌别清浊”。吸收具有营养作用的精华部分，归之于脾，转输五脏，排除其糟粕
大肠	金	上端接小肠，交换之处称阑门；下端为肛门。生理功能是传化糟粕
膀胱	水	位于小腹，接受由肾和三焦下注的水液，有储藏和排泄小便的作用
三焦	火	上中下三焦的总称。因它不是一个具体的脏器，而是人体胸腹之上中下三部及其所在脏腑的概括，有“孤腑”“外腑”之别称。主要功能是运行水液，敷布元气，主持诸气，司人体气化以推动脏腑的功能活动。病理上，上焦病包括心、肺的病变，中焦病包括脾、胃的病变，下焦病主要指肝、肾的病变

（1）胆。居六腑之首，与肝相连，互为表里。胆储存胆汁，是肝的精气所化生，胆汁注入小肠，以助食物消化，是脾胃运化能够正常进行的重要条件。胆汁的化生和排泄，受肝的疏泄功能控制和调节。肝的疏泄功能正常，则胆汁排泄畅达，脾胃运化功能也健旺；反之，胆汁排泄不利，影响脾胃的消化功能，也可以出现胆汁外溢而导致黄疸。

（2）胃。又称胃脘，分上、中、下部。胃的主要功能是储纳食物，腐熟水谷，胃气以降为顺。胃的迫降作用还包括小肠将食物残渣输于大肠及大肠传化糟粕的功能。即主受纳、腐熟水谷，主通降。

（3）小肠。小肠位于腹腔，通过胃消化后的饮食水谷进入小肠，进一步消化，吸收其中的营养，排除其糟粕。主受盛化物和辨别清浊。小肠有了问题就会出现消化吸收功能障碍，大小便异常，如腹痛、腹泻、少尿等。

（4）大肠。传导小肠的剩余食物残渣，再吸收多余水分，形成粪便，排出体外。

（5）膀胱。尿液为津液所化，在肾的气化作用下，其浊者下输于膀胱，并由膀胱暂时储存，当储留至一定程度时，在膀胱气化作用下以排出体外。膀胱的病变，主要表现为尿频、尿急、尿痛；或小便不利，尿有余沥，甚至尿闭；或遗尿、小便失禁等。

（6）三焦。三焦也是人体六腑之一。三焦不是一个独立的器官，而是指人体部位的划分，即横膈以上为上焦，包括心、肺等；横膈以下到脐为中焦，包括脾、胃等，脐以下为下焦，包括肝、肾、大小肠、膀胱等。三焦与心包络相表里。

上焦主气司呼吸，主血脉，其特点是主宣发，将饮食物所化生的水谷精气敷布周身，中焦主运，即腐熟水谷，运化精微，以化气血，下焦主分别清浊、排泄尿液与大便，其具有向下、向外排泄的特点。

二、脏腑间的关系

1. 脏与脏之间的关系

（1）心与肝。心为血液循环的动力，肝是储藏血液的一个重要脏器，所以心血旺盛，肝血储藏也就充盈，既可营养筋脉，又能促进人体四肢、百骸的正常活动。如果心血亏虚，引起肝血不足，则可导致血不养筋，出现筋骨酸痛、手足拘挛、抽搐等。又如肝郁化火，可以扰及于心，出现心烦失眠等。

（2）心与脾。脾所运化的精微，需要借助血液的运行，才能输布于全身。而心血必须依赖于脾所吸收和转输的水谷精微所生成。另外，心主血，脾统血，脾的功能正常，才能统摄血液。若脾气虚弱，可导致血不循经。

（3）心与肺。心主血，肺主气。人体脏器组织机能活动的维持，是有赖于气血循环来输送养料。血的正常运行虽然是心所主，但必须借助于肺气的推动，而积存于肺内的宗气，要灌注到心脉，才能畅达全身。

（4）心与肾。心肾两脏，互相作用，互相制约，以维持生理功能的相对平衡。在生理状态下，心阳不断下降，肾阴不断上升，上下相交，阴阳相济，称为“心肾相交”。在病理情况下，若肾阴不足，不能上济于心，会引起心阳偏亢，两者失调，称“心肾不交”。

（5）肝与脾。肝藏血，脾主运化水谷精微而生血。如脾虚影响血的生成，可导致肝血不足，出现头晕、目眩、视物不清等。肝喜条达而恶抑郁，若肝气郁结，横逆犯脾，可出现腹痛、腹泻等。

（6）肝与肺。肝之经脉贯膈而上注于肺，两者有一定联系，肝气升发，肺气肃降，关系到人体气机的升降运行。若肝气上逆，肺失肃降，可见胸闷喘促。肝火犯肺，又可见胸胁痛、干咳或痰中带血等。

（7）肝与肾。肾藏精，肝藏血，肝血需要依赖肾精的滋养，肾精又需肝血不断地补充，两者互相依存。肾精不足，可导致肝血亏虚。反之，肝血亏虚，又可影响肾精的生成。若肾阴不足，肝失滋养，可引起肝阴不足，导致肝阳偏亢或肝风内动的症候，如眩晕、耳鸣、震颤、麻木、抽搐等。

(8) 脾与肺。脾将水谷的精气上输于肺，与肺吸入的精气相结合，而成宗气（又称肺气）。肺气的强弱与脾的运化精微有关，故脾气旺则肺气充。由脾虚影响到肺时，可见食少、懒言、便溏、咳嗽等。临床上常用“补脾益肺”的方法去治疗。又如患慢性咳嗽、痰多稀白、体倦食少等症，病证虽然在肺，而病根则在于脾，必须用“健脾、燥湿、化痰”的方法，才能收效。“肺为储痰之器，脾为生痰之源”，这些都是体现脾与肺的关系。

(9) 脾与肾。脾阳依靠肾阳的温养，才能发挥运化作用。肾阳不足，可使脾阳虚弱，运化失常，则出现五更泄泻、食谷不化等。反之，若脾阳虚衰，也可导致肾阳不足，出现腰膝酸冷、水肿等。

(10) 肺与肾。

1) 肺为水之上源，肾为主水之脏：肺主一身之气，水液只有经过肺气的宣发和肃降，才能达到全身各个组织器官并下输膀胱，故称“肺为水之上源”。而肾阳为人体诸阳之本，其气化作用有升降水液的功能，肺肾相互合作，共同完成正常的水液代谢。肺肾两脏在调节水液代谢中，肾主水液的功能居于重要地位，所以有“其本在肾，其标在肺”之说。

2) 肺为气之主，肾为气之根：肺司呼吸，肾主纳气，呼吸虽为肺主，但需要肾主纳气作用来协助。只有肾的精气充沛，吸入之气，经过肺的肃降，才能使之下归于肾，肺肾互相配合共同完成呼吸的生理活动。肺主肃降，通调水道，使水液下归于肾。肺、肾二脏功能失调，可引起水液滞留而发生水肿。

2. 脏与腑之间的关系

脏与腑是表里互相配合的，一脏配一腑，脏属阴为里，腑属阳为表。脏腑的表里由经络来联系，即脏的经脉络于腑，腑的经脉络于脏，彼此经气相通，互相作用，因此，脏与腑在病变上能够互相影响，互相传变。

脏腑表里关系是：心与小肠相表里；肝与胆相表里；脾与胃相表里；肺与大肠相表里；肾与膀胱相表里；心包与三焦相表里。

(1) 心与小肠经络相通，互为表里。心属里，小肠属表，心之阳气下降于小肠，帮助小肠区别食物中的精华和糟粕。心经有热可出现口舌糜烂，如果心火过盛，可移热于小肠，出现小便短赤、灼痛、尿血等症状，反之，小肠有热，也可引起心火亢盛，出现心中烦热、面红、口舌生疮等。

(2) 肝与胆。胆附于肝，脏腑相连，经络相通，构成表里。胆汁来源于肝，若肝疏泄失常，会影响胆汁的正常排泄。反之，胆汁排泄失常，又会影响肝。故肝胆症候往往同时并见，如黄疸、胁痛、口苦、眩晕等。所以在治疗时肝胆同治。

(3) 脾与胃。脾与胃都是消化食物的主要脏腑，二者经脉互相联系，构成表里关系。故有“脾胃为后天之本”之说。在特性上，脾喜燥恶湿，胃喜润恶燥；脾主升，胃主降。在生理功能上，胃为水谷之海，主消化；脾为胃行其津液，主运化。二者燥湿相济，升降协调，胃纳脾化，共同完成水谷消化、吸收和转输的任务。胃气以下行为顺，胃气和降，则水谷得以下行。脾气以上行为顺，脾气上升，精微物质得以上输。若胃气不降，反而上逆，易出现呃逆、呕吐等。脾气不升，反而下陷，易出现久泄、脱肛、子宫下脱等。由于脾胃在生理上密切相关，在病理上互相影响，所以常脾胃并论，脾胃同治。

(4) 肺与大肠经络相连，互为表里。若肺气肃降，则大肠气机得以通畅，以发挥其传导功能。反之，若大肠保持其传导通畅，则肺气才能清肃下降。例如，肺失其肃降之功，可能引起大肠传导阻滞，出现大便秘结。反之，大肠积滞不通，又可引起肺肃降失常，出现气短咳喘等。又如，在治疗上肺有实热，可泻大肠，使热从大肠下泄。反之，大肠阻滞，又可宣通肺气，以疏利大肠的气机。

(5) 肾与膀胱经络相通，互为表里。在生理上一为水脏，一为水腑，共同维持水液代谢的平衡（以肾为主)。膀胱的排尿功能和肾气盛衰有密切关系。肾气充足，尿液可以及时分泌并储存于膀胱而排出体外，若肾气虚而不能固摄，就会出现小便频繁、遗尿或失禁；肾虚气化不及，则出现尿闭或小便不畅。膀胱湿热，又可影响肾脏而出现腰痛、尿血等。

(6) 心包与三焦。心包是心的外围组织，三焦是脏腑的外围组织，经络相通，互为表里。例如，热病中的湿热合邪，稽留三焦，出现胸闷身重，尿少便溏，表示病邪仍在气分，如果向里传变，温热病邪，便由气分入营分，由三焦内陷心包，而出现昏迷、谵语等。

总之，内脏之间的联系很广泛。它们之间既有结构上的联络，也有功能上的联系。例如，脾的主要功能是主运化；但脾的运化，除了胃为主要配合外，也要依靠肝气的疏泄、肺气的输布，心血的滋养，肾阳的温煦，胆也参与其间。内脏之间的相互关系构成了人体活动的整体性，使得各种生理功能更为和谐协调，这对维持人体生命活动、保持健康有重要意义。脏腑之间无论是脏与脏、腑与腑，还是脏与腑都是互相联系的。

3. 腑与腑之间的关系

六腑是传导饮食物的器官，它们既分工又协作，共同完成饮食物的受纳、消化、吸收、传导和排泄过程。如胆疏泄胆汁，助胃化食；胃受纳腐熟，消化水谷；小肠承受吸收，分清泌浊；大肠吸收水分和传导糟粕；膀胱储存和排泄尿液；三焦是水液升降排泄的主要通道等，它们之间的关系十分密切，其中一腑功能失常，或发生病变，都足以影响食物的传化，所以说六腑是泻而不藏，以通为用。

六腑之间在病理上常相互影响，如胃有实热，伤及津液，可致大肠传导不利，出现便秘；大肠燥结，便秘不通，也会使得胃失和降，出现恶心、呕吐。此外，脾胃湿热，常熏蒸肝胆，使得胆汁外溢，而出现黄疸。胆火过盛，则会影响至胃，出现呕吐苦水等症状。

学习单元3　五 行 学 说

【学习目标】

1. 了解五行的含义
2. 熟悉五行的特性
3. 熟悉掌握五行的基本规律

【知识要求】

一、五行简介

五行最初专指五星（水星、火星、金星、木星、土星）的运行，至战国时代，著名阴阳家邹衍把地上的金、木、水、火、土这五种人们生活中不可缺少的物质，依照天上星象的五行运动，建立了五行学说，借以说明自然界多种事物之间更复杂的关系。并将其与阴阳学说结合起来，论述自然界事物的产生及运动规律，从而形成了中国传统哲学思想的源头。

1．五行的含义

五行即木、火、土、金、水五种物质及其运动变化。五行中的“五”（即木、火、土、金、水）是构成世界的五种物质，“行”，四通八达，流行和行用之谓，是行动、运动的古义，即运动变化、运行不息的意思。

2．五行的特性

五行各自的特性是古人在长期的生活和生产实践中，对木、火、土、金、水五种物质直观观察和朴素认识的基础上，进行抽象而逐渐形成的理性概念，是用以识别各种事物的五行属性的基本依据（见表 9—6）。

表 9—6　　五行特性

五行	特　　性
木	“木曰曲直”是指树木的生长，具能曲能直的特性，引申为具有能屈能伸、舒展升发等性质和作用的事物，均属于木
火	“火曰炎上”是指火具炎热和向上的特性，引申为具有温热、向上等性质和作用的事物，均属于火
土	“土曰稼穑”是指土具种植和收获的特性，引申为具有收纳、承载、生化等性质和作用的事物，均属于土
金	“金曰从革”是指金属具有能变革的特性，引申为肃杀、收敛、沉降等性质和作用的事物，均属于金
水	“水曰润下”是指水具有润泽和向下的特性，引申为具有滋润、向下、寒凉、闭藏等性质和作用的事物，均属于水

二、五行的基本规律

1．五行相生、相克

五行之间存在相生、相克的联系规律，相生，即相互促进、助长之意；相克，即相互制约、克服、抑制之意。生克是五行学说用以概括和说明事物联系和发展变化的基本观点。

五行相生的规律是木生火、火生土、土生金、金生水、水生木；五行相克的规律是木克土、土克水、水克火、火克金、金克木。

在相生关系中，任何一行都具有“生我”“我生”两方面的关系，生我者为母，我生者为子，所以，相生关系又称为“母子关系”。

在相克关系中，任何一行都具有“克我”“我克”两方面关系，我克者为“我所胜”，克我者为我“所不胜”，所以，相克关系又称为“所胜”“所不胜”的“相胜”关系。

2．五行制化、胜复

五行系统结构之所以能够保持动态平衡和循环运动，主要在于其本身客观存在两种自行调节机制和途径。一种是正常情况下的“制化”调节；另一种则是在反常情况下的“胜复”调节。制，即制约。化，是生化。所谓制化调节，主要是指五行系统结构在正常状态下，通过相生和相克的相互作用而产生的调节作用，又称为“五行制化”。胜，即“胜气”；复，即“复气”，又称“报气”。五行中某一行过于亢盛，或相对偏盛，则引起其所不胜行（即“复气”）的报复性制约，从而使五行系统复归于协调和稳定。这种按相克规律的自我调节，称为五行胜复。

（1）木能克土，土能生金，金又能克木，从而使木不亢不衰，故能滋养火，而使火能正常生化。若木之太过，土受伤矣，土之子金，出而制焉。

（2）火能克金，金能生水，水又能克火，从而使火不亢不衰，故能滋养土，而使土能正常生化。若火之太过，金受伤矣，金之子水，出而制焉。

（3）土能克水，水能生木，木又能克土，从而使土不亢不衰，故能滋养金，而使金能正常生化。若土之太过，水受伤矣，水之子木，出而制焉。

（4）金能克木，木能生火，火又能克金，从而使金不亢不衰，故能滋养水，而使水能正常生化。若金之太过，木受伤矣，木之子火，出而制焉。

（5）水能克火，火能生土，土又能克水，从而使水不亢不衰，故能滋养木。若水之太过，火受伤矣，火之子土，出而制焉。

五行往复循环。五行之中只要有一行过于亢盛，必然接着有另一行来克制它，从而出现五行之间的新的协调和稳定。因此，五行胜复，子复母仇，实指五行系统内部出现不协调时，系统本身所具有的一种反馈调节机制。这一反馈调节机制，可借以说明自然界气候出现异常时的自行调节，也可借以说明人体五个生理病理系统内部出现异常时的自我调节，并可指导治法的确定和方药的选择。

3．五行相乘、相侮

相乘与相侮，是五行关系在某种因素作用影响下所产生的反常现象。乘，即乘虚侵袭。侮，即恃强凌弱。

（1）相乘，即相克太过，超过了正常制约的力量，从而使五行系统结构关系失去正常的协调。此种反常现象的产生，一般有两种情况：一是被乘者本身不足，袭者乘其虚而凌其弱。二是袭者亢极，不受他行制约，恃其强而袭其应克之行。土生金，土多则金埋；火生土，火多则土焦；木生火，木多则火炽；水生木，水多则木漂；金生水，金多则水浊。“我”生过盛，泄我旺气，反受其害。金生水，水多则金沉；水生木，木多则水缩；木生火，火多则木焚；火生土，土多则火晦；土生金，金多则土弱。在五行运用的思辨中，“生我”过旺，“我生”过旺，都谓“相乘”。

（2）相侮，即相克的反向，又叫反克。“我克”者过强，我反会受伤，即为逆克。是五行系统结构关系失去正常协调的另一种表现。同样也有两种情况：一是被克者亢极，不受制约，反而欺侮克者。如金应克木，若木气亢极，不受金制，反而侮金，即为木（亢）侮金。二是克者衰弱，被克者因其衰而反侮之。如金本克木，若金气虚衰，则木因其衰而侮金，即为木侮金（衰）。金克木，木坚则金缺；木克土，土重则木折；土克水，水多则土流；水克火，火炎则水灼；火克金，金多则火熄。“我”过强，则必须以我生者“消泄”我的过旺之气。金过强，须水泄其旺；水过强，须木泄其汪；木过强，须火泄其势；火过强，须土止其焰；土过强，须金消其壅。

相乘与相侮，都属于不正常的相克现象，既有联系，又有区别。两者的区别在于：相乘是按五行相克次序的克制太过，相侮则是与相克次序相反方向的克制异常。

三、五行的运用

1．归属人体组织结构

中医学运用了五行类比联系的方法，根据脏腑组织的性能和特点，将人体的组织结构分属于五行系统，从而形成了以五脏（肝、心、脾、肺、肾）为中心，配合六腑（胆、小肠、胃、大肠、膀胱、三焦），主持五体（筋、脉、肉、皮毛、骨），开窍于五官（目、舌、口、鼻、耳），外荣于体表（爪、面、唇、毛、发）等的脏腑组织结构系统，为脏象学说的系统化奠定了基础。

此外，中医学根据“天人相应”的观点，运用事物属性的五行归类方法，将自然界的有关事物或现象也进行了归属，并与人体脏腑组织结构的五行属性联系起来。如人体的五脏、六腑、五体、五官等与自然界的五方、五季、五味、五化等相联系，这样就把人体与自然环境统一起来，反映了人体内外环境之间的相互收受通应关系。例如春应于东方，风气主令，故气候温和，阳气生发，万物滋生，人体的肝气与之相应，故肝气旺于春（见表9—7）。

表 9—7　人体与自然界的五行归属

自然界						五行	人体					
五味	五色	五化	五气	五方	五季		五脏	六腑	五官	形体	情志	五声
酸	青	生	风	东	春	木	肝	胆	目	筋	怒	呼
苦	赤	长	暑	南	夏	火	心	小肠	舌	脉	喜	笑
甘	黄	化	湿	中	长夏	土	脾	胃	口	肉	思	歌
辛	白	收	燥	西	秋	金	肺	大肠	鼻	皮毛	悲	哭
咸	黑	藏	寒	北	冬	水	肾	膀胱	耳	骨	恐	呻

2．说明五脏病理变化的相互影响

脏腑病变的相互影响和传递，谓之传变，即本脏之病可以传至他脏，他脏之病亦可以传于本脏。从五行规律来说，则病理上的传变主要体现于五行相生的母子关系及五行相克的乘侮关系。

（1）相生关系传变，包括“母病及子”和“子病犯母”两种情况：

1）母病及子，又称“母虚累子”，系病变从母脏传来，并依据相生方向传于属子的脏器。临床多先见母脏病候，继则又见子脏病候。如水不涵木证，即肾阴亏虚，不能滋养肝阴，阴不制阳，以致肝阳虚亢，临床可见腰膝酸软、耳鸣遗精、眩晕、健忘、失眠、急躁易怒、咽干口燥、五心烦热、颧红盗汗等。

2）子病犯母，又称“子盗母气”，系病变从子脏传来侵及属母的脏器，临床多见先有子脏病候，继则又见母脏病候。如心肝火旺证，即心火亢盛而致肝火上炎，可见心烦失眠、狂躁谵语、口舌生疮、舌尖红赤疼痛等，又兼见烦躁易怒、头痛眩晕、面红目赤等。

（2）相克关系传变，包括“相乘传变”和“相侮传变”两种情况：

1）相乘传变，即相克太过而致疾病传变。如木亢乘土，即肝脾不和证或肝胃不和证，临床多见肝气横逆，侵及脾胃，导致消化吸收功能紊乱。多先见肝病征候，继则又见脾气虚弱或胃失和降征候。如肝气横逆，可见烦躁易怒、胸闷胁痛、眩晕头痛等。横逆犯胃则继见恶心、嗳气、泛酸、呕吐等。横逆犯脾则继见纳呆、厌食、脘腹胀满、大便溏泄等。

2）相侮传变，即反克为病。如木火刑金，即肝火犯肺之症，临床多见心肝火旺，肝火亢逆，上犯肺金，灼伤肺津或肺络，一般先见胸胁疼痛、口苦、烦躁易怒、脉弦数等肝火亢盛之症，继则又见咳嗽，甚则咯血，或痰中带血等肺失清肃之候。由于肝病在前，肺病在后，病变由被克脏传来，故属相侮规律传变。

（3）说明脏腑生理功能与某些相互联系。中医学根据五行的特性，用以说明五脏的某些生理特性和功能作用。如木性可曲可直，条顺而畅达，肝属木，故肝喜条达而恶抑郁，并有疏泄的功能；火性温热而炎上，心属火，故心阳有温煦的功能，心火易于上炎；土性敦厚，有生化万物的特性，脾属土，故脾有消化水谷，运输精微，营养五脏六腑、四肢百骸的功能，又为气血生化之源；金性清肃收敛，肺属金，故肺具有清宣肃降的功能；水性润下，有下行、闭藏之性，肾属水，故肾主水液代谢的蒸化排泄，并有藏精功能，如图9—7所示。

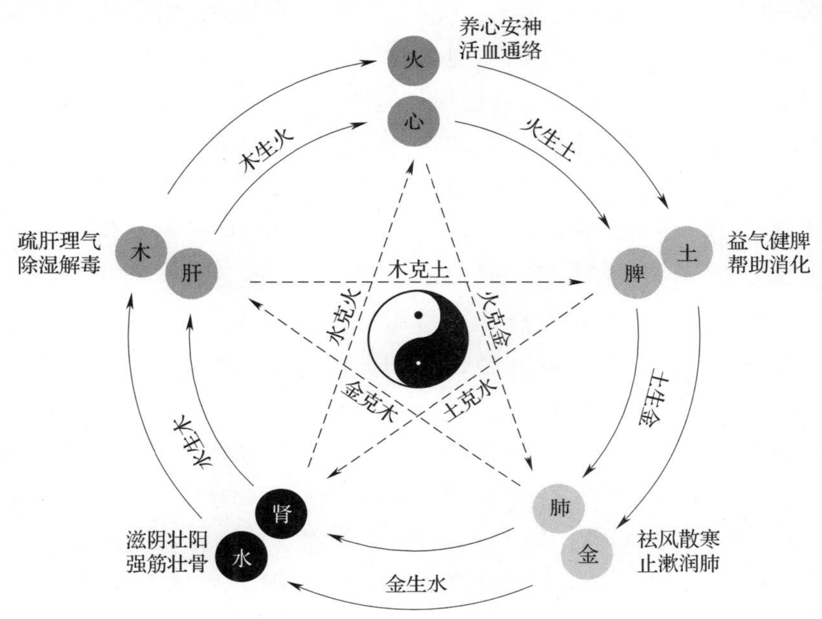

图 9—7　五行与五脏图

3．五行养生

金、木、水、火、土引申出五色——白、青、黑、红、黄。如果每餐都能食用五色的食品，也可做到五行相生，调和五脏，从而滋补身体的机能。

(1) 木。属木的时令是春季。春天和风煦日，万物复苏，正是草木生发的时机。相应的器官是肝、胆、眼睛等，相应的味道是酸味。相应的食物是青色食品。春季最重要的是养肝。工作劳累时第一要维护的就是肝脏。五行按肝→心→脾→肺→肾这个方向相生，肝过劳虚弱，心、脾、肺、肾都会被波及，而且过劳积累的怒气也会伤肝。所以加班时不妨准备一些酸味的零食。可以多吃一些属木的青色食物。青色食品含有大量叶绿素、维生素及纤维素，能协助器官加速排出体内的毒素，如猕猴桃、西芹和菠菜等。

(2) 火。属火的时令是夏季。夏季万物茂盛，气候炎热，如同播火。相应的器官是心、小肠、舌。相应的味道是苦味。相应的食物是赤色食品。夏天是一年中最热的季节，心属火，火性很热，而且向上蔓延。易上火，心绪不宁，所以夏季最重要的是养心。除了多吃养心食物之外，根据五行相克原理，肾克制心火，冬季补养肾气是个有远见的方法。

养心的食物为赤色食物，通常这种颜色给人的感觉就是温、热，它们对应的是同为红色的血液及负责血液循环的心脏，气色不佳、四肢冰冷的虚寒体质人可以多吃一些，如红豆、红枣、胡萝卜、红辣椒、西红柿等。

（3）土。属土的时令是长夏。这是指在夏天中干热过去，开始下雨的一段时间，暑热多湿，正是万物蔬果生长的时期，与土性相应。相应的器官是脾、胃、口。相应的味道是甘味。相应的食物是黄色食物。长夏多雨，是一年中最湿的时期。湿气过多会伤害脾胃，脾胃受伤影响食欲，所以盛夏季节人们总是没有胃口。这时在饮食上就要“多甘多苦”，多吃甜的食物能补充脾气；按五行来讲，属火的心滋养属土的脾，多吃苦味强心的结果也是健脾。土系器官出现问题，对应的是黄色食物。脾、胃在人体中扮演着养分供给者的角色，它们调理好了，气血才会旺盛，可多吃橙、南瓜、玉米、黄豆、甘薯等。

（4）金。属金的时令是秋季。秋天西风萧瑟，万物凋敝，符合金性。相应的器官是肺、大肠、鼻。相应的味道是辛味。相应的食物是白色食品。秋天最应该保养的是肺，最容易出现的症状是咳嗽。秋天萧瑟西风，草木开始枯萎，很容易让人感时伤怀，心情抑郁。悲属金，跟肺同源，过度悲伤就会造成肺损伤。金系食物大多是白色食物。性偏平、凉，能健肺爽声，还能促进肠胃蠕动，强化新陈代谢，让肌肤充满弹性与光泽，如梨、白萝卜、山药、杏仁、百合、银耳等。

（5）水。属水的时令是冬季。冬季万物蛰藏，冷气袭人，水寒成冰，冰封大地，与水性相合。相应的器官是肾、膀胱、耳。相应的味道是咸味。相应的食物是黑色食物，如黑豆、黑芝麻、蓝莓、香菇、黑枣等。

学习单元4　气血津液与美容

【学习目标】

1. 熟悉气的来源和作用
2. 了解气机失调的表现
3. 熟悉血、津液和精的功能

【知识要求】

气、血、津液，是构成人体的基本物质，也是维持人体生命活动的基本物质。气、血、津液，是人体脏腑、经络等组织器官生理活动的产物，也是这些组织器官进行生理活动的物质基础。气，是不断运动着的、具有很强活力的精微物质；血，是指血液；津液，是机体一切正常水液的总称。从气、血、津液的相对属性来分阴阳，则气具有推动、温煦等作用，属于阳；血和津液，都有是液态物质，具有濡养、滋润等作用，属于阴。

一、气

1．气的含义

一是指维持人体生命活动的基本物质，如饮食中的水谷之气，吸入之清气（即氧气）等，即所谓“人之有生，全赖此气”。二是指生命活动的动力，如脏腑之气。所以，气有物质和功能两种含义。

2．气的来源与生成

气分先天之气和后天之气。先天之气也称为元气，禀受于父母，由先天之精化生而成；后天之气为由肺吸入之清气与脾胃运化水谷所产生的水谷精微之气结合而成。先天之气与后天之气合称为真气或称正气。“正气”为诸气之本。各种不同名称之气，都是在正气支配下发挥作用的。由于气的活动范围及其作用不同，而气的名称亦因之而异。

3．气的分布

真气充遍全身，无时不有，无所不至，以营养机体，维持正常的生理功能，所以真气是人体生命活动的物质基础和内在动力。真气偏盛偏衰直接关系着人体的健康情况。所谓“正气存内，邪不可干；邪之所凑，其气必虚”，就是说明正气旺盛不易患病，正气虚衰容易患病的道理。由于气的分布部位不同而有不同的名称：

（1）元气。与生俱来的，称“元气”，藏之于肾，又称“先天之气”。“元气”受于父母，为先天之精所化生，元气通行于全身，能激发和推动脏腑功能活动，是人体生命的原动力。

（2）宗气。吸入自然之气和水谷所化生的精气，两者结合于肺，称为“宗气”，藏之于胸，又称“后天之气”。是一身之气的运行输布的出发点。“宗气”上出气道以司呼吸，下注心脉以推动血液的循环。凡言语、声音、呼吸的强弱和气血的运行，肢体的寒温，生理活动机能等，都和宗气的盛衰有关。

（3）营气。宗气贯入血脉里的营养之气，行于脉中，经肺入血，称为“营气”。行于脉道之中，运行于周身上下、表里各部，营养五脏六腑、四肢百骸。

（4）卫气。宗气输布于体表、行于脉外的部分称为“卫气”。卫气宣发于体表，温润皮肤、肌肉、滋润腠理，司汗孔的开阖，以防御外邪。例外邪侵入机体，卫气即起而抗邪，故发生恶寒、战栗、汗毛竖起等症状。卫气胜邪，则恶寒解，热退病除，反之，则寒热不消，疾病继续发展。

（5）五脏六腑之气。简称“脏气”。如肺的呼吸机能称为“肺气”；胃的饮食消化机能称为“胃气”。例如，心有心气，脾有脾气，肝有肝气，肾有肾气等。脾胃居于中焦，故脾胃的机能活动除称为脾胃之气外，又称为“中气”。它具有增强消化、吸收，升清降浊，统摄血液等作用。心气不足，则出现心悸、气短等；脾气不足，则有食欲不振、腹胀便溏等。可见，各脏腑之气是维持其生理功能的动力。

4．气的作用

人体各部的功能以及机体的一切生命活动过程，无不体现在气的推动作用。以上各气，虽然名称不同、分布各异，但总体而言有下列作用：

（1）推动作用。气可以促进人体生长发育，激发各脏腑组织器官的功能活动，推动经气的运行、血液的循行，以及津液的生成、输布和排泄。

（2）温煦作用。气的运动是人体热量的来源。气维持并调节着人体的正常体温，气的温煦作用保证着人体各脏腑组织器官及经络的生理活动，并使血液和津液能够始终正常运行而不致凝滞、停聚。

（3）防御作用。气具有抵御邪气的作用。一方面，气可以护卫肌表，防止外邪入侵；另一方面，气可以与入侵的邪气做斗争，以驱邪外出。

（4）固摄作用。气可以保持脏腑器官位置的相对稳定，并可统摄血液防止其溢于脉外；控制和调节汗液、尿液、唾液的分泌和排泄，防止体液流失；固藏精液，以防遗精滑泄。

（5）气化作用。气化作用即在通过气的运动可使人体产生各种正常的变化，包括精、气、血、津液等物质的新陈代谢及相互转化。实际上，气化过程就是物质转化和能量转化的过程。

气的各种功能相互配合，相互为用，共同维持着人体的正常生理活动。比如，气的推动作用和气的固摄作用是相互的，一方面，气推动血液的运行和津液的输布、排泄；另一方面，气控制和调节着血液和津液的分泌、运行和排泄。推动和固摄的相互协调，使正常的功能活动得以维持。

5．气机失调

气的运动被称为气机，气的功能是通过气机来实现的。气的运动的基本形式包括升、降、出、入四个方面，并体现在脏腑、经络、组织、器官的生理活动之中。例如，肺呼气为出，吸气为入，宣发为升，肃降为降。又如，脾主升清，胃主降浊。气机的升降出入应当保持协调、平衡，这样才能维持正常的生理活动。气机失调，即气的升降出入运行失常，是指疾病在其发展过程中，由于致病因素的作用，导致脏腑经络之气的升降出入运动失常。

(1) 气滞。是指气机郁滞，气的运行不畅所致的病理状态。气应通畅，周流全身，一旦精神抑郁，情志不舒，或因食滞，痰湿郁阻，影响气机不得宣畅，均可引起气滞，导致某些脏腑经络的功能障碍。可引起局部的胀满或疼痛，形成血瘀、水湿、痰饮等病理产物。如肺气壅滞、肝郁气滞、脾胃气滞等。其主要表现为胸痞脘闷、胁肋胀痛、腹痛食减、便秘、痰多喘满等。

(2) 气逆。是指气的上升过度，下降不及，而致脏腑之气逆上的病理状态。多由于情志所伤，或饮食寒温不适，或痰浊壅阻等因素所致。多见于肺、胃和肝等脏腑。如气逆在肺，则肺失肃降，肺气上逆，而发作咳逆，气喘；气逆在胃，则胃失和降，胃气上逆，表现为恶心、呕吐或呃逆、嗳气；气逆在肝，则肝气逆上，头痛而胀，胸胁胀满，易怒等症。一般来说，气逆于上多以实证为主，但也有因虚而气上逆者，如肺气虚而肃降无力，或肾气虚而失于摄纳，则都可导致肺气上逆；胃气虚，和降失职，也能导致胃气上逆，这是因虚而致气上逆的病机。

(3) 气虚。造成气虚的原因，多系体质虚弱或久病失调以及各组织器官机能衰退。其主要表现为少气、懒言、语言低微、心悸、自汗、头晕、耳鸣、倦怠乏力、食少、脉虚等。此外，脱肛、子宫下脱等也属气虚的范畴。

(4) 气陷。是以气的升举无力为主要特征的一种病理状态，多由气虚发展而来。若素体虚弱，或因久病耗伤，脾气虚损不足，致使清阳不升，中气下陷，则可出现胃下垂、肾下垂、子宫脱垂、脱肛等。

二、血

血即血液，是构成人体和维持人体生命活动的基本物质之一。血液必须在脉管中运行，才能发挥其正常的生理效应。脉则具有阻遏血液逸出的功能，故又有“血府”之称。如因某些原因而致血液逸出脉外，则失去其正常的营养和滋润生理作用，即为出血，又称为“离经之血”。

1. 血的生成

血液主要由营气和津液所组成。其生成主要有两个方面：

(1) 脾胃为气血生化之源。血液主要来源于水谷精微，而水谷精微之化生，则主要靠中焦脾胃的运化和吸收。所以，血液是由水谷精微转化为营气和津液，营气和津液经过气化变化而成的。至于血液的更新与生成过程，中医学则强调要通过营气和肺脉的作用，方能化生为新鲜的血液。

（2）精血互生。精与血之间存在相互转化的关系。血能生精，而肾精又是化生血液的重要物质。另外，肾能藏精生髓，髓则藏于骨内。现代医学认为骨髓是重要的造血器官，此与中医学精血互生理论亦有相通之处。一般来说，肾中精气充盛，则肝有所养，血有所充；肝血充盈，则肾有所藏，精有所资，故又有“精血同源”之说。

2．血的生理功能

血具有营养和滋润全身的生理功能，又是神志活动的物质基础。

（1）滋养作用。血在脉中循行，内至脏腑，外达皮肉筋骨，不断对全身各脏腑组织器官起着充分的营养和滋润作用，以维持正常的生理活动。血的营养和滋润作用具体体现在面色的红润、肌肉的丰满和壮实、皮肤和毛发的润泽有华、感觉和运动的灵活自如等方面。如果血的生成不足或持久地耗损，或血的营养和滋润作用减退，则可见头昏目花、毛发干枯、肌肤干燥、肢体麻木等临床表现。

（2）血能养神。血为神志活动的物质基础。人的精力充沛，神志清晰，感觉灵敏，活动自如，均有赖于血气的充盛，血脉的调和与流利。故无论何种原因所形成的血虚或运行失常，均可出现不同程度的神志方面的异常。如心血虚、肝血虚，常有惊悸、失眠、多梦等神志不安等表现。失血甚者，还可出现烦躁、恍惚、昏迷等神志失常的病理表现。可见，血液与神志活动有密切关系。血液供应充足，其神志活动方能维持。

3．血病的常见证候

血病的常见证候可概括为血虚证、血瘀证和血热证。

（1）血虚证。症状：面色萎黄或苍白、唇色淡白、神倦乏力、头晕眼花、心悸失眠、手足麻木、妇女经量少、延期甚或闭经，舌质淡、脉细无力。病因病机：久病耗伤，或病失血（吐、衄、便、溺血、崩漏等），或后天脾胃虚弱，生化不足等诸因皆能令人血虚。

（2）血瘀证。症状：局部痛如针刺，部位固定，或有肿块，或见出血，血色紫暗，有血块，而色晦暗，口唇及肌肤甲错，舌质紫暗，或有瘀斑、脉涩等。病因病机：因气滞而血凝，或血受寒而脉阻，或热与血而相结，或外伤等血溢于经，导致瘀血内停，出现血瘀证。

（3）血热证。症状：心烦，躁扰发狂，口干喜饮，身热以夜间为甚，舌红绛，脉细数，或见吐、衄、便、尿血及斑疹等，妇女月经提前、量多、色深红等。病因病机：外感热邪侵入，或五志郁火等所致。血分热盛，心神受扰，故烦躁，甚则发狂；血属阴，热入于内，发热至夜尤甚；阴血受灼，则口干喜饮；热盛血耗，不能充盈于脉，故脉细数；热迫血妄行，血络受损，必见出血，妇女月经也必见量多而提前等。

三、津液

1．津液的概念

津液是机体一切正常水液的总称。包括各脏腑组织器官的内在体液及其正常的分泌物，如胃液、肠液、涕、泪等。津液同气和血一样，也是构成人体和维持人体生命活动的基本物质。津与液虽然同属于水液，都来源于饮食物，有赖于脾和胃的运化功能而生成，但由于津和液在其性状、功能及其分布部位等方面有所不同，因而也有一定区别。一般而言，性质较清稀、流动性较大，分布于体表皮肤、肌肉和孔窍，并能渗注于血脉之中，起滋润作用的称为津；性质较稠厚，流动性小，灌注于骨节、脏腑、脑、髓等组织，起濡养作用的称为液。津和液之间可以相互转化，故津与液常同时并称。

2．津液的生理功能

津液有滋润和濡养的生理功能。可以滋润皮毛、肌肤、眼、鼻、口腔等，濡养内脏、骨髓及脑髓。另外，津液可以化生血液，并有滋养、滑利血脉的作用，是组成血液的主要成分。此外，津液的代谢还有助于体温的恒定及体内废物的排出。

四、精

1．精的含义

一是指生殖有关的精，即先天之精；二是指五脏之精，由饮食水谷而来，即后天之精。先天之精禀受于父母，藏于肾，是人类生殖繁衍的基本物质，后天之精，由饮食水谷经脾胃运化后，产生之精微物质，藏于五脏，作为人体生命活动的基本物质，叫五脏之精。五脏之精充盛，注入于肾，通过肾气的作用与先天之精结合转化为肾精。当机体发育到一定阶段，生殖机能成熟时，肾精又能转化为生殖之精。先天之精和后天之精互相依存，没有先天之精，不可能有后天之精，而先天之精又必须依赖后天之精不断滋生。

2．精的功能

（1）繁衍生殖。生殖之精与生俱来，为生命起源的原始物质，具有生殖以繁衍后代的作用。

（2）生长发育。人之生始于精，由精而成形，精是胚胎形成和发育的物质基础。人出生之后由精的充养，才能维持正常的生长发育。

（3）肾藏精，精生髓，脑为髓海。故肾精充盛，则脑髓充足而肢体行动灵活，耳目聪敏。精盈髓充则脑自健，脑健则能生智慧，强意志，利耳目，轻身延年。精生髓，髓可化血，精足则血充，故有精血同源之说。

（4）濡润脏腑。人以水谷为本，受水谷之气以生，饮食经脾胃消化吸收，转化为精。水谷精微不断输送到五脏六腑等全身各组织器官之中，起着滋养作用，维持人体的正常生理活动。其剩余部分则归藏于肾，储以备用：肾中所藏之精，既储藏又输泄，如此生生不息。

学习单元5　经 络 学 说

【学习目标】

1. 了解经络的组成与功能
2. 熟悉十二经脉的交接与流注
3. 熟悉、掌握人体各部的常用穴位

【知识要求】

一、经络概述

经络学说是祖国医学基础理论的核心之一，源于远古，服务当今。经络是中医美容的基础，针灸美容、气功美容、按摩推拿等均以经络学说为基础。它不仅是针灸、推拿、气功等学科的理论基础，而且对指导美容实践有十分重要的意义。

《内经》认为，十二经脉“内属于脏腑，外络肢节”，具有“行气血而营阴阳，儒筋骨，利骨节”的生理功能。《内经》又认为，邪气侵袭人体，“必先舍于皮毛，留而不去，才舍于孙脉；留而不去，才舍于络脉；留而不去，才舍于经脉；内连五脏，散于肠胃”。这是邪气通过经络从体表皮毛而逐渐里传入五脏六腑的病理过程。美容的目的就是疏通经络，实现美颜、保健、养生。

1．经络的概念

经络是经脉和络脉的总称。经，有路径的意思，经脉是经络系统中的主干，多循行于人体的深部；络，有网络的意思，是经脉的分支，多循行于人体较浅的部位。经脉有一定的循行路线，而络脉则纵横交错，网络全身。

经络是人体运行气血、联络脏腑形体官窍、沟通上下内外的通道。经络相贯，遍布全身，通过有规律地循行和广泛地联络交会，构成了经络系统，把人体五脏六腑、四肢百骸、器官孔窍以及皮肉筋骨等组织连接成一个有机整体。

2．经络系统的组成简介

经络系统由十二经脉、奇经八脉、十二经筋、十二经别、十二皮部，以及十五络脉和浮络、孙络等组成。

（1）十二经脉

十二经脉是经络系统的主体，也称为正经，具有表里经脉相合，与相应脏腑络属的主要特征。十二经脉是根据经脉起止点在手或在足而分为手、足经；根据经脉的主要循行部位而分阴阳、脏腑，如阴经多循行于四肢内侧，阳经多循行于四肢外侧，阴经属于脏，而阳经属于腑，其阴阳匹配关系见表9—8。

表9—8　经脉的阴阳脏腑匹配关系

阴	阳
太阴（肺、脾）	阳明（大肠、胃）
少阴（心、肾）	太阳（小肠、膀胱）
厥阴（心包、肝）	少阳（三焦、胆）

（2）奇经八脉

奇经八脉是人体内任脉、督脉、冲脉、带脉、阴跷脉、阳跷脉、阴维脉、阳维脉八条经脉的统称，是具有特殊作用的经脉，对其余经络起统率、联络和调节气血盛衰的作用。奇经八脉的作用如下：一是沟通十二经脉之间的联系，将部位相近、功能相似的经脉联系起来，起到统摄有关经脉气血，协调阴阳的作用；二是对十二经脉气血有着蓄积和渗灌的调节作用，奇经八脉犹如湖泊水库，而十二经脉之气则犹如江河之水。

（3）络脉

络脉又名别络，是由经脉分出行于浅层的支脉。也是十二经脉在四肢部以及躯干前、后、侧三部的重要支脉，有如许多支流一样，起沟通表里和渗灌气血的作用。十二经脉和任、督二脉各自别出一络，加上脾之大络，总称十五络脉，或十五别络。

十五络脉的作用：四肢部的十二经别络，加强了十二经中表里两经的联系，从而沟通表里两经的经气，补充十二经脉循行的不足。躯干部的任脉络、督脉络和脾之大络，分别沟通腹、背和全身经气，从而输布气血以濡养全身组织。

（4）十二经别

经别是十二经脉侧支分出，别行深入体腔的支脉。十二经别多从四肢肘膝关节以上开始离开正经分出，是谓“别行”，故称经别，这一过程为“离”；经过躯干深入体腔，与相关的脏腑联系，这一过程为“入”；再浅出体表上行头项部，是为“出”；在头项部，阳经经别合于本经的经脉，阴经经别合于与其相表里的经脉，如手太阴肺经经别合于手阳明大肠经经别，这一过程为“合”。经过这一过程，十二条经别会合为六组，称为“六合”。

十二经别的作用：加强十二经脉的内外联系及在体内的脏腑之间表里关系，补充十二经脉在体内外循行的不足。由于十经别通过表里相合的“六合”作用，使十二经脉中的阴经与头部发生了联系，从而扩大手足三阴经穴位的主治范围。此外，由于其加强十二经脉对头面的联系，故而也突出了头面部经脉和穴位的重要性及其主治作用。

(5) 十二经筋

十二经筋是十二经脉之气濡养筋肉骨节的体系，是十二经脉的外周连属部分。

十二经筋的分布规律：十二经筋均起于四肢末端，上行于头面胸腹部。每遇骨节部位则结于或聚于此，遇胸腹壁或入胸腹腔则散于或布于该部而成片，但与脏腑无属络关系。三阳经筋分布于项背和四肢外侧，三阴经筋分布于胸腹和四肢内侧。足三阳经筋起于足趾，循股外上行结于九页（面）；足三阴经筋起于足趾，循股内上行结于阴器（腹）；手三阳经筋起于手指，循臑外上行结于角（头）；手三阴经筋起于手指，循臑内上行结于贲（胸）。

十二经筋的作用：约束骨骼，完成运动关节和保护关节的功能。

(6) 十二皮部

十二皮部是十二经脉功能活动反映于体表的部位，也是络脉之气散布之所在。

十二皮部的分布规律：以十二经脉体表的分布范围为依据，将皮肤病划分为十二个区域。

十二皮部的作用：由于二十皮部居于人体最外层，又与经络气血相通，故是机体的卫外屏障，起着保卫机体、抵御外邪和反映病症的作用。

二、经脉

《灵枢·经脉》：“经脉者，所以能决死生，处百病，调虚实，不可不通。”

1．十二经脉的简介（见《中级美容师》一书）

2．十二经脉的流向与交接

(1) 循行走向。手三阴经从胸走向手，手三阳经从手走向头，足三阳经从头走向足，足三阴经从足走向腹（胸）。构成一个“阴阳相贯、如环无端”的循行径路。

凡属六脏（五脏加心包）的“阴经”，多循行于四肢内侧及胸腹。上肢内侧者为手三阴经，由胸走向手；下肢内侧者为足三阴经，由足走向腹（胸）。凡属六腑的“阳经”，多循行于四肢外侧及头面、躯干。上肢外侧者为手三阳经，由手走向头；下肢外侧者为足三阳经，由头走向足：阳经行于外侧，阴经行于内侧。经脉的循行走向如图9—8所示。

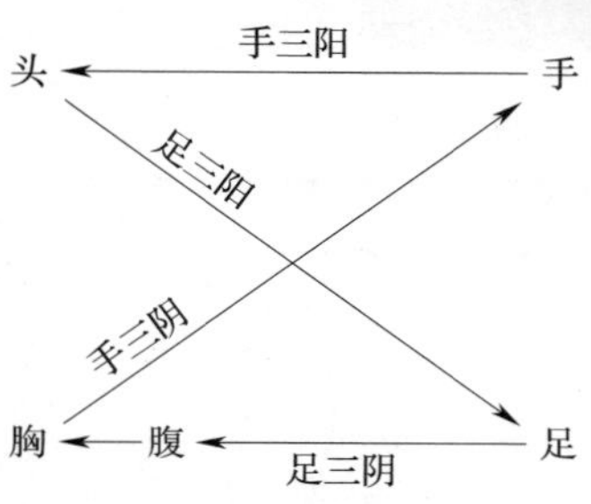

图9—8　经脉的循行走向

（2）十二经脉的交接与流注。阴经与阳经（互为表里）在手足末端相交，阳经与阳经（同名经）在头面部相交，阴经与阴经在胸部相交。

十二经脉是气血运行的主要通道，它们首尾相贯、依次衔接，因而脉中气血的运行也是循经脉依次传注的。由于全身气血皆由脾胃运化的水谷之精化生，故十二经脉气血的流注从起于中焦的手太阴肺经开始，依次流注各经，最后传至足厥阴肝经，复再回到手太阴肺经，从而首尾相贯，如环无端，如此循环往复，十二经脉的流注顺序如图9—9所示。

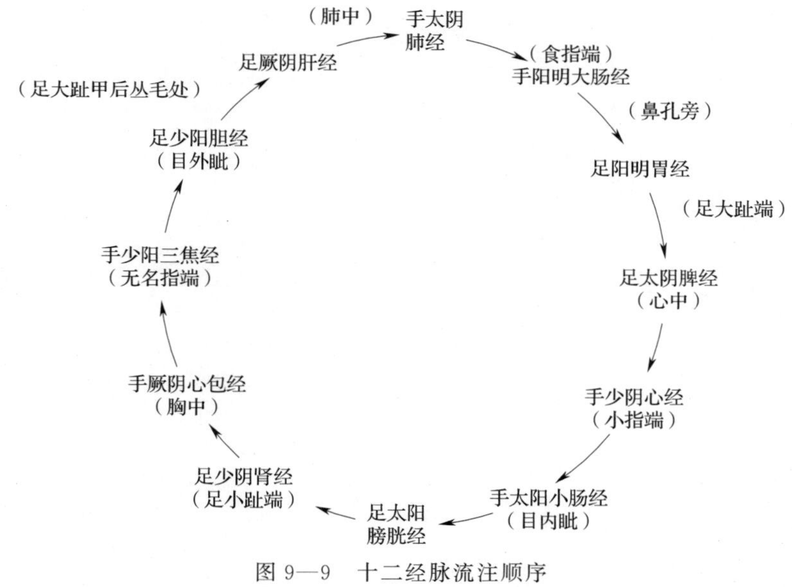

图9—9　十二经脉流注顺序

起于中焦，从手太阴肺→手阳明大肠→足阳明胃→足太阴脾→手少阴心→手太阳小肠→足太阳膀胱→足少阴肾→手厥阴心包→手少阳三焦→足少阳胆→足厥阴肝→手太阴肺。以上流注顺序就是气血运行在十二经脉中的顺序，如此循环往复，以营养全身各处。

3．奇经八脉的简介（见表 9—9）

表 9—9 奇经八脉的简介

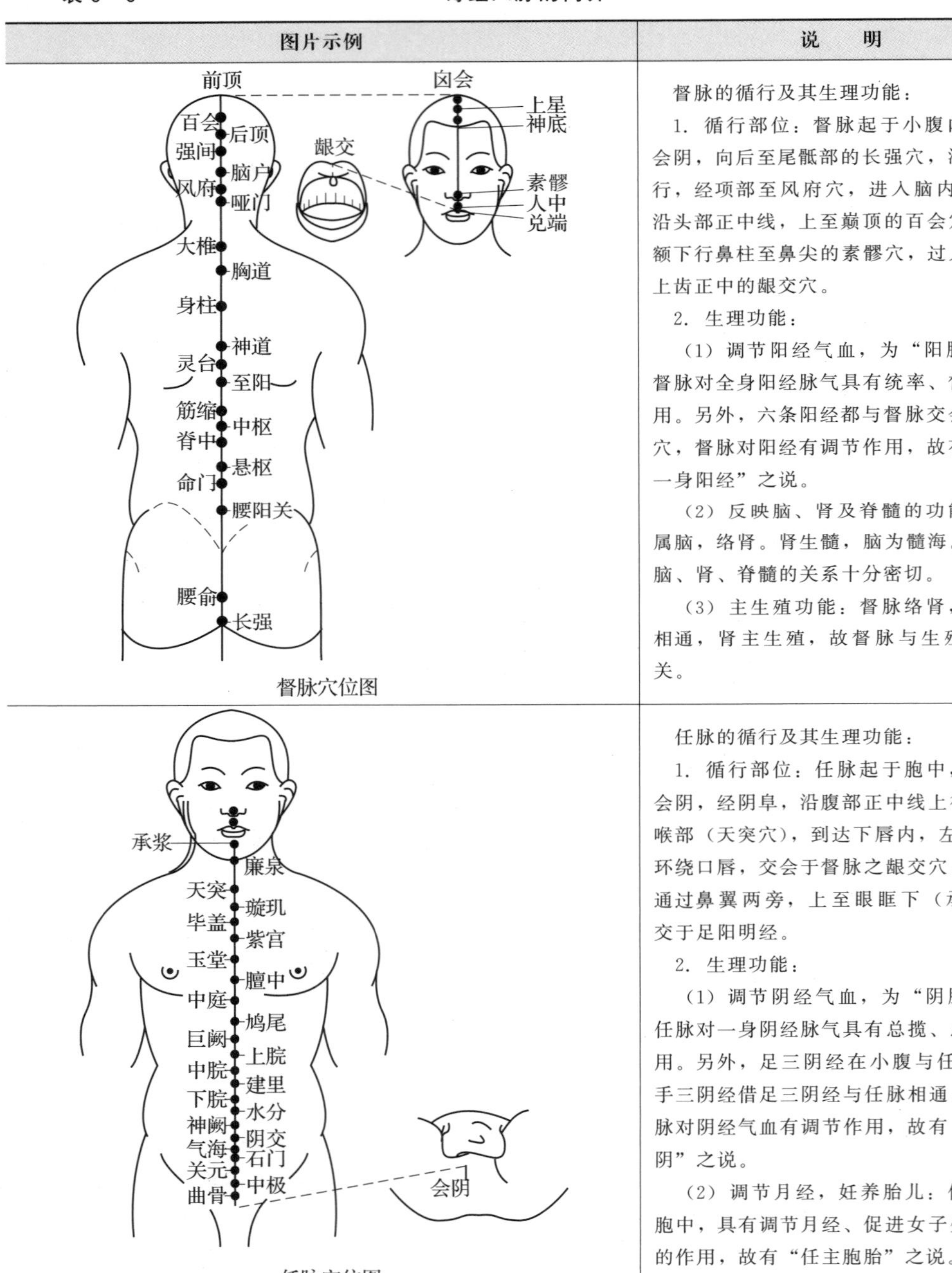

图片示例	说　　明
督脉穴位图	督脉的循行及其生理功能： 1. 循行部位：督脉起于小腹内，下出会阴，向后至尾骶部的长强穴，沿脊柱上行，经项部至风府穴，进入脑内，属脑，沿头部正中线，上至巅顶的百会穴，经前额下行鼻柱至鼻尖的素髎穴，过人中，至上齿正中的龈交穴。 2. 生理功能： （1）调节阳经气血，为“阳脉之海”：督脉对全身阳经脉气具有统率、督促的作用。另外，六条阳经都与督脉交会于大椎穴，督脉对阳经有调节作用，故有“总督一身阳经”之说。 （2）反映脑、肾及脊髓的功能：督脉属脑，络肾。肾生髓，脑为髓海。督脉与脑、肾、脊髓的关系十分密切。 （3）主生殖功能：督脉络肾，与肾气相通，肾主生殖，故督脉与生殖功能有关。
任脉穴位图	任脉的循行及其生理功能： 1. 循行部位：任脉起于胞中，下出于会阴，经阴阜，沿腹部正中线上行，经咽喉部（天突穴），到达下唇内，左右分行，环绕口唇，交会于督脉之龈交穴，再分别通过鼻翼两旁，上至眼眶下（承泣穴），交于足阳明经。 2. 生理功能： （1）调节阴经气血，为“阴脉之海”：任脉对一身阴经脉气具有总揽、总任的作用。另外，足三阴经在小腹与任脉相交，手三阴经借足三阴经与任脉相通，因此任脉对阴经气血有调节作用，故有“总任诸阴”之说。 （2）调节月经，妊养胎儿：任脉起于胞中，具有调节月经、促进女子生殖功能的作用，故有“任主胞胎”之说。

续表

图片示例	说　明
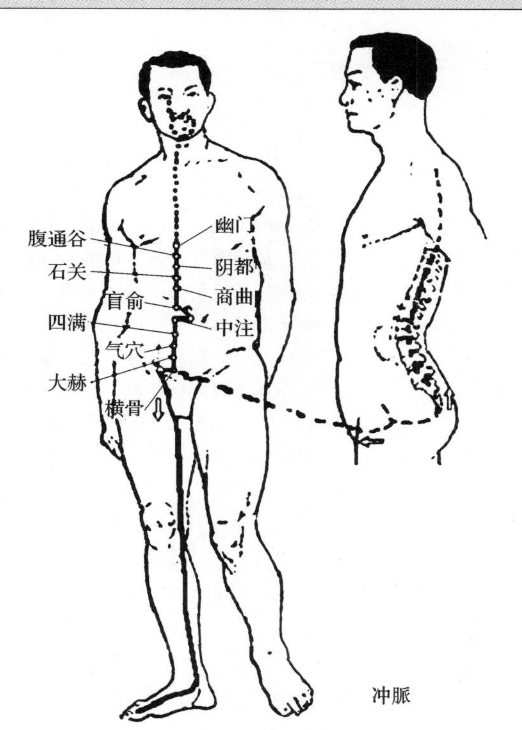 冲脉	冲脉的循行及其生理功能： 1. 循行部位：起于胞宫，下出于会阴，并在此分为二支。上行支：其前行者（冲脉循行的主干部分）沿腹前壁挟脐（脐旁五分）上行，与足少阴经相并，散布于胸中，再向上行，经咽喉，环绕口唇；其后行者沿腹腔后壁，上行于脊柱内。下行支：出会阴下行，沿股内侧下行到大趾间。 2. 生理功能： （1）调节十二经气血：有“十二经脉之海”“五脏六腑之海”和“血海”之称。 （2）主生殖功能：冲脉起于胞宫，又称“血室”“血海”。冲脉有调节月经的作用。 （3）调节气机升降：冲脉有调节某些脏腑（主要是肝、肾和胃）气机升降的功能。
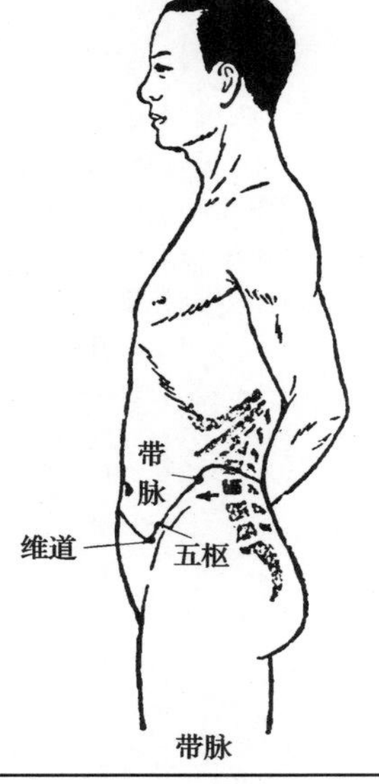 带脉	带脉的循行及其生理功能： 1. 循行部位：带脉起于季胁，斜向下行，交会于足少阳胆经的带脉穴，绕身一周，并于带脉穴处再向前下方沿髋骨上缘斜行到少腹。 2. 生理功能：约束纵行的各条经脉，司妇女的带下。

续表

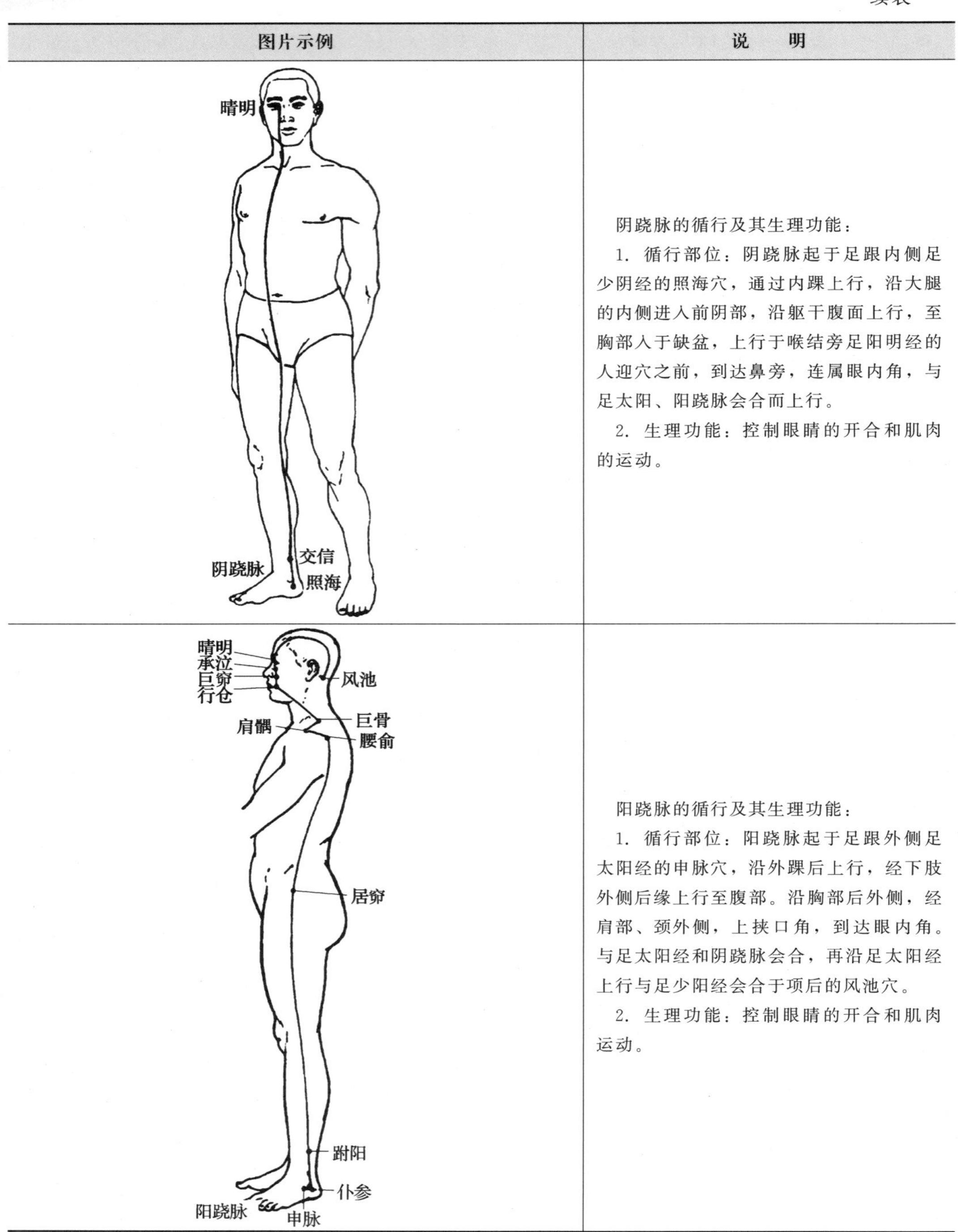

图片示例	说　明
	阴跷脉的循行及其生理功能： 1. 循行部位：阴跷脉起于足跟内侧足少阴经的照海穴，通过内踝上行，沿大腿的内侧进入前阴部，沿躯干腹面上行，至胸部入于缺盆，上行于喉结旁足阳明经的人迎穴之前，到达鼻旁，连属眼内角，与足太阳、阳跷脉会合而上行。 2. 生理功能：控制眼睛的开合和肌肉的运动。
	阳跷脉的循行及其生理功能： 1. 循行部位：阳跷脉起于足跟外侧足太阳经的申脉穴，沿外踝后上行，经下肢外侧后缘上行至腹部。沿胸部后外侧，经肩部、颈外侧，上挟口角，到达眼内角。与足太阳经和阴跷脉会合，再沿足太阳经上行与足少阳经会合于项后的风池穴。 2. 生理功能：控制眼睛的开合和肌肉运动。

续表

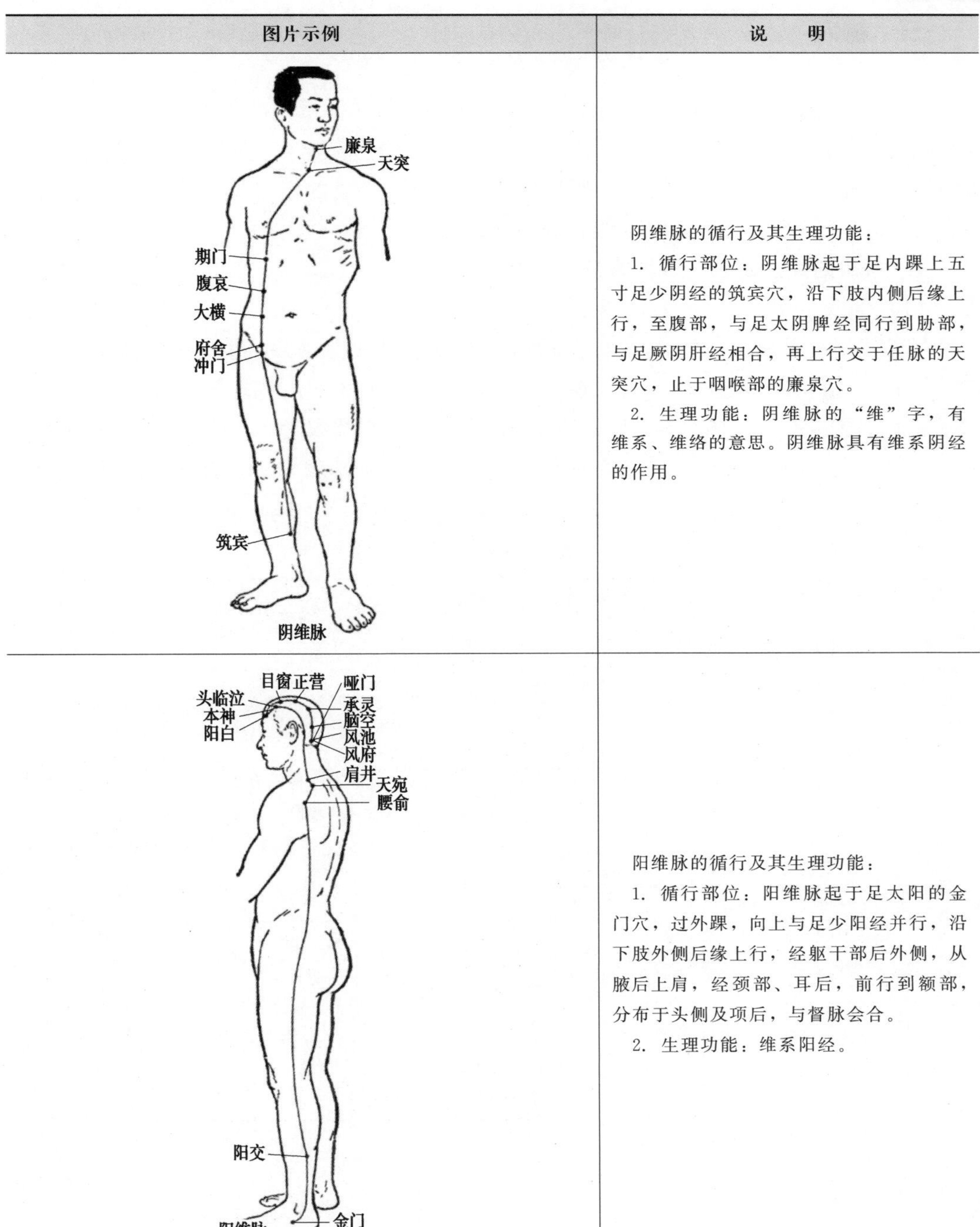

图片示例	说　　明
阴维脉	阴维脉的循行及其生理功能： 1. 循行部位：阴维脉起于足内踝上五寸足少阴经的筑宾穴，沿下肢内侧后缘上行，至腹部，与足太阴脾经同行到胁部，与足厥阴肝经相合，再上行交于任脉的天突穴，止于咽喉部的廉泉穴。 2. 生理功能：阴维脉的“维”字，有维系、维络的意思。阴维脉具有维系阴经的作用。
阳维脉	阳维脉的循行及其生理功能： 1. 循行部位：阳维脉起于足太阳的金门穴，过外踝，向上与足少阳经并行，沿下肢外侧后缘上行，经躯干部后外侧，从腋后上肩，经颈部、耳后，前行到额部，分布于头侧及项后，与督脉会合。 2. 生理功能：维系阳经。

三、腧穴

腧穴是人体脏腑经络之气血输注、会聚于体表的部位，这些部位大都处于人体经络循行的路线上，当针刺或指压、点穴后反应比较强烈，疗效比较显著。经络与腧穴的关系是经络以穴位为据点；穴位则以经络为通道。穴位的学名是腧穴、输穴 。腧与“输”通，有转输的含义，“穴”即孔洞的意思。

1．常用的腧穴定位与取穴方法

（1）骨度分寸法

骨度分寸法是将人体的各个部位分别规定其折算长度。作为量取腧穴的标准。如前后发际间为 12 寸；两乳间为 8 寸；胸骨体下缘至脐中为 8 寸；脐孔至耻骨联合上缘为 5 寸；肩胛骨内缘至背正中线为 3 寸；腋前（后）横纹至肘横纹为 9 寸；肘横纹至腕横纹为 12 寸；股骨大粗隆（大转子）至膝中为 19 寸；膝中至外踝尖为 16 寸；胫骨内侧髁下缘至内踝尖为 13 寸；外踝尖至足底为 3 寸（见表 9—10 及图 9—10、图 9—11）。

表 9—10　　常用骨度分寸表

分部	部位起点	常用骨度	度量法	说　明
头部	前发际至后发际	12 寸	直量	如前后发际不明，从眉心量至大椎穴作 18 寸。眉心至前发际 3 寸，大椎至后发际 3 寸
胸腹部	两乳头之间	8 寸	横量	胸部与胁肋部取穴直寸，一般根据肋骨计算，每一肋两穴间作 1 寸 6 分
	胸剑联合至脐中	8 寸	直量	
	脐中至趾骨联合上缘	5 寸		
背腰部	大椎以下至尾骶	21 椎	直量	背部直寸根据脊椎定穴，肩胛骨下角相当第七（胸）椎，髂嵴相当第十六椎（第四腰椎棘突）。背部横寸以两肩胛内缘作 6 寸
上肢部	腋前纹头至肘横纹	9 寸	直量	用于手三阴、手三阳经的骨度分寸
	肘横纹至腕横纹	12 寸		
下肢部	耻骨上缘至股骨内上髁上缘	18 寸	直量	用于足三阴经的骨度分寸
	胫骨内侧髁下缘至内踝尖	13 寸		
	股骨大转子至膝中	19 寸	直量	用于足三阳经的骨度分寸；“膝中”前面相当犊鼻穴，后面相当委中穴；臀横纹至膝中，作 14 寸折量
	膝中至外踝尖	16 寸	膝中至外踝尖	16 寸

（2）解剖标志法

1）固定标志

固定标志是指不受人体活动影响而固定不移的标志。如五官、毛发、指（趾）甲、

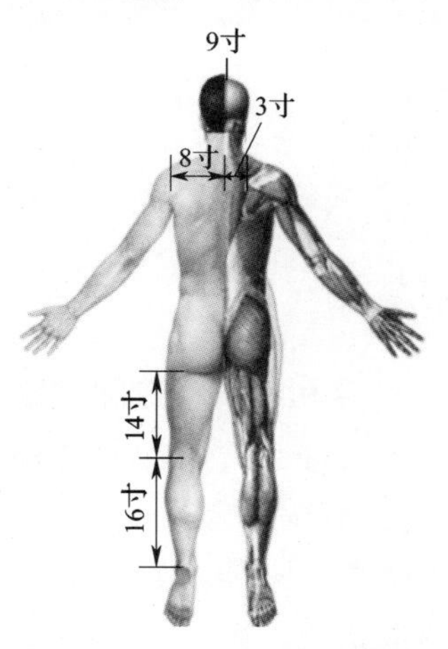

图 9—10 骨度分寸后面图

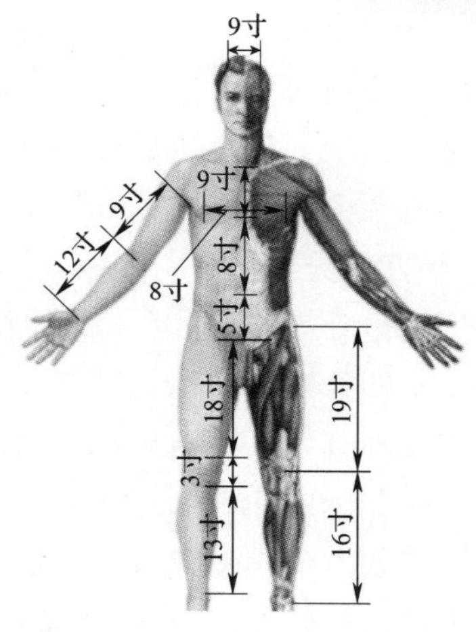

图 9—11 骨度分寸前面图

乳头、肚脐及各种骨节突起和凹陷部。这些自然标志固定不移，有利于腧穴的定位，如两眉之间取“印堂”，两乳之间取“膻中”等。

2）动作标志

动作标志是指必须采取相应的动作才能出现的标志。如张口于耳屏前方凹陷处取“听宫”；握拳于手掌横纹头取“后溪”等。

（3）手指同身寸法

手指同身寸法是以顾客的手指为标准，进行测量定穴的方法。临床常用以下三种，如图 9—12 所示。

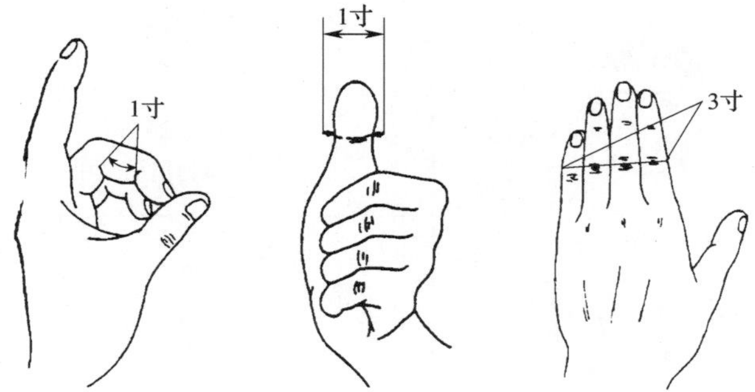

图 9—12 手指同身寸法

1）中指同身寸。是以顾客的中指中节屈曲时内侧两端横纹头之间作为 1 寸，可用于四肢部取穴的直寸和背部取穴的横寸。

2）拇指同身寸。是以顾客的拇指指关节的横度作为 1 寸，也适用于四肢部的直寸取穴。

3）横指同身寸。又名“一夫法”，是顾客将食指、中指、无名指和小指并拢，以中指中节横纹处为准，四指测量为3寸。

（4）简便取穴法

临床上常用一种简便易行的取穴方法，如两耳尖直上取“百会”，两手虎口交叉取“列缺”，垂手中指端取“风市”等。

2．腧穴的分类

腧穴可分为十四经穴、奇穴、阿是穴三类。

（1）十四经穴。简称“经穴”。十四经穴为位于十二经脉和任、督二脉的腧穴，是腧穴的主要部分。具有主治本经病症的共同作用。其中十二经脉腧穴均为左右对称的一名双穴；任脉穴和督脉穴分布于前后正中线上，一名一穴，为单穴。

（2）奇穴。奇穴是指既有一定的穴名，又有明确的位置但未能归属于十四经脉的腧穴，又称“经外奇穴”。这些腧穴对某些病证具有特殊的治疗作用。

（3）阿是穴。阿是穴又称天应穴、压痛点和不定穴等。这一类腧穴既无具体名称，又无固定位置，而是以压痛点或其他反应点作为取穴治病的依据。

四、十四经脉和主要穴位介绍

十四经脉和主要穴位见表9—11。

表9—11　　十四经脉和主要穴位

经脉	主要穴位	定位	主治要点
手太阴肺经 云门 中府 天府 侠白 尺泽 列缺 太渊 鱼际 少商	中府	位于胸前壁外上方，第一肋间隙，距前正中线6寸	咳嗽、气喘、胸痛、肩背痛
	尺泽	位于肘横纹肱二头肌肌腱桡侧线中	咳嗽、气喘、咳血、潮热、胸满、咽痛
	孔最	位于腕掌横纹上7寸	咳血、咳嗽、气喘、痔血、咽喉肿痛、热病无汗、肘臂挛痛
	列缺	位于腕掌横纹上1.5寸	外感头痛、项僵、咳嗽、气喘、咽痛、口歪、齿痛
	经渠	位于腕掌横纹上1寸	咳嗽、气喘、胸痛、咽痛、手腕痛

续表

经脉	主要穴位	定位	主治要点
	太渊	位于腕掌横纹桡侧端	外感、咳嗽、咽痛、胸痛、气喘、无脉症、腕臂痛
	鱼际	位于第一掌骨桡侧中点	咳嗽、哮喘、咽痛、咳血、失音、发热
	少商	位于拇指桡侧距指甲角一分	咽痛、发热、咳嗽、昏迷、癫狂、肢肿、麻木
手阳明大肠经 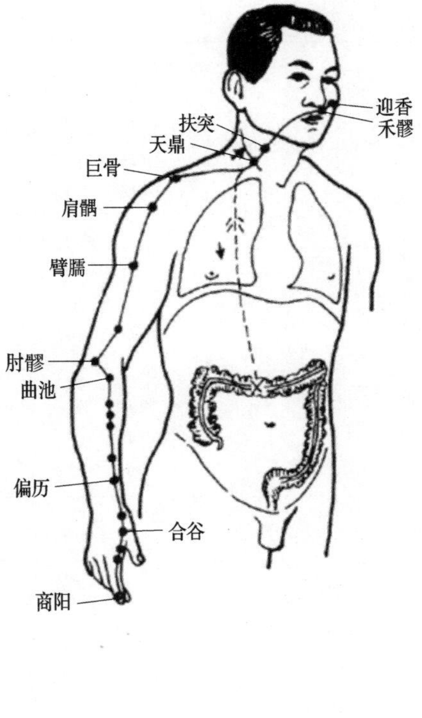	商阳	位于食指桡侧距指甲角一分	咽痛、齿痛、耳聋、热病、手指麻木、昏迷
	合谷	位于手背第二掌骨桡侧中点	头痛、齿痛、目赤肿痛、咽痛、耳聋、牙关紧闭、热病无汗、多汗、经闭、腹痛、便秘、上肢不遂
	阳溪	在腕背横纹桡侧，手拇指向上翘时，当拇短伸肌腱与拇长伸肌腱之间的凹陷中	头痛、目赤肿痛、耳聋、耳鸣、齿痛、咽喉肿痛、手腕痛
	手三里	在前臂背面桡侧，当阳溪与曲池连线上，肘横纹下 2 寸处	齿痛颊肿、上肢不遂、腹痛、腹泻
	曲池	位于肘横纹外端	主热病、咽痛、齿痛、目赤痛、头痛、眩晕、癫狂、上肢不遂、手臂肿痛、腹泻、月经不调
	臂臑	位于三角肌止点	肩臂痛、颈项拘挛、瘰疬、目疾
	肩髃	位于肩外展时，在肩峰前下方凹陷处	肩臂挛痛不遂
	迎香	位于鼻翼外缘鼻唇沟中	鼻塞、口歪、面痒、胆道蛔虫

续表

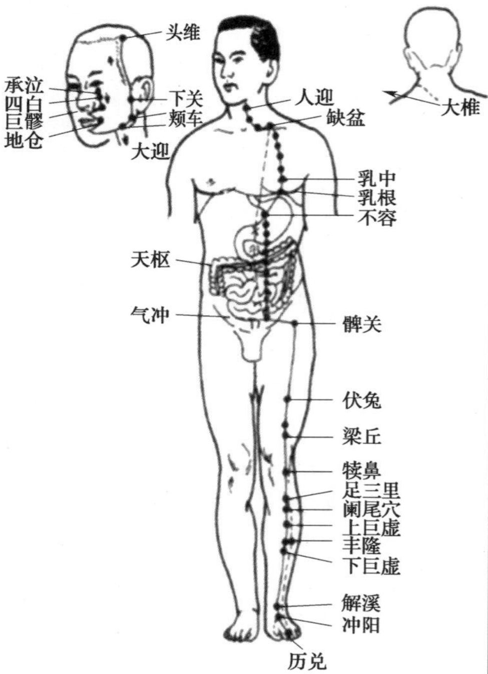

经脉	主要穴位	定位	主治要点
足阳明胃经	承泣	位于瞳孔直下，眶下缘上	目赤痛、流泪、夜盲、近视、眼睑瞬动、口歪、面肌痉挛
	四白	位于瞳孔直下，眶下孔中凹陷处	目赤肿痛、目异、眼睑瞬动、近视、面痛、口歪、胆道蛔虫症
	地仓	位于口角外上直瞳孔	口歪流涎、眼睑瞬动
	颊车	位于下颌角前上一横指处	主治，口歪、颊肿、牙痛、口紧不语
	天枢	位于神阙旁开2寸	腹胀、肠鸣、绕脐痛、便秘、泄泻、呕吐、症瘕、月经不调、痛经
	足三里	位于犊鼻下3寸，胫骨前缘一横指	胃痛、呕吐、打嗝、腹胀、腹痛、肠鸣消化不良、便秘、泄泻、痢疾、乳痈、虚劳累瘦、咳嗽、气喘、心悸、气短
	丰隆	在小腿前外侧，当外踝尖上8寸，距胫骨前缘二横指	咳嗽、痰多、哮喘、头痛、眩晕、癫狂痫、下肢萎闭
	冲阳	位于足背最高处，动脉波动中	胃痛、腹胀、口歪、面肿、牙痛、足背肿痛、足萎无力

续表

经脉	主要穴位	定位	主治要点
足太阴脾经 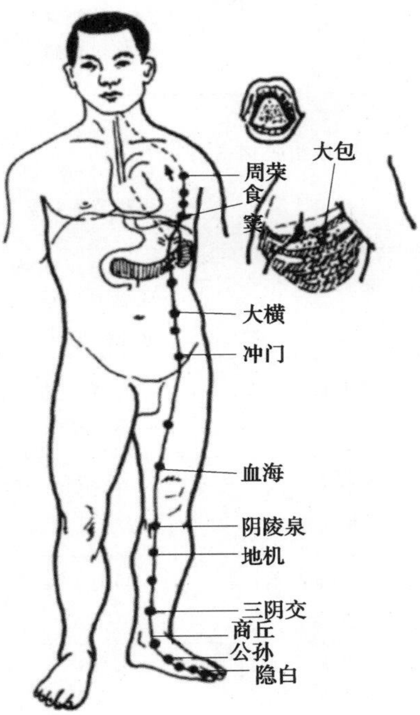	隐白	位于脚大趾内侧，距指甲角一分	月经过多、崩漏、尿血、便血、癫狂、梦言、梦多、惊风
	三阴交	位于内踝尖上 3 寸	月经不调、崩漏、带下、阴挺、经闭、难产、产后血晕、恶露不净、不孕、遗精
	阴陵泉	位于胫骨内侧斜后下方陷中	腹胀、水肿、黄疸、泄泻、小便失禁、阴痛、遗精、带下、膝痛
	血海	位于股四头肌内侧头隆起处	月经不调、经闭、崩漏、湿疹、隐疹、丹毒
	大横	位于脐旁 4 寸	泄泻、便秘、腹痛
	胸乡	在胸外侧部，第 3 肋间隙，距前正中线 6 寸	胸胁胀痛
	大包	位于腋中线，第六肋间隙	咳喘、胸胁胀痛、全身疼痛、四肢无力
手少阴心经 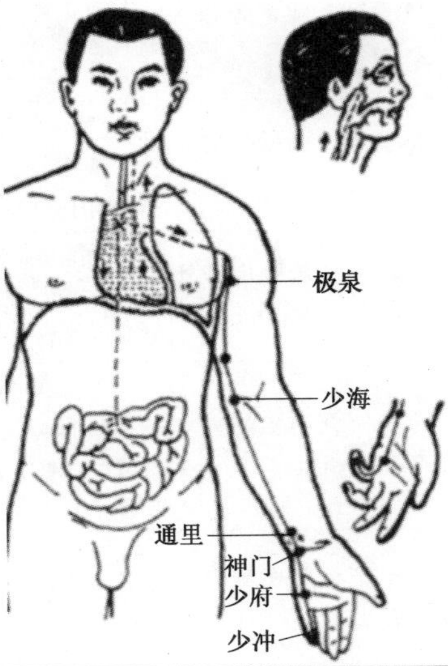	极泉	位于腋窝顶点	心痛、心悸、胸闷、气短、胁肋痛、肩臂痛、上肢不遂
	少海	位于肘横纹内侧端	心痛、腋胁痛、肘臂挛痛、麻木、手颤
	神门	位于腕掌横纹尺侧端，尺侧腕曲肌腱的桡侧凹陷中	失眠、健忘、痴呆、癫痫、心痛、心烦、心悸
	少冲	位于小指桡侧距指甲角一分	心悸、心痛、癫狂、热病、昏迷、胸胁痛

续表

经脉	主要穴位	定位	主治要点
手太阳小肠经 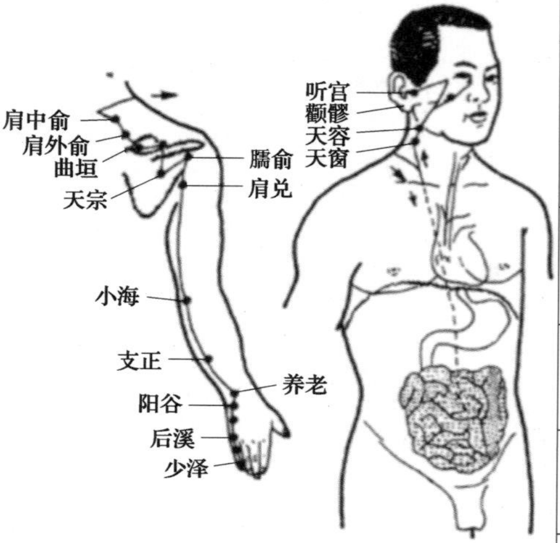	少泽	位于手小指尺侧，距指甲角一分	头痛、咽痛、乳痛、乳汁少、耳聋、耳鸣、热病、昏迷
	后溪	位于小指尺侧本节后	头项僵痛、腰背痛、耳聋、咽痛、手指及手臂挛急
	养老	位于尺骨小头近端桡侧凹陷处	头痛、面痛、急性腰痛、项僵、上肢酸痛
	肩贞	位于腋后纹头上1寸	肩背疼痛、手臂麻痛、耳鸣
	肩外俞	位于第一胸椎棘突下旁开3寸	肩背痛、颈项强急
	听宫	位于耳屏前，张口凹陷处	耳鸣、耳聋、听耳、牙痛
足太阳膀胱经 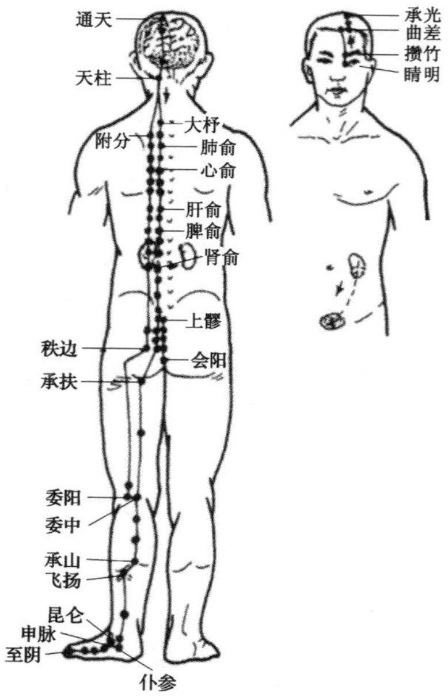	天柱	位于后发际下缘，大筋外侧，中线旁开1.5寸	头痛、眩晕、项僵、肩背痛、鼻塞、目疾
	风门	位于第二胸椎旁开1.5寸	伤风、咳嗽、发热、头痛、项僵、肩背痛
	肺俞	位于第三胸椎棘突下旁开1.5寸	咳嗽、气喘、咳血、鼻塞、骨蒸潮热、倒汗、皮肤瘙痒
	心俞	位于第五胸椎旁开1.5寸	心痛、心悸、心烦、失眠、健忘、梦呓、咳嗽、呕血
	肝俞	位于第九胸椎棘突下旁开1.5寸	黄疸、胁痛、脊背痛、目赤、视物不清、吐血、夜盲、眩晕
	胆俞	位于第十胸椎棘突下旁开1.5寸	黄疸、呕吐、食不化、胁痛、肺痨、潮热

续表

经脉	主要穴位	定位	主治要点
	脾俞	位于第十一胸椎棘突下旁开 1.5 寸	腹胀、呕吐、泄泻、痢疾、便血、呆纳、食不化、水肿、黄疸、背痛
	三焦俞	位于第一腰椎棘突下旁开 1.5 寸	水肿、小便不利、腹胀、肠鸣、泄泻、痢疾、腰背僵痛
	肾俞	位于第二腰椎棘突下旁开 1.5 寸	遗精、阳痿、月经不调、带下、遗尿、小便不利、水肿、耳鸣、耳聋、气喘、腰痛
	委中	位于腘窝中央	腰痛、下肢萎闭、腹痛、腹泻、小便不利、遗尿、丹毒
	承山	位于委中与昆仑之间	痔疾、便秘、腰腿痛、脚气
足少阴肾经 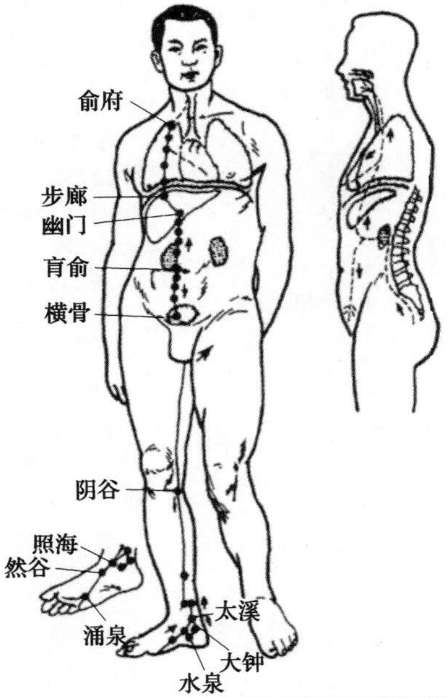 俞府 步廊 幽门 肓俞 横骨 阴谷 照海 然谷 涌泉 太溪 大钟 水泉	涌泉	位于足心的凹陷处	头痛、眩晕、昏厥、癫狂、小儿惊风、失眠、便秘、小便不利、舌干、咽痛、足心热、失音
	太溪	位于内踝尖与跟腱连线的中点	月经不调、遗精、阳痿、尿频、消渴、泄泻、腰痛、头痛
	照海	位于内踝尖下凹陷处	月经不调、痛经、带下、阴挺、阴痒、尿频、隆闭、咽喉干痛、痫症、失眠
	肓俞	位于脐旁五分	腹痛、腹胀、呕吐、泄泻、月经不调、疝气、腰脊痛
	俞府	位于锁骨下缘，距中线 2 寸	咳嗽、气喘、胸痛、呕吐

续表

经脉	主要穴位	定位	主治要点
手厥阴心包经 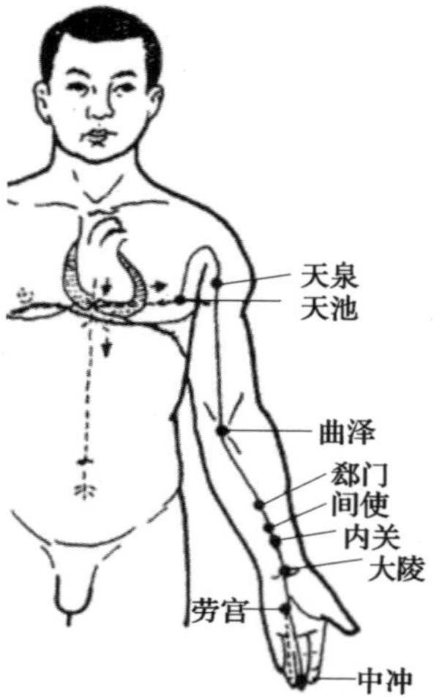	天池	位于第四肋间隙，乳中外1寸	咳嗽、气喘、乳痛、乳汁少、胸闷、胁痛
	曲泽	位于肘横纹中点	心痛、心悸、胃痛、呕吐、泄泻、肘臂痛
	间使	位于大陵上3寸	心痛、心悸、胃痛、呕吐、肘臂痛
	内关	位于大陵上2寸	心痛、心悸、胸闷、眩晕、癫痫、失眠、偏头痛、胃痛、呕吐、恶逆、肘臂挛痛
	大陵	位于腕掌横纹中点	心痛、心悸、癫狂、疮疡、胃痛、呕吐、手腕麻痛
	劳宫	位于握拳时中指尖处	口疮、口臭、癫痫、中风、昏迷
	中冲	位于中指尖端	中风、昏迷、中暑、心烦、心痛、舌僵肿痛
手少阳三焦经 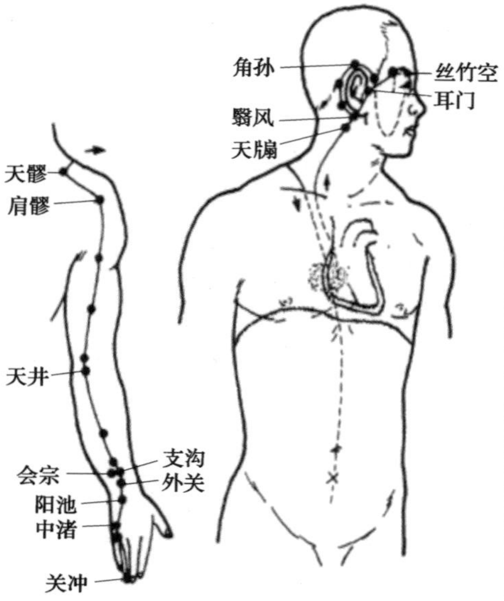	关冲	位于无名指尺侧，距指甲角一分	昏厥、中暑、头痛、目赤、耳聋、咽痛
	中渚	位于无名指尺侧本节后陷中	头痛、目赤、耳鸣、耳聋、咽痛热病、消渴、痢疾、手指屈伸不利、肘臂肩背疼痛
	外关	位于腕背横纹中点上2寸	热病、头痛、目赤、耳鸣、耳聋、胸胁痛、上肢萎闭
	支沟	位于腕背横纹中点上3寸	便秘、胁痛、热病、落枕、耳鸣
	角孙	位于头侧平耳尖	牙痛、痄腮、偏头痛、项僵
	耳门	位于耳屏上切迹的前方	耳鸣、耳聋、牙痛
	丝竹空	位于眉梢凹陷处	目赤肿痛、眼睑瞬动、目眩、头痛

续表

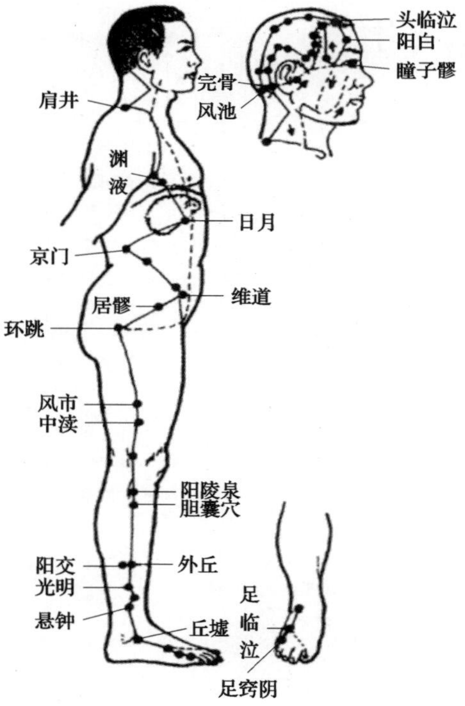

经脉	主要穴位	定位	主治要点
足少阳胆经	听会	位于下颌骨髁状突的后缘，张口有凹陷处	耳鸣、耳聋、听耳、牙痛、口歪、面痛
	风池	位于风府旁开 1 寸	头痛、眩晕、失眠、癫痫、中风、目赤、视物不明、鼻塞、耳鸣、咽喉痛、感冒、热病、颈项僵痛
	带脉	位于章门下 1.8 寸	带下、月经不调、阴挺、经闭、疝气、小腹痛、胁痛、腰痛
	环跳	位于股骨大转子与骶管裂孔的连线的外三分之一与中三分之一的交点处	下肢萎闭、半身不遂、腰腿痛
	风市	位于大腿外侧中线，腘横纹上 7 寸	下肢萎闭、全身瘙痒、脚气
	阳陵泉	位于腓骨头前下凹陷处	黄疸、口苦、呕吐、胁痛、下肢萎闭，膝髌肿痛
	悬钟	位于外踝尖上 3 寸，腓骨前缘	颈项僵痛、偏头痛、咽痛、胁痛、便秘
	足临泣	位于第四脚趾的外侧，本节后陷中	偏头痛、目赤、目眩、目涩、乳痈、乳胀、月经不调、足背肿痛、胁肋痛、痢疾

续表

经脉	主要穴位	定位	主治要点
足厥阴肝经 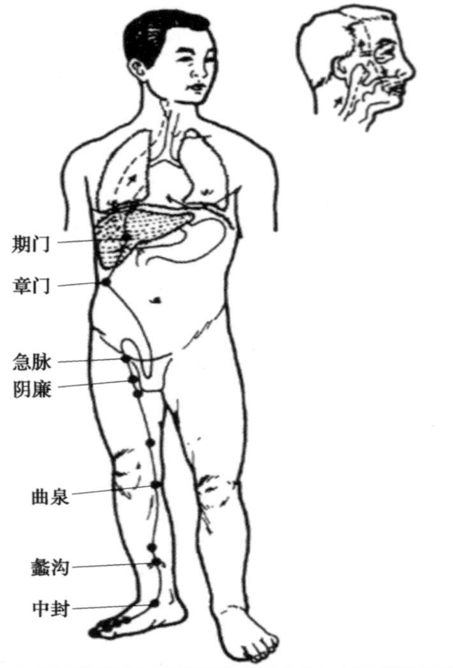	大墩	位于足大趾外侧，距指甲角一分	疝气、遗尿、经闭、崩漏、月经不调、癫痫
	太冲	位于足背第一趾骨间隙凹陷处	头痛、目眩、目赤、口歪、咽干、耳鸣、耳聋、崩漏、疝气、遗尿、癫痫、中风、胁痛
	蠡沟	位于内踝尖上五寸	睾丸肿痛、外阴瘙痒、小便不利、月经不调、带下、足胫肿痛
	曲泉	位于腘横纹内侧端	小腹痛、小便不利、淋症、隆闭、月经不调、痛经、阴挺、带下、遗精、阳痿、膝股疼痛
	章门	位于第十一肋端下方	腹胀、泄泻、痞块、胁痛、黄疸
督脉 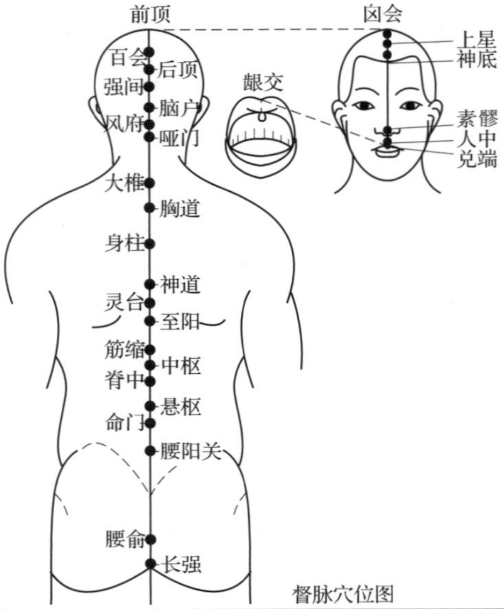	长强	位于尾骨端与肛门连线的中点	痔疮、脱肛、泄泻、便秘、癫狂、腰痛、尾骶痛
	腰阳关	位于第四腰椎棘突下	腰骶痛、下肢萎闭、月经不调、带下、遗精、阳痿
	命门	位于第二腰椎棘突下	腰痛、下肢萎闭、遗精、阳痿、早泄、赤白带下、遗尿、尿频、泄泻
	至阳	位于第七胸椎棘突下	黄疸、胸胁胀满、身热、咳嗽、气喘、胃痛、脊背痛

督脉穴位图

续表

经脉	主要穴位	定位	主治要点
	大椎	位于第七颈椎棘突下	热病、痢疾、咳嗽、气喘、癫痫、小儿惊风、感冒、胃寒、风疹、头项僵痛
	风府	位于后发际正中上1寸	头痛、眩晕、项僵、中风不语、半身不遂、目赤、咽喉肿痛
	百会	位于两耳间连线与督脉交点处	头痛、眩晕、中风、失语、癫狂、癫痫、失眠、健忘、脱肛、阴挺、久泄
	神庭	位于正中线入前发际五分	头痛、眩晕、失眠、癫痫、鼻渊、流泪、目痛
	素髎	位于鼻间正中央	鼻塞、酒糟鼻、目痛、惊觉、昏迷、窒息
	水沟（人中）	位于人中沟上三分之一与中三分之一交点处	昏迷、晕厥、中风、癫狂、癫痫、抽搐、口歪、唇肿、牙痛、鼻塞、牙关紧闭
任脉 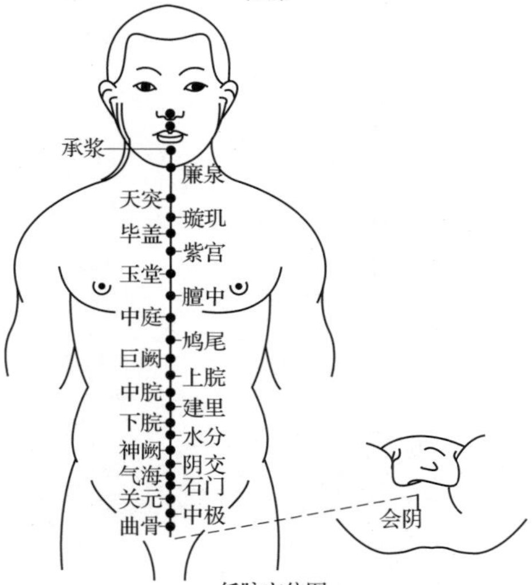 承浆 廉泉 天突 璇玑 华盖 紫宫 玉堂 膻中 中庭 鸠尾 巨阙 上脘 中脘 建里 下脘 水分 神阙 阴交 气海 石门 关元 中极 曲骨 会阴 任脉穴位图	关元	位于脐下3寸	虚劳、眩晕、中风虚症、阳痿、遗精、月经不调、痛经、闭经、带下、遗尿、尿频
	气海	位于脐下1.5寸	腹痛、泄泻、便秘、遗尿、阳痿、遗精、闭经、痛经、崩漏、带下
	神阙	位于肚脐中央	腹痛、久泻、脱肛、痢疾、水肿、虚脱
	水分	位于脐上1寸	腹痛、泄泻、呕吐、水肿、腹胀

续表

经脉	主要穴位	定位	主治要点
	中脘	位于脐上4寸	胃痛、呕吐、喷酸、腹胀、食谷不化、泄泻、黄疸、咳喘痰多、癫痫、失眠
	膻中	位于两乳间	胸闷、气短、胸痛、心悸、咳嗽、气喘、乳汁少、乳痈、呃逆、呕吐
	天突	位于胸骨上窝中央	咳嗽、哮喘、胸痛、咽喉肿痛、暴音、梅核气、打嗝
	承浆	位于颏唇沟正中凹陷处	口歪、唇紧、齿龈肿痛、流涎、口舌生疮、面痛、消渴、癫痫

第 10 章
中医美容应用

学习单元1 刮痧美容
学习单元2 温灸疗法

学习单元 1 刮 痧 美 容

【学习目标】

1. 熟悉刮痧的操作原理与禁忌
2. 熟悉刮痧的作用
3. 了解几种刮痧的操作方法

【知识要求】

一、刮痧美容概述

刮痧是传统的自然疗法之一，它是以中医理论为基础，用器具（牛角、玉石等）等在皮肤相关部位刮拭，以达到疏通经络、活血化瘀的目的。

1．刮痧的基本原理

刮痧的基本原理是基于人体的脏腑、营卫、经络、腧穴等学说之上的，遵循急则治其标的原则，通过运用一定的工具刮摩人体的皮肤，作用于某些腧穴（即刮痧的经穴部位）上，使局部皮肤发红充血，从而达到醒神救厥、解毒祛邪、清热解表、行气止痛、健脾和胃的效用。

相关链接

痧：传统医学记载，痧是指一切不正、秽浊的邪气侵入人体，而导致内部疾患在肌肤上的一种毒性反应，它是由于人体内阴阳失调，气血运行不畅，毒素产生蕴结于人体内，循经络外观于人体表面不同的颜色变化的一组症状。现代医学称似病非病。体检各项指标正常，又未发现器质性变化的为“亚健康”状况，中医学称为“痧症”或“痧病”。

刮痧：刮痧是指利用特殊器具刮拭皮肤，开泄皮肤毛孔，刺激皮肤毛细血管和神经末梢，振奋经络，开通腠理，流通气血，发挥调节功能，达到排除病邪、祛病强身的疗法，刮痧是一种提升人体自然痊愈能力的非药物疗法，也就是西医所指的提高“自然免疫力”，其作用原理是调整信息，平衡阴阳，舒经活络，活血化瘀。

2．刮痧美容的功效

刮痧疗法的作用部位是体表皮肤，刮痧可以扩张毛细血管，增加汗腺分泌，促进血液循环，对于中暑、肌肉酸痛等所致的风寒痹症都有立竿见影之效。经常刮痧，可起到调整经气、解除疲劳、提高加免疫力的作用，其主要功效如下：

（1）活血祛瘀。刮痧可调节肌肉的收缩和舒张，使组织间压力得到调节，以促进刮拭组织周围的血液循环，增加组织流量，从而起到“活血化瘀”“祛瘀生新”的作用。

（2）舒筋通络。肌肉附着点和筋膜、韧带、关节囊等受损伤的软组织，可发出疼痛信号，通过神经的反射作用，使有关组织处于警觉状态，肌肉的收缩、紧张直到痉挛，肌肉紧张和疼痛常互为因果关系，刮痧治疗消除了疼痛病灶，肌肉紧张、痉挛也就消除；如果使紧张的肌肉得以松弛，则疼痛和压迫症状也可以明显减轻或消失，同时有利于病灶修复。

（3）调整阴阳。刮痧对内脏功能有调整阴阳平衡的作用，如肠蠕动亢进者，在腹部和背部等处使用刮痧手法可使亢进者受到抑制而恢复正常。反之，肠蠕动功能减退者，则可促进其蠕动恢复正常。这说明刮痧可以改善和调整脏腑功能，使脏腑阴阳得到平衡。

刮痧疗法不仅能调畅气血，改善微循环，清除沉淀在皮肤深层的内毒素及其他代谢产物，疏通细胞营养供应渠道，而且能通经活络，调理脏腑，可以有效改善亚健康。不仅在养颜美容、祛斑、除痘、润泽皮肤、延缓衰老等方面有显著效果，而且简便易学，没有副作用。

二、刮痧美容的用品、用具

1．刮痧板

刮痧板一般是用水牛角加工而成的。水牛角，味属辛、咸、寒性。辛，具有行气活血的作用。寒，具有清热解毒和定惊的作用。刮痧板（见图 10—1）一般有鱼形刮痧板、三角形刮痧板、长方形刮痧板、梳形刮痧板等。

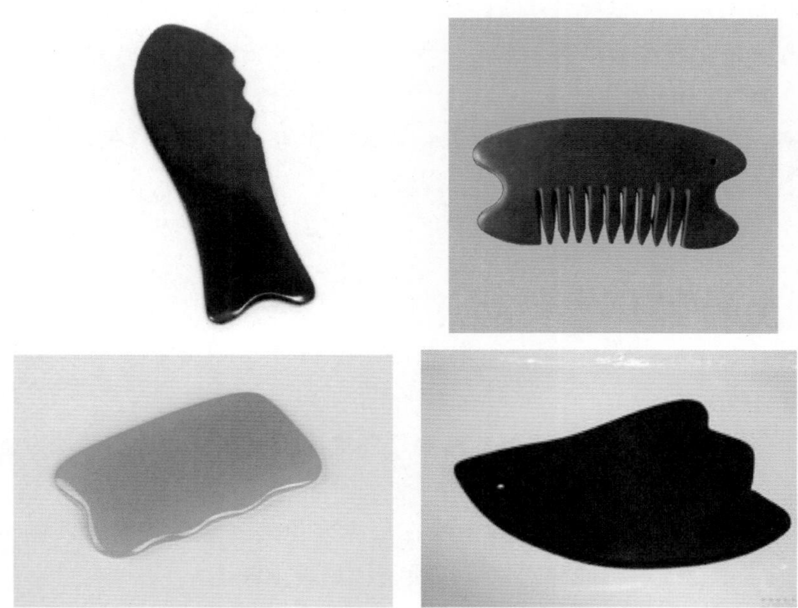

图 10—1　刮痧板

2．介质

刮痧油通常采用天然的透性强、润滑性好的植物油（如香油）和多种中药，进行配伍、炮制。具有滋润皮肤、开泄毛孔、活血化瘀、清热解毒、疏经通络、排毒驱邪、消炎镇痛的功效。现在多使用植物提取精油，即刮痧油。

相关链接

刮痧油的制作

刮痧油 1

材料：红花 5 g，紫草 5 g，苦参 5 g，一瓶香油或橄榄油。

制作方法：油加热后放入红花、紫草、苦参浸泡 1 周即可。红花性温，味辛，有活血通经、散瘀止痛的作用；紫草性寒，味甘，有凉血、活血、解毒、透疹的作用。苦参性寒，味苦。有清热燥湿、祛风解毒的作用。

刮痧油 2

材料：元胡、紫苏叶、红花、川芎、鸡血藤等各 10 g，香油一瓶。

制作方法：将香油入锅加热后，加入元胡、紫苏叶、红花、川芎、鸡血藤等，文火炼 30 min 即可。

元胡：止痛；苏叶：发散；红花：活血；川芎：活血，行气，止痛；鸡血藤：活血通络。

三、刮痧美容的操作程序与手法

1．面部刮痧手法

（1）准备工作。将 3 mL 调配好的精油均匀地涂于面部，并选用两块专业的鱼形刮痧板。

（2）面部穴位点按。用鱼嘴分四条线在每个穴位处先点后拧转，以刺激局部血液循环，每条线路重复 3 遍。面部穴位点按四条线见表 10—1。

表 10—1　　面部穴位点按四条线

条线	线路
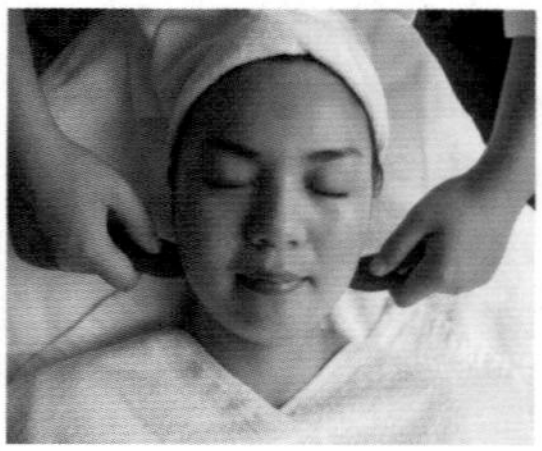	第一条线 承浆→大迎→下关→太阳穴
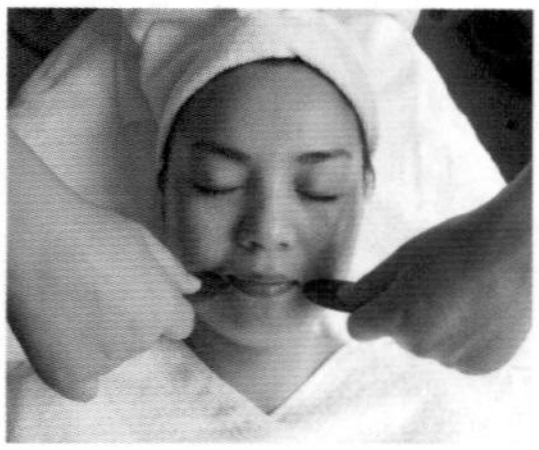	第二条线 地仓→颊车→听会→太阳穴

续表

条线	线路
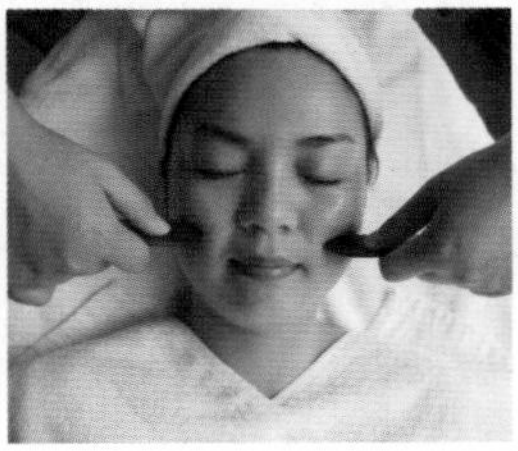	第三条线 人中→颧髎→听宫→太阳穴
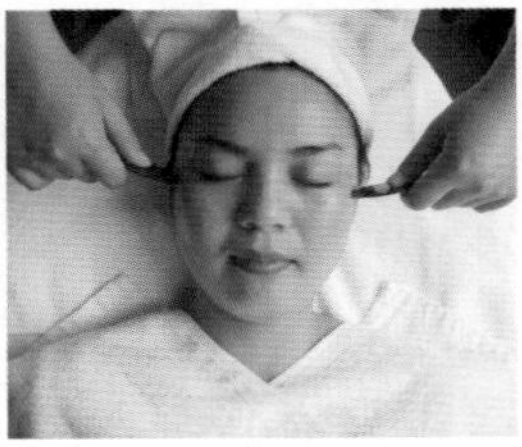	第四条线 迎香→四白→上关→太阳穴

(3) 眼部点穴（见表 10—2）

表 10—2　　眼部点穴

示意图	手法
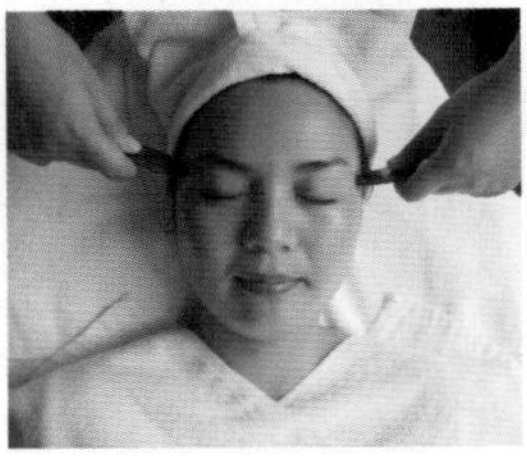	先用鱼嘴点按太阳穴
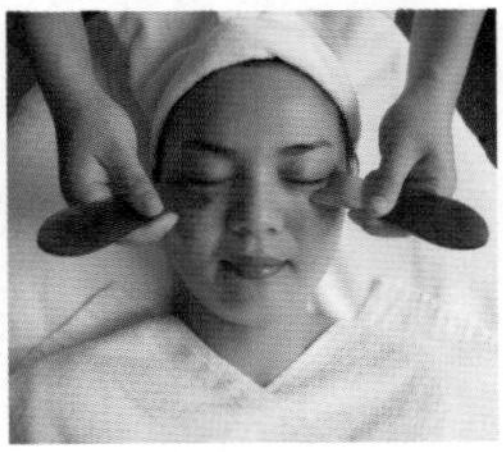	用鱼尾来回点按眼睛周围穴位，每个穴位点 3～5遍：承泣与瞳子髎→瞳子髎与丝竹空→丝竹空与鱼腰→鱼腰与攒竹

（4）额部与侧面（见表10—3）

表10—3　额部与侧面

示意图	手法
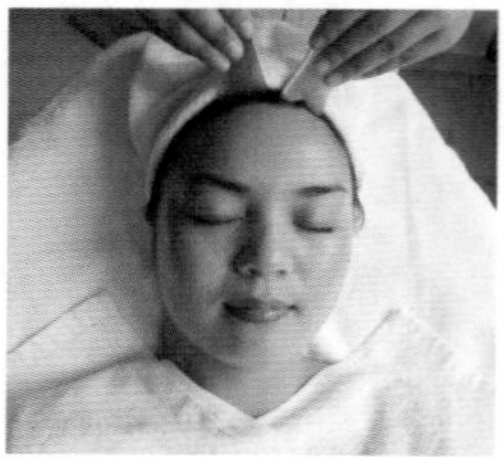	用鱼尾翻转点按前额发际线，即从神庭穴至头维穴
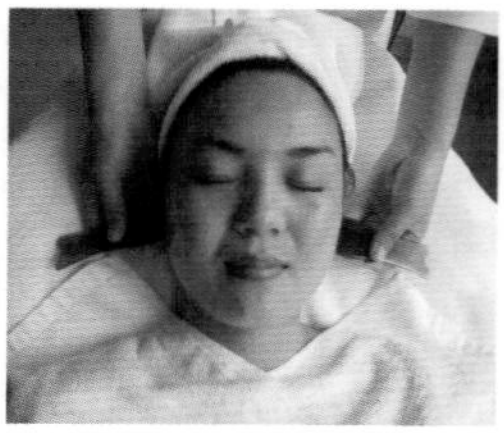	用鱼嘴点按翳风穴
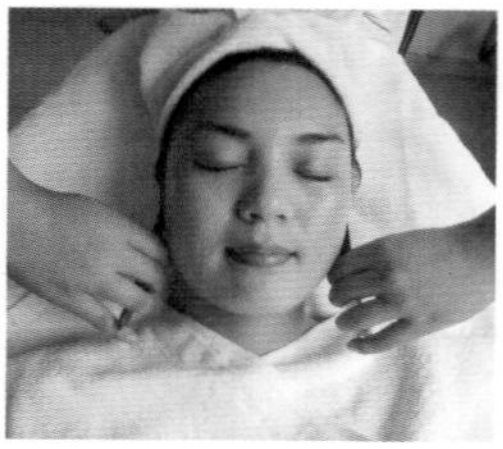	用鱼形刮痧板侧面来回搓耳屏，即耳门、听宫、听会

（5）用鱼嘴分八条线刮拭面部，双手交替进行，半边脸做，做完一半，做另一半。面部刮痧八条线见表10—4。

表10—4　面部刮痧八条线

条线	线路
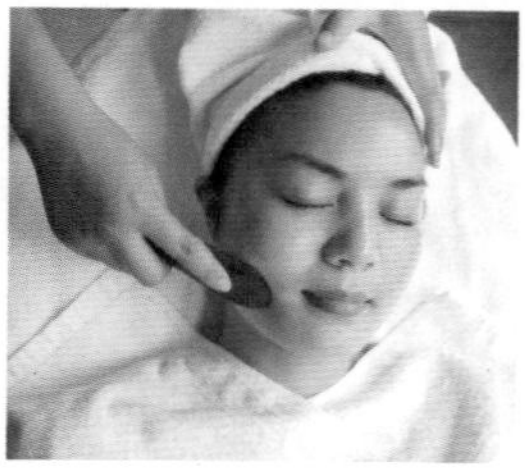	第一条线 从承浆穴至听会，至翳风穴沿颈侧至锁骨

续表

条线	线路
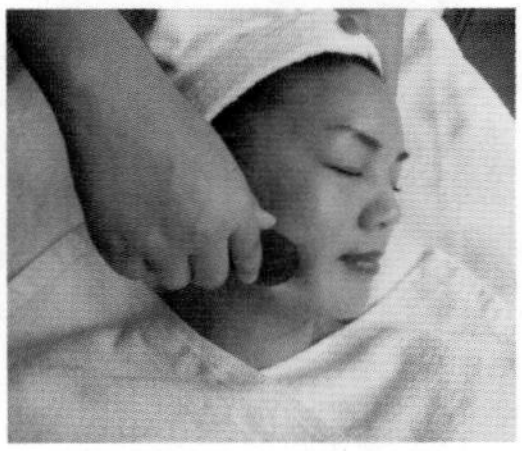	第二条线 从嘴角至听宫，至翳风穴沿颈侧至锁骨
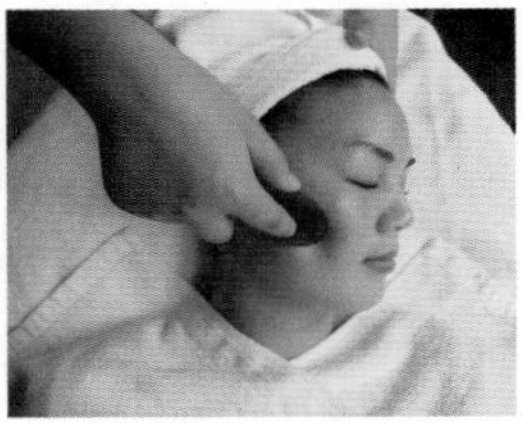	第三条线 从迎香至耳门，至翳风穴沿颈侧至锁骨
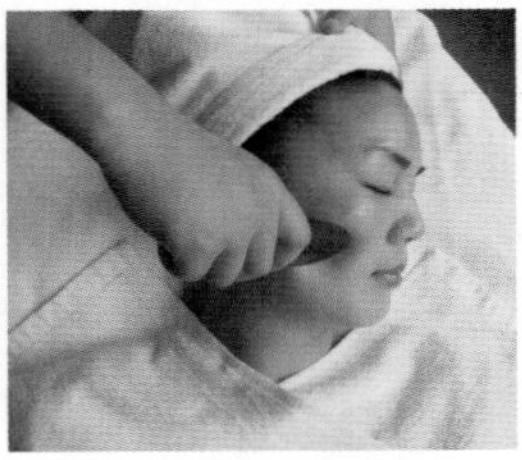	第四条线 从颧髎下缘至太阳穴，并顺势沿耳屏前方推至翳风穴沿颈侧至锁骨
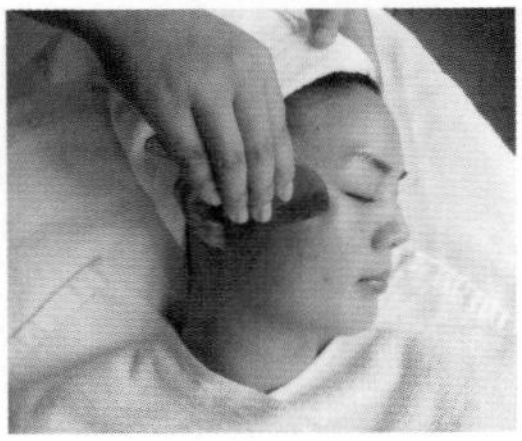	第五条线 从下眼眶至太阳穴，并顺势沿耳屏前方推至翳风穴沿颈侧至锁骨
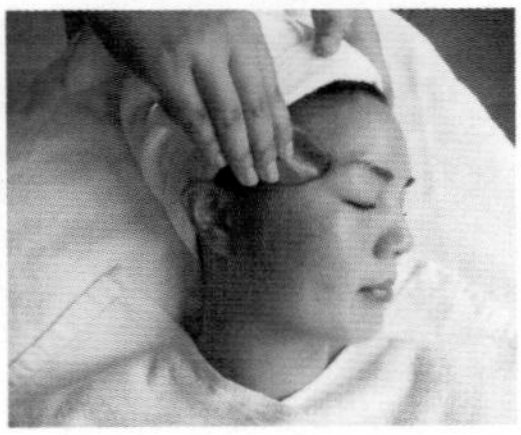	第六条线 从攒竹至太阳穴，并顺势沿耳屏前方推至翳风穴沿颈侧至锁骨

续表

条线	线路
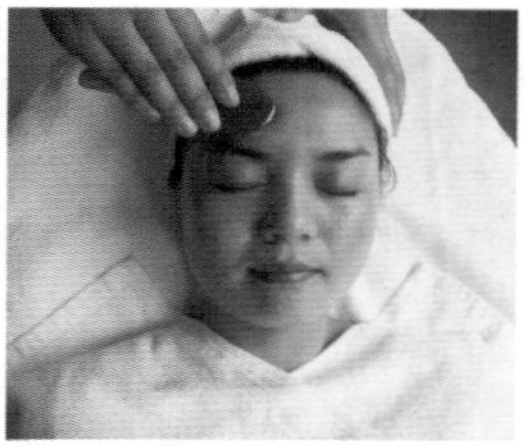	第七条线 从额中至太阳穴，并顺势沿耳屏前方推至翳风穴沿颈侧至锁骨
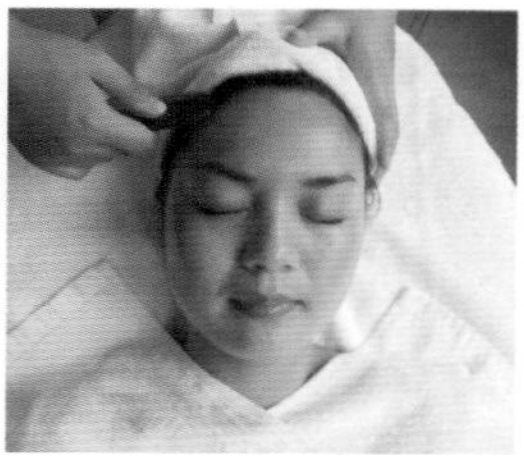	第八条线 从神庭穴至太阳穴，并顺势沿耳屏前方推至翳风穴沿颈侧至锁骨

(6) 提升口、鼻、颊肌（见表10—5）

表10—5　提升口、鼻、颊肌

示意图	手法
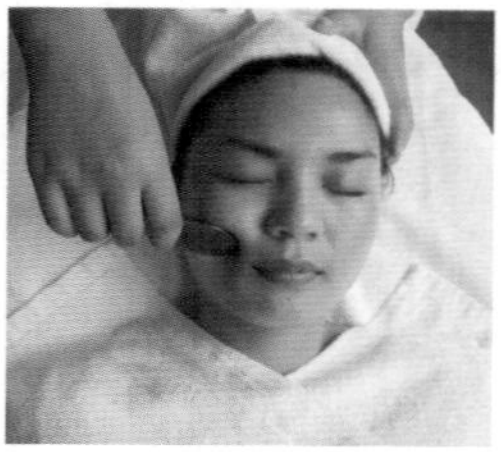	鱼形刮痧板侧面来回刮拭嘴角，然后提升嘴角法令纹
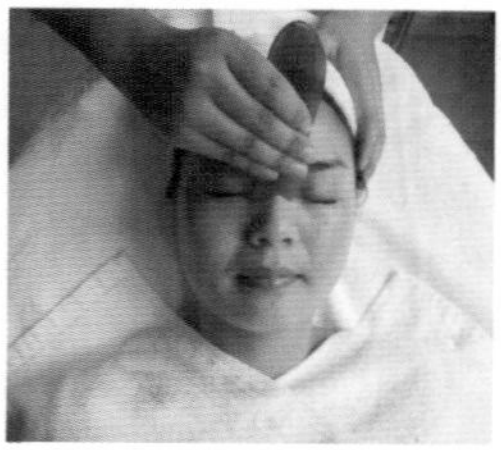	用鱼尾刮拭鼻梁，提升鼻肌

续表

示意图	手法
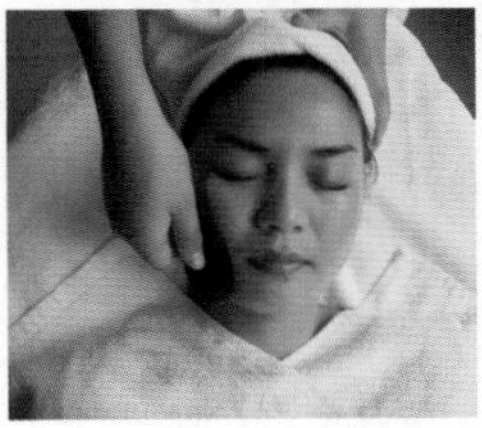	用鱼形刮痧板侧面整体刮拭面部，提升颊肌

(7) 整体刮拭（见表 10—6）

表 10—6 整体刮拭

示意图	手法
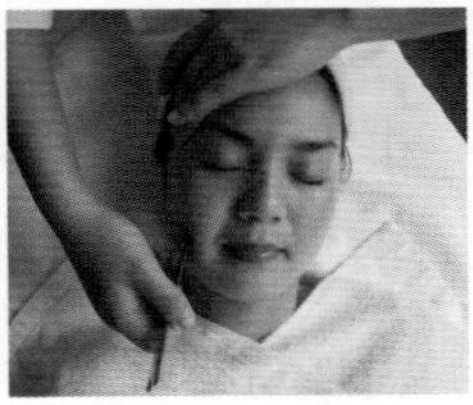	用鱼嘴至太阳穴，左手固定太阳穴，右手从太阳穴滑至下颌，沿下颌从右面滑至左面，绕过上嘴唇，从鼻的右侧滑到眉毛，沿眉毛滑至太阳穴，做完一侧，做另一侧，然后双手一起在脸上打半圆，即从太阳穴到下颌，再从鼻侧拉至眉毛，到太阳穴
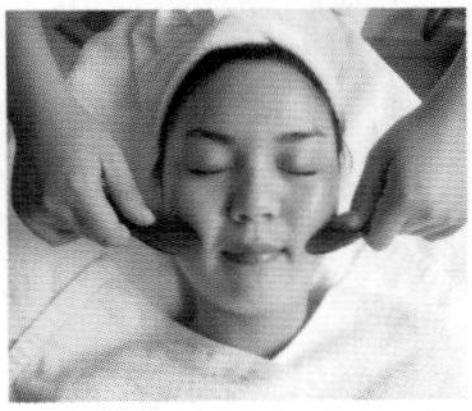	用两块鱼板在面部似鱼儿得水般游动，轻快活泼，力度以轻柔为主，帮助顾客入睡

2. 其他各部位刮痧手法及注意事项（见表 10—7）

表 10—7 其他各部位刮痧手法及注意事项

部位	手法	注意事项
头部 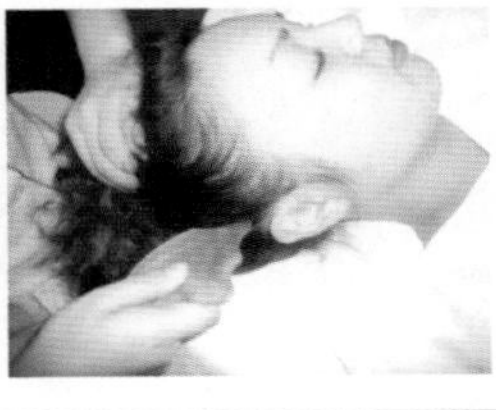	从百会刮至上星，从百会刮至风府，从百会刮至左右耳尖处（即四神聪）。从左右太阳穴刮至风池（双翼飞）	不需刮痧油，刮痧手法以轻、快或重、慢结合为宜，若刮痧时患者感觉酸、胀、痛，此为正常，数次后会消失

续表

部位	手法	注意事项
项部 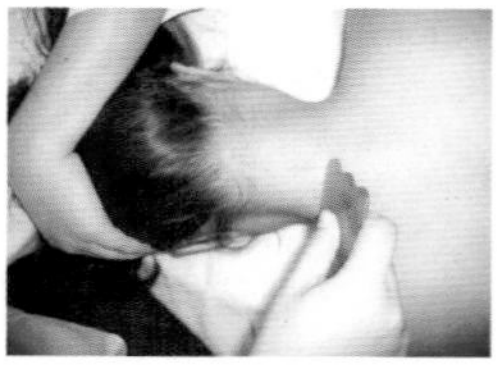	从哑门刮至大椎穴，从左右两侧风池穴刮至巨骨穴	大椎穴刮痧时力度宜小、轻，左右两侧刮痧时手法尽量拉长
腰背部 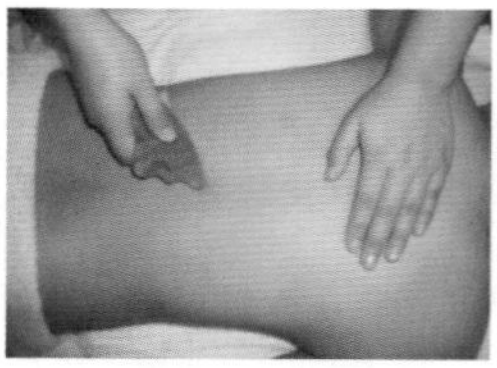	从大椎穴刮向长强穴，从大椎穴左、右两侧1.5寸开始刮至大肠俞方向	较瘦体形患者刮痧时，手法宜轻，以免损伤脊柱
骶部 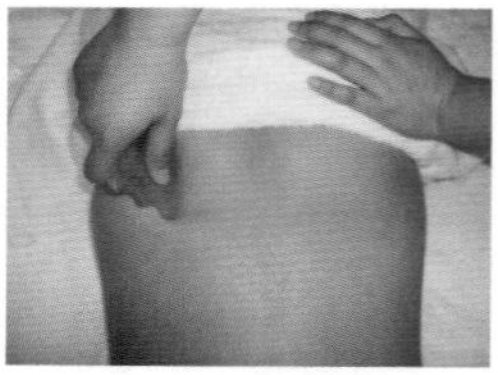	从下往上呈“三角形”刮痧法	手法轻重适宜
胸腹部 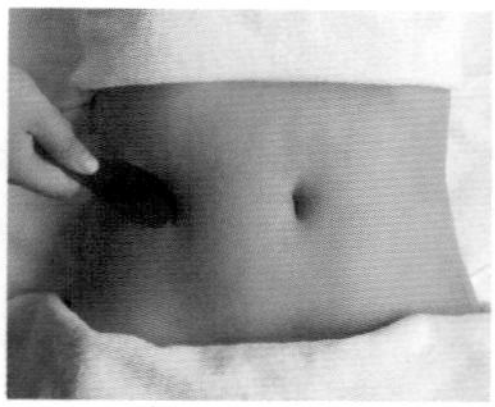	从上往下、从内往外方向的刮痧法	胸部刮痧应在肋骨间，不宜在肋骨上刮痧；吃饭后休息30 min，方可刮痧，避开肚脐，禁在肚脐上擦油。胸部刮痧时避开左右两侧乳头，肝硬化、腹水、胃出血或腹部手术不久、肠穿孔等患者禁刮
关节部 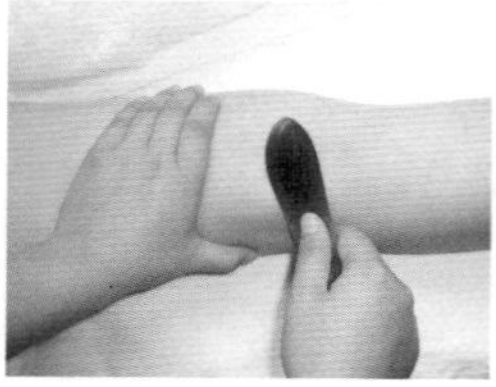	—	所有关节处宜采用轻柔手法

续表

部位	手法	注意事项
四肢部	先刮四肢内侧，再刮四肢外侧	刮痧部位尽量拉长，轻度下肢静脉曲张，以及下肢浮肿患者，宜采用倒挂，即从下往上刮（促进静脉回流）

3．刮痧的注意事项

（1）刮痧板用浓度为 75%的酒精消毒。

（2）过饥、过饱、过度疲劳和酒后不宜刮痧。

（3）黑痣、肿块、严重痤疮、面部皮损、面部手术伤口未愈者不宜刮痧。

（4）皮肤毛细血管扩张不宜刮痧。

（5）刮痧后休息 30 min，方可活动。

（6）刮痧后 1 h 内不能洗澡，4 h 内不能热敷及化妆。

（7）刮痧晕昏处理方法：平卧、松开领和腰带、喝温糖茶（刮人中、内关、百会、涌泉、印堂、合谷）。

（8）刮痧治疗后，肤色由暗红色变为桃红色，再变为粉红色，此属正常现象，是疾病好转之兆，直到肤色完全变为正常肤色，方可进行再次刮痧（两次刮痧间隔时间为 2～7 日）。

4．刮痧禁忌证

（1）有出血倾向性疾病禁刮（白血病、血小板减少、出血性溃疡、严重贫血等）。

（2）严重的传染性疾病（重症肝炎、活动性肺结核等）禁刮。

（3）各种晚期肿瘤禁刮。

（4）严重心脏病禁刮。

（5）恶性高血压（高血压危象）禁刮。

（6）哮喘的持续状态禁刮。

（7）特别怕痒的人和易紧张的人禁刮。

学习单元2 温 灸 疗 法

【学习目标】

1. 熟悉温灸疗法的作用原理与注意事项
2. 熟悉温灸疗法的作用
3. 学会常用温灸疗法的操作

【知识要求】

一、温灸疗法简介

温灸疗法又称灸疗、灸法。灸疗法是中医学中最古老的疗法之一。灸，《说文解字》释为“灼也”，即是以火烧灼之意。它是用燃烧的艾绒或其他的光、电等热源，在腧穴、经络或其他病变部位进行烧灼、温烤或刺激，以起到温经通络、调和气血、扶正祛邪的作用，属自然疗法。

灸疗法与针刺法都是运用经络分部及所属的腧穴来达到治病防病的目的，因此习惯上将这两种治疗的方法或手段统称为针灸疗法。在实际临床应用中，两者之间既各有特点，不可互相代替，但又有一定的共同性和互补性，如针法和灸疗法有相同的疗效，针后加灸或灸后加针又可增强治疗作用。《黄帝内经》明确提出“针所不为，灸之所宜”。在《医学入门》中又有“凡药之不及，针之不到，必须灸之”的说法。其次，温灸疗法因操作简单，容易掌握，易于推广，在使用过程中所产生的副作用少，意外事故发生率低，几千年来在我国民间流传甚广，为中华民族的繁衍生息做出了巨大贡献。

灸疗法在治疗、预防、康复、保健、美容美体等方面发挥着重要作用。对退行性疾病及人体亚健康状态的调整有独特优势，这也为温灸疗法的发展提供了良好的机遇。

二、温灸疗法的作用

1. 局部温热刺激效应

灸疗是一种在人体某特定部位通过艾火刺激，以达到治病防病目的的治疗方法，施灸点皮肤外温度上升，高达 130℃，皮肤内温度最高为 56℃。皮下与肌层内的温度变化和表皮不同，灸刺激不仅涉及浅层，也涉及深层。正是这种温热刺激，使局部皮肤充血，毛细血管扩张，增强局部的血液循环与淋巴循环，缓解和消除平滑肌痉挛；加强局部的皮肤组织代谢能力，促进炎症、斑痕、浮肿、粘连、渗出物、血肿等病理产物消散吸收。同时又能使汗腺分泌增加，有利于代谢产物的排泄；还可引起大脑皮层抑制的扩散，降低神经系统兴奋性，发挥镇静、镇痛作用；另外，温热作用还能促进人体对药物的吸收。

2．经络调节作用

经络学说是中医学说的重要内容，也是灸疗学的理论基础。人是一个整体，五脏六腑、四肢百骸是互相协调的，这种互相协调关系，主要是靠肌体自控调节系统实现的。皮部起着感受器和效应器的作用，经络起着传递信息和联络的作用，头脑综合分析处理信息，发出指令，起着指挥的作用，即皮部、经络系统、大脑、四肢百骸、五脏六腑，形成一个环路。即便是一种微小的局部性病变，也会呈现全身肌体失调的一切反映（如皮肤红肿，可引起发烧、全身不适），因此在穴位上施灸时，由于艾火的温热刺激，才产生相互激发、相互协同、作用叠加的结果，导致生理上的放大效应。说明经络是一个多层次、多功能、多形态的调控系统。

3．其他作用

灸疗的治疗作用可以通过调节人体免疫功能实现，而且这种作用呈双向调节的特征，即低者可以升高，高者可以使之降低，因为艾灸施于穴位，首先刺激了穴位本身，激发了经气，调动了经脉的功能，使之更好地发挥运行气血和调整阴阳的整体作用，而且激活皮肤参与机体的免疫调节。

三、温灸疗法的作用原理

1．灸法的药性作用（化学作用）

(1) 艾是最常用的灸用燃料。它不仅具有易得、易燃的特点，而且具有显著的药物效应。中医学认为艾属温性，其味芳香，善通十二经脉，具有理气血、逐寒湿、温经、止血、安胎的作用。《本草纲目》中说：“艾叶，生则微苦太辛，熟则微辛太苦，生温熟热，纯阳也。可以取太阳真火，可以回垂绝元阳……灸之，则透诸经而治百种病邪，起沉苛之人为康泰，其功亦大矣。”说明艾叶具有广泛的治疗作用，虽然在灸治过程中艾叶已经燃烧，但药性优存，其药性可通过体表穴位进入体内，渗透诸经，起到治疗作用；又可通过呼吸进入机体，起到扶正祛邪、通经活络、醒脑安神的作用；对位于体表的外邪还可直接杀灭，从而起到治疗皮部病变和预防疾病的作用。

(2) 燃烧艾时可产生具有治疗作用的化学物质。艾燃烧生成物的甲醇提取物，有抗氧化并清除自由基的作用。施灸局部皮肤中过氧化脂质显著减少，此作用是艾的燃烧生成物所致。艾的燃烧不仅没有破坏其有效药物成分，反而使之有所增强。艾燃烧生成物中的抗氧化物质，附着在穴位的皮肤处，通过灸热渗透进入体内而起作用。

2．灸法的热作用（物理作用）

(1) 灸法以燃烧艾绒而治病，燃烧艾绒产生的温热作用可治疗因为寒冷引起的疾病。随着历史的发展，艾灸治疗疾病的范围早已超出了寒证的范围，它具有温经散寒、通络止痛、祛风解表、消瘀散结、拔毒泄热、温中散寒、补中益气、升阳举陷、回阳固脱、预防保健等作用，可广泛用于临床各科多种疾病，涉及寒、热、虚、实诸证。产生这些治疗效果，与燃烧艾时产生的热作用是分不开的。艾火的热力影响穴位表层，还特别能通过腧穴而深入体内，影响经气，深透筋骨、脏腑，遍及全身，发挥整体调节作用，而用于治疗多种疾病。

(2) 艾灸在燃烧时产生的辐射能谱是红外线，且近红外线占主要成分。艾灸时的红外辐射可为机体细胞的代谢活动、免疫功能提供所必需的能量，也能给缺乏能量的病态细胞提供活化能。而艾灸施于穴位，其近红外辐射具有较高的穿透能力，可通过经络系统，更好地将能量送至病灶而起作用，说明了穴位具有辐射、共振、吸收功能。

3．艾灸理化作用与经络腧穴的有机结合，产生了灸法的“综合效应”

经络腧穴是艾灸施术的部位，灸法防治疾病的“综合效应”，是由艾灸理化作用和经穴特殊作用的有机结合而产生的。艾灸只有作用于经络腧穴，才能起到全身治疗作用。例如，艾灸保健作用的产生是与强壮穴结合的结果。艾灸作用于关元穴可以回阳救逆；艾灸作用于百会穴可以升阳举陷；艾灸作用于阿是穴可以消瘀散结、拔毒泄热。因此可知，经穴是灸法作用的基础，而艾灸产生的药性和热是通过经穴发挥作用的。

四、灸疗法的特点

1．方便

灸疗法具有方便、及时的优点。只要身边有灸，就可以直接拿来治疗。即便配用物品（如姜、蒜、盐等），也取材便利，对于养生保健，省时省事且效果颇佳。

2．简单

灸疗法操作简单，容易学习，便于推广，不像针刺疗法，对进针、行针、补泻手法和针刺穴位有较为严格的要求，因而需要由专业医生操作。对于灸疗法，只要明确疗法部位、时间和常见的灸疗方法，无论是温和灸，隔物灸还是温灸器灸，均可以学习及操作，因而非常适用于美容养生和家庭保健。

3．有效

灸效用不凡：根据中草药配制特性和艾灸的特点，灸疗法对人体亚健康状态、各种慢性炎症疗效显著，温灸时感觉温暖舒适，客人容易接受，也会产生与针刺一样的气感，达到美容美体、保健养生的目的。

4．价廉

灸的主要材料是艾叶及中草药，运用广泛，价格合理，适用于美容美体、养生保健。

5．安全

灸疗法没有不良反应。比针刺更安全，不会有弯针、断针、滞针的现象，初学者可能对灸穴位及操作流程不熟，但只要注意灸的部位、温度和操作时间，则不会有事故发生，所以，灸非常适宜作为美容美体和保健养生的服务项目。

五、常用温灸疗法的操作

常用的温灸疗法有艾炷直接灸、艾炷间接灸、艾条灸等。

1．艾炷直接灸（见图 10—2）

艾炷（见图 10—3）是将艾绒搓成一定形状的艾丸，其形状常为圆锥形。将艾炷直接放在穴位皮肤上施灸的一种方法。古代还称明灸、着肉灸。是我国最早应用的一种灸法。施灸时所燃烧的锥形艾团，称为艾炷。艾炷有三种规格，小炷如麦粒大，中炷如半截枣核大，大炷如半截橄榄大。一般临床常用中型艾炷，炷高 1 cm，炷底直径约 0.8 cm，可燃烧 3～5 min。每燃尽一个艾炷，称为一壮。用于直接灸时，艾炷要小；用于间接灸时，艾炷可大些。

根据灸后有无烧伤化脓，又分为化脓灸和非化脓灸。

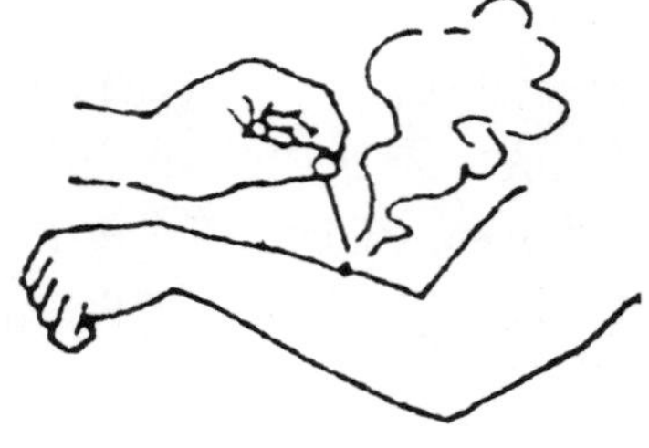

图 10—2　艾炷直接灸

图 10—3　艾炷

（1）非化脓灸（无瘢痕灸）。非化脓灸是近代对灸法的应用，以达到温烫为主，没有瘢痕灸所带来的疼痛和损伤留下的瘢痕，同时也可以起到类似瘢痕灸的作用。

操作方法如下：

1）体位与点穴：因灸治要将艾炷安放在穴位表面，并且施治时间较长，故要特别注意体位的选取，要求体位平正、舒适，不可随意变动体位。

2）艾炷的放置和点火：先将施灸部位涂以少量凡士林，然后将黄豆或枣核大小的艾炷放在穴位上，并将之点燃，当艾炷燃到2/5左右，病人稍感到灼痛时，即用镊子将艾炷夹去或压灭，更换艾炷再灸，连续灸3～7壮，以局部皮肤出现轻度红晕为度。因其不留瘢痕，易为患者接受。本法适用于虚寒轻证。

（2）化脓灸（瘢痕灸）。将艾炷直接放在穴位上施灸，使局部组织经烫伤后，产生无菌性化脓现象，能改善体质，提高机体的抵抗力，从而起到治疗和保健的作用。目前临床上，常用此法对哮喘、慢性胃肠炎、发育障碍等疾病和体质虚弱者进行施治。

操作方法如下：

1）体位与点穴：参阅非化脓灸法。

2）艾炷的放置和点火：首先按要求制作好所需的艾炷，除单纯采用细艾绒外，也可在艾绒中加入一些如丁香、肉桂等芳香性细末，有利于热力的渗透。然后在施灸的穴位处涂以少量凡士林或葱、蒜汁，以增强黏附和刺激作用。艾炷放好后，将之点燃。每灸完一壮，以纱布蘸生理盐水抹净所灸穴位的艾灰，重复之前方法再灸。

3）后期处理：灸治完毕后，应将局部擦拭干净，然后在施灸穴位上敷贴一块大小适中的医用胶布，其目的是防止衣物与灸疮摩擦，并促使其化脓溃烂。数天后，灸穴逐渐出现无菌性化脓反应，可每日更换一次胶布；如脓液多，胶布每日可更换两次，经1～2周，灸疮结痂脱落，局部留有疤痕。

在灸疮化脓时，局部应注意清洁，避免污染，以免并发其他炎症。同时，可多吃一些营养较丰富的食物，促使灸疮正常透发，有利于提高疗效。如偶尔发现有灸疮久不愈合者，可采用外科方法予以处理。

2．艾炷间接灸

艾炷间接灸又称间隔灸或隔物灸。指在艾炷下垫一衬隔物放在穴位上施灸的方法。因其衬隔药物的不同，又可分为多种灸法。艾炷间接灸火力温和，具有艾灸和垫隔药物的双重作用，同时还能避免皮肤被烫伤或由于烧灼所对皮肤产生的疼痛感，并能对艾炷起到固定的作用，对某些凹陷部位起到填充作用，所以较直接灸法常用，适用于慢性疾病和疮疡等。

（1）隔姜灸（见图10—4）。将新鲜生姜切成约0.5 cm厚的薄片，中心处用针穿刺数孔，上置艾炷，放在穴位施灸，当患者感到灼痛时，可将姜片稍许上提，使之离开皮肤片刻，旋即放下，再进行灸治，反复进行，直到局部皮肤潮红为止。本法简便易行，一般不会引起烫伤，临床应用较广。生姜味辛，性微温。具有解表、散寒、温中、止呕的作用。故此法多用于治疗感冒、咳嗽、风湿痹痛、呕吐、腹痛等。

(2) 隔蒜灸。将独头大蒜切成约 2 mm 厚的薄片，中间用针穿刺数孔放在穴位上，用艾炷灸之，每灸 4～5 壮，换去蒜片，每穴一次可灸 5～7 壮。因大蒜液对皮肤有刺激性，灸后容易起泡，故应注意防护。大蒜味辛，性温。有解毒、健胃、杀虫的功效。本法多用于治疗肺痨、腹中积块及未溃疮疖等。

图 10—4　隔姜灸

(3) 隔盐灸。又称神阙灸，本法只适于脐部。隔盐灸方法是：客人仰卧屈膝，以纯白干燥的食盐，填平脐孔，再放上姜片和艾炷施灸。如患者脐部凸出，可用湿面条围脐如井口，再填盐于脐中，如上法施灸。加施姜片的目的是隔开食盐和艾炷的火源，以免食盐遇火起爆，导致烫伤。这种方法对急性腹痛、吐泻、痢疾、四肢厥冷和虚脱等具有回阳救逆的作用。

(4) 隔附子（饼）灸。以附子片或附子饼（将附子切细研末，以黄酒调和作饼，厚约 0.5 cm，直径约 2 cm）作间隔，上置艾炷灸之。由于附子辛温火热，有温肾补阳的作用，故用来治疗各种阳虚证，如阳痿、早泄以及外科疮疡、窦道盲管，久不收口，或既不化脓又不消散的阴性虚性外证。可根据病情选取适当的部位灸治，附子饼干更换，直至皮肤出现红晕为度。

3. 艾条灸

艾条灸是指用纸把艾绒包卷成长筒状点燃后置于腧穴或病变部位上进行熏灼的方法。也可在艾绒中加入辛温芳香药物，制成药物艾条，称为药条灸。艾条如图 10—5 所示。该法使用简便，效果良好，一端用火点着，将点燃的艾条悬于施灸部位之上，并保持一定的距离。一般艾火距皮肤 10～20 mm，以灸至皮肤温热红晕，而又不致烧伤皮肤为度。

(1) 悬起灸（见图 10—6）。是将艾条悬放在距离穴位一定高度上进行熏烤，而不使艾条点燃端直接接触皮肤。悬起灸一般用无药艾条，有时也可用药物艾条进行熏灸。

1) 温和灸。将艾条燃着的一端与施灸处的皮肤保持 3 cm 左右距离，使患者局部温热而无灼痛。每穴灸 20 min 左右，以皮肤出现红晕为度。对昏迷或局部知觉减退者，需随时注意局部温热程度，防止灼伤。也可选用灸疗架，可将艾条插在上面，固定施灸。这种灸法的特点是，温度较恒定和持续，对局部气血阻滞有散开的作用，主要用于病痛局部灸疗。

图10—5 艾条

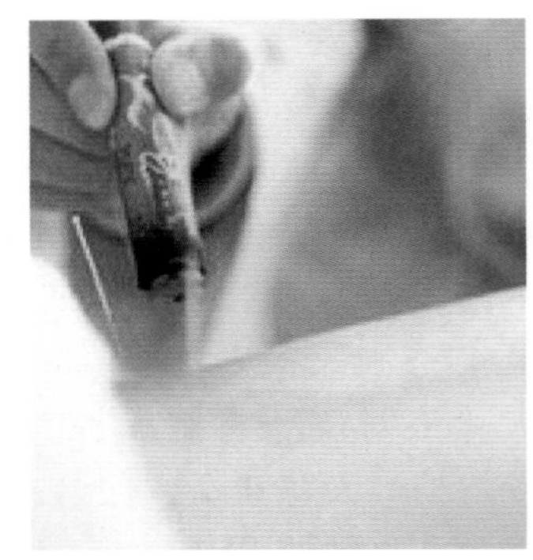

图10—6 悬起灸

2）回旋灸。即将点燃的艾条一端接近施灸部位，距皮肤3 cm左右，平行往复回旋施灸。一般灸20～30 min。这种灸法的特点是，温度呈渐凉渐温，互相转化，除对局部病痛的气血阻滞有消散作用外，还能对经络气血运行起到促进作用，故对灸点远端的病痛有一定的治疗作用。

3）雀啄灸。将艾条点燃的一端对准穴位，似鸟雀啄米状，一上一下地进行艾灸。多随呼吸的节奏进行雀啄。一般可灸15 min左右。这种灸法的特点是，温度突凉突温，对唤起腧穴和经络的功能有较强作用，因此适用于灸治远端的病痛和内脏疾病。

（2）实按灸。即太乙针灸和雷火针灸。太乙针灸是用纯净细软的艾绒及硫黄、麝香、乳香等药物，平铺在40 cm^2 大的桑白皮纸，取24 g预先制备的药粉掺入艾绒内，紧卷成爆竹状，点燃一端，用布数层（一般为7层）包裹之后，然后立即紧按于穴位或患处，进行灸熨。灸冷则再燃再熨，如此反复7～10次即可。雷火针灸的制法、作用和操作方法等大致与太乙针灸相同，其不同之处是配方。

相关链接

其他灸法及灸疗器具

1. 温针灸

温针灸是针刺与艾灸结合应用的一种方法，适用于既需要留针又适宜用艾灸的病症，操作方法是，将针刺入腧穴得气后并给予适当补泻手法，而留针时，将纯净细软的艾绒捏在针尾上，或用一段艾条（长约2 cm）插在针柄上，点燃施灸。待艾绒或艾条烧完后除去灰烬，将针取出。此法是一种简而易行的针灸并用方法。

2. 灸疗器

灸疗器应用至今已有 1 000 多年的历史，灸疗器产生于古代医家的工作实践过程中，为了节省时间、提高疗效及方便操作而研发出来的。距今不完全统计，所发现的灸疗器已近百种，花样繁多，各有长短，但随着对灸法研究的不断深入、科学技术的不断提高，现在我们所见到的灸疗器（灸疗盒、灸疗仪）也更加方便、实用，具有人性化。

六、灸疗保健穴位及运用

1. 灸疗保健八大穴

(1) 涌泉穴。足少阴肾经上的保健要穴，位于足底前部凹陷处。主治癔症、头痛、晕厥、舌肌麻痹、喉炎、支气管炎、急性扁桃体炎、心动过速、眩晕、高血压等。

(2) 足三里。足阳明胃经上的保健要穴，又称长寿穴。位于犊鼻穴直下 3 寸，胫骨外一横指。有健脾壮肾、扩张血管、降低血液凝聚、促进消化吸收、提高免疫力、消除疲劳的作用。主治胃痛、腰痛、腹痛、痢疾、便秘、头痛眩晕、下肢瘫痪、半身不遂、颈膝酸痛、消化系统疾病等。

(3) 百会穴。督脉保健要穴和长寿穴。位于两耳尖连线中点，主治脑血管意外之失语、晕厥、低血压、脑供血不足、神经衰弱、功能性子宫出血等。

(4) 气海。任脉保健要穴，位于脐下 1.5 寸。主治慢性阑尾炎、慢性肠炎、习惯性便秘、消化不良、神经衰弱、身体虚弱、功能性子宫出血、月经不调、产后恶露不止、痛经、阳痿、遗精、遗尿等。

(5) 膏肓。足太阳膀胱经上保健要穴，位于背上部，第四与第五胸椎棘突中间旁开 3 寸处。主治各种慢性病、神经衰弱、遗精、健忘、呕吐、胸膜炎等。常灸此穴有强壮身体的作用。

(6) 命门。是人体督脉上的保健要穴，位于后腰正中线上与神阙对应部位，主治耳鸣、月经不调、阳痿、遗精、早泄、神经衰弱等。

(7) 会阴。任脉保健长寿穴，位于肛门与生殖器中间凹陷处。主治痔疮、便血、便秘、妇科病、尿频、溺水窒息、惊痫等。对调节生理和生殖功能有独特的作用。

(8) 关元。任脉保健要穴，位于脐下 3 寸。主治消化不良、慢性肠炎、肠神经官能症、身体虚弱、肾盂肾炎、睾丸炎、遗精、阳痿、早泄、遗尿、痛经、产后恶露不止、功能性子宫出血等。

保健穴可单独灸疗，也可配合使用。

2. 灸疗保健及运用

(1) 中青年养生保健美容疗法。中青年是学习、工作较紧张的时期，要保持气血旺盛、思维敏捷、精力充沛、肤美体健、肌肉丰满、筋骨坚实、行动灵活，必健脾温肾，使先天之本的肾与后天之本的脾在生理上相互促进。常用穴：三阴交、足三里、关元、脾俞、肾俞。每2～3天灸疗一次，每10天为一个疗程，每季2～3个疗程。

(2) 中老年养生保健美容疗法。中老年人应滋补肝肾。中医认为肝藏血，肾藏精，精血互生。常用穴：三阴交、足三里、关元、肝俞、肾俞。每隔一二天灸疗一次，10天为一疗程，每季治疗2～3个疗程。

七、灸疗法的注意事项

(1) 灸后半小时内不要用冷水洗手或洗澡，15 min内不可喝水，必须保暖防风；灸15 min后要喝较平常多量的温开水（绝对不可喝冷水或冰水），有助于排泄器官排出体内毒素。

(2) 饭后一小时内不宜灸，过分饥饿也不宜灸。

(3) 注意保暖工作，避免在风口施术。

(4) 施灸时，应注意安全，防止艾绒脱落，烧损皮肤或衣物。

(5) 颜面五官、头颈部、腋窝、肘窝、腘窝处及有大血管的部位不宜施化脓性灸。

(6) 孕妇的腹部和腰骶部不宜施灸。治疗痛经时，可选择在经期治疗，宜温补为主，女性石门穴禁灸。

(7) 脉搏每分钟超过90次以上不灸，酒醉不灸；身体虚弱、患有传染病或糖尿病者应禁用化脓性灸。大面积烧伤、创伤、大出血者不可直接灸。

总之，灸法既可补阳，又可调阴，有畅通经络、温散寒湿等作用；特别对正气不足、免疫功能低下者，具有温补正气、提高机体免疫功能的作用；减少了疾病发生，达到祛病延年的功效。

第 11 章

整体造型

学习单元1　化妆

学习单元2　发型设计

学习单元3　服装整体搭配

学习单元 1　化　　妆

【学习目标】

1. 熟悉摄影化妆分类
2. 了解不同广告类的妆面类别
3. 了解影响摄影妆的相关因素
4. 能够操作摄影晚宴妆

【知识要求】

化妆是根据人物的自身条件，以化妆品及艺术描绘的手法来进行美化，而这一美化是建立在原有容貌的基础上，运用不同的化妆技巧，对人物进行适当修饰及弥补，其目的是既要保持原有的特征，又要使容貌得到美化，进而把人物的内在气质恰当地表现出来。

一、化妆造型

化妆造型是在人的自然相貌和整体形象的基础上，运用艺术表现的手法弥补人们形象的缺陷、增添真实自然的美感，或营造出不同风格、不同创意的整体艺术形象。图 11—1 所示为模特原型，图 11—2 所示为同一个模特做的不同造型设计。

分析模特原型：肤色偏黄，T 区毛孔比较粗大，鼻翼及嘴角有泛红现象，下巴上还留有明显的痘印。脸型偏方，下巴偏短，五官分明。

造型 1：是一个生活淡妆。妆面以清透、立体、自然为主，没有过度夸张，重点在于肤色调整，底妆薄透有光泽感。适当修饰脸型，五官刻画在保留模特本身的特点以外加以自然修饰。整体形象健康自然，清新大方。

图 11—1　模特原型

造型1

造型2

造型3

造型4

图11—2　不同造型设计

造型2：是一个新娘妆。整齐的发型和清新纯洁的面容，蓝色系的眼影色映衬着模特圆圆的大眼，两颊的粉色腮红凸显模特的娇羞。一个纯真可爱柔美的新娘出现在眼前。

造型3：是一个晚宴妆。选用了带有民族气息的服装和饰品，色彩鲜艳。妆容上利用棕色小烟熏来强调女性温柔的特质与优雅的气息，再以粉红色腮红轻轻刷涂，对整体妆容更有加分作用。眼妆部分则以内眼线来柔化眼神，让黑眼珠更清澈迷人，唇彩是鲜嫩欲滴的深粉红色唇蜜，整体形象俏丽、妩媚、优雅。

造型4：是一个摄影写真妆。整个妆面突出眼部重点，小烟熏加上长而浓密的假睫毛，性感的红唇欲语还休，神秘而美艳。

二、摄影妆

摄影化妆是指在拍摄之前，由化妆师根据创意者的设计构思或客户的具体要求，对拍摄模特进行符合摄影要求和内容的系统形象设计工作，它是以现代科技成果为基础，以当今摄像为背景，以视觉传达设计理论为支点的一种表现手段。摄影化妆从属于化妆的整体活动，是摄影和化妆两大艺术的统一体，同时具有摄影和化妆两方面的共性和特性，是文学艺术大家庭中的一个门类，它既是一门综合性艺术，也是一门年轻的艺术。

摄影化妆分类的不同决定了摄影化妆技法的不同，拍摄之前，化妆师必须了解摄影化妆的定位，然后才能进行相应的造型设计，设计出符合要求的优秀作品。

摄影可分为艺术摄影、新闻摄影、资料摄影。以上三种摄影形式中，每一种摄影形式之中都包含着人像摄影的成分，都会有摄影化妆的存在空间，不同的是新闻摄影和资料摄影中的化妆的创作成分相对于艺术摄影要弱得多，这两种摄影不是专为表现人物形象而创作，所以摄影化妆显得并不重要，但是艺术摄影具有美学特征及艺术信息——情趣（包括情感、易趣、技趣等），其价值为审美价值，所以摄影化妆就显得尤为重要。

1. 摄影化妆分类（见表 11—1）

表 11—1　　摄影化妆分类

分类依据	名称
按照主题划分	商业用途化妆
	非商业用途化妆
按照色彩划分	黑白摄影化妆
	彩色摄影化妆
按照拍摄人物划分	女性摄影化妆
	男性摄影化妆
	儿童摄影化妆

2. 各种摄影妆介绍

（1）商业用途摄影化妆。商业用途摄影化妆是指强调策划主题、注重商业效应和产品宣传、具有市场性的策划摄影作品，必须通过画面把主题强烈而直接表达出来，它包括杂志摄影化妆（服装目录、化妆品说明书、形象设计类书籍、海报等）、电视广告等。

商业用途摄影在拍摄之前必须经过策划人员、美编人员的共同构思和设计，在筹备前期提出构思方案，再与造型师、摄影师及模特等沟通交流，交换相互意见和观点，以便创作出最适合市场和客户要求的画面。通过产品的理念来选择合适的模特，妆面要精确地体现商品的主题。

1）杂志摄影化妆。杂志摄影化妆因市场需求的不同，可以分为周刊、月刊、季刊等，化妆师必须根据策划内容的需求，对当年、当季、当月的流行趋势及消费者的习性和兴趣进行探讨，整理出具有各自风格和立体的内容框架，并根据策划内容的需求性，寻找合适的模特，根据新的化妆潮流，设计出不同的造型，这样才能将主题生动地表现出来。

造型师需要具有超凡的创造力和抓住最新流行时尚的能力，根据杂志主题来定位整体造型，例如：时装摄影化妆，要注意服装才是第一位的，应根据服装款式、服装色彩、风格等因素进行造型设计，因为杂志可能会有大特写，所以妆面一定要精致，杂志摄影化妆的修饰部位、修饰方法与设计要点见表11—2。

表11—2　杂志摄影化妆的修饰部位、修饰方法与设计要点

修饰部位	修饰方法	设计要点
粉底	粉底描画以塑造面部立体感为主，皮肤质感要好	首先需要考虑杂志主题风格 杂志摄影模特妆比个人写真更强调艺术性用途，比动态展示模特更细致，应结合摄影的后期制作处理，达到一定的特殊效果
眼妆	通过眼部的描画表现出眼部的神韵和立体结构。可做出夸张另类的效果，也可根据自己的想象，选用恰当的眼影色，突出杂志的主题风格	
眉毛	体现眉型的立体	
腮红	腮红起到润色和自然协调妆面的效果	
唇	唇型较好的可以做妆面重点表现，唇型欠佳的，则弱化。根据妆面决定用色，可选用珠光唇彩	
整体妆面效果	运用真假发做出贴合妆面的时尚造型，发式造型要配合服装的定位	

2）电视广告化妆。在广告中，策划人员一般会采用以下两种方式传递广告信息。

名人效应：许多产品广告会依靠知名人士的社会形象来宣传相应的产品。这时必须根据其本身的特点进行本色化妆处理，而不应该过多改变他们的原始特征。

专业广告模特演绎：这种造型设计可以是日常的，也可以是虚拟的，风格根据品牌的理念及产品的特性来确定，根据不同的主题设计出不同的造型，自由发挥的空间相对较大，造型设计也千变万化，各不相同（见表11—3）。

表 11—3　　不同广告类的妆面类别、修饰要点与注意事项

<table>
<tr><th>类别</th><th>修饰要点</th><th>注意事项</th></tr>
<tr><td>家居类：厨房用品、生活用品、护肤品等
</td><td>整体妆面：多以清淡自然的描画为主，主要强调良好的肤质和肤色
眼部：整体眼妆不宜过浓，眼影色常选用结构色如棕色、橘色等来调整眼型，睫毛应自然卷翘，突出眼部神韵
眉毛：描画要清淡自然，选用眉粉描画
唇部：适合滋润型口红，色相适合选择与唇色接近的肉橘色，体现出女性自然、大方的性格</td><td rowspan="3">1. 整体妆面：必须精致细腻，同时注意光的变化和形象在三维空间里的效果
2. 底妆：因为电视镜头有放大效果，所以不建议使用太多珠光类产品，正式开拍前要补扑散粉，以免脸上出油、有反光导致在镜头前显胖</td></tr>
<tr><td>科技产品类：家用电器、手机、电脑等时尚数码产品
</td><td>整体妆面：以清淡自然的描画为主，体现女人的知性美，根据产品的特点，造型也可以时尚、前卫
唇部：选用亚光质地的口红，突出整体妆面的干净</td></tr>
<tr><td>青春动感型：运动产品、快餐食品等
</td><td>整体妆面：具有强烈的时尚气息，妆面色彩可偏浓
眼部：色彩是极具个性的展示，在眼影的描画上大胆选用绚丽的色彩来营造自己独树一帜的性格。如蓝、绿、粉、橙、黄、灰、棕等，假睫毛、小亮粉、水晶贴也是必不可少的装饰，体现年轻人叛逆、追求时尚、大胆尝试新鲜事物的个性
唇部：可用透明感或有光泽的口红，炫耀与众不同</td></tr>
</table>

续表

类别	修饰要点	注意事项
中式年代造型：以历史为背景的创意理念，如老字号产品、保养品、名酒等	整体妆面：结合年代造型的特点来营造款式特点 眼部：选用眼线液勾化眼型，拉长后眼尾可提起眼睛的神韵，描画要精致、自然，眼影色彩多选用桃粉色、金色、肉橘色等 眉毛：比自然眉型要精细有型，颜色略深，有立体感，如果只用眉粉描画，在拍摄现场的光源照射下会被“淹没”，因此，选用眉笔或与发色相称的染、眉膏适量地描画，可更好地营造出妆面的款式风格 唇部：可选用纯正的红唇突出女人味	3. 五官修饰：要注意修饰五官的立体，强烈的灯光会使妆面减淡，所以需使用比平常略深的颜色，强调眼睛和唇部的轮廓，唇妆和眼妆协调统一，眼妆重，唇妆就相对浅些，反之，要相对浓些
西式奢华造型：以西方为背景，如洋酒、化妆品、手表等	整体妆面：表现出奢华、高贵 眼部：突出眼睛的立体感，增强眼部的神韵。选用棕色系的眼影描画眼部立体结构。晕染要有层次过渡。可选用适合的假睫毛粘贴	

（2）非商业用途摄影化妆。非商业用途摄影没有固定的策划主题，相比较商业用途摄影，它的特点是比较单纯，没有浓厚的商业色彩。非商业用途摄影化妆的分类与特点见表11—4。

表11—4　　非商业用途摄影化妆的分类与特点

分类	特　点
婚纱照	讲究视觉上的美，造型表现多样化，强调个人风格，摄影师、造型师可以适当按自己的品位、风格、审美观等直接就画面效果与当事者进行沟通，然后进行造型设计

续表

分类		特点
摄影晚宴妆		指用于晚会、宴会的化妆。晚宴气氛较浓烈，环境华丽，人们服饰讲究。化妆时线条轮廓要清楚，妆色要艳而不俗，用色丰富但不复杂，高贵而妩媚。对面部的凹凸结构要适当进行调整，五官轮廓也可适当进行调整，但不能因矫正过度而失真。晚宴妆的妆色与饰物的佩戴及着装要整体协调
个人专辑（个性写真）		讲究个人风格的摄影，由化妆师、客户和摄影师共同沟通把握
教学用	录像带	讲究动感的整体形态，同电视画面的要求相同，因录像带具有暖调色彩的倾向，化妆时，尽量减轻色彩的浓度，不同的镜头进行不同的化妆调整
	幻灯片	教学示范摄影化妆要精致干净，化妆色彩可以稍浓些，根据拍摄内容的不同确定化妆手法，特写镜头时，要特别留意周边肌肤的状态，注意肤质、细纹、浮粉、脱妆和胡须的处理

1）婚纱照。当日新娘妆（见图 11—3）是在自然光下与亲朋好友近距离的接触，整体效果不能过于浓重和夸张，以清新自然、喜庆为主；影楼新娘妆多在影棚里的灯光下拍摄，妆面修饰感强，从粉底、眼影到口红选用，色泽都比当日新娘妆要鲜艳而夸张。人物的化妆造型、线条、色彩都要围绕这一个感觉来设计造型。

图 11—3　新娘妆

①婚纱摄影化妆的修饰部位与修饰方法见表 11—5。

表 11—5　　婚纱摄影化妆的修饰部位与修饰方法

修饰部位及方法	注意事项
粉底：打粉底时要细心修饰。想要遮盖黑眼圈或黑斑时，可以用盖斑膏轻轻点在欲遮盖处，粉底颜色可比肤色稍微浅一点，但不可太白，深色粉底具修饰脸型的作用，脸型较宽的新娘，可将深色粉膏涂抹于脸颊两旁，蜜粉可选择透明感较好的，使脸部看起来更亮	考虑灯光及拍摄时间较长的因素，多使用膏妆粉底

续表

修饰部位及方法	注意事项
眼影：眼影可根据不同的风格来选择不同的色调，一般选用清淡、亮丽的粉蓝、粉紫、黄绿色等色彩。可适当用结构色去调整眼型，晕染要有层次过渡，整体协调统一。肤色略暗或年纪较大者可选用橘色或冷咖啡色等，根据个人睫毛的长短选择粘贴假睫毛 眼线：眼线的长短、粗细要因人而异，并根据所要表达的妆面来决定眼线的画法及颜色的深浅，先用眼线笔描绘出眼线，再以眼线液强调眼神 睫毛：先将真睫毛夹翘，再戴上自然型的假睫毛，使眼睛更具立体感 美目贴：对调整不标准眼型起到很大作用，可以为眼部化妆打下很好的基础，也可以使眼睛看起来更大、更显神采	影楼的新娘妆整体用色略重于当日新娘妆 注意真假睫毛的结合，不要有两层现象
鼻部：配合脸型比例，呈现顺畅、自然、立体而匀称的效果	与脸型比例要协调
眉毛：要比当日新娘妆的眉型精细，颜色略深，有立体感，若单一用眉粉扫，很容易被强光“淹没”；因此，多用眉笔去一根一根描画，画完眉毛后，用紫色系、蓝色系、咖啡色系的睫毛膏轻轻刷在眉上，将使眉毛看起来更生动	根据妆面、发色、服饰的颜色来选择眉毛的适当颜色
腮红：影楼新娘妆腮红的颜色要适当加深，不但起到润色和自然协调妆面的作用，还起到辅助阴影色强调面部立体感，并与基础底色融合的“二次过渡”作用	注意腮红晕染形状与脸型的协调
唇：先用唇线笔描出唇型，再涂上唇膏，最后可上一层亮光唇油，使嘴唇看起来娇艳欲滴	根据脸型、五官的特点，描画唇形，注意强调唇型轮廓
整体妆面效果：在眉毛和眼睛上可用羽毛或亮粉、水钻、花瓣等饰品进行装饰，以体现妆容的整体感和时尚感	整体妆面要与服装、服饰相呼应
发型与服饰：头饰运用一般以白色为主，也可以用淡雅的粉、绿、蓝等淡色头饰；尤其在抓纱造型中，运用浅色系头饰更能体现出白纱与头饰的层次感。头饰包括皇冠、假花、珠子、头纱等，要根据服装来选择颜色	要根据不同脸型、不同风格来搭配服饰。如长脸的人适合宽一些的颈饰，一般选用圆形耳环或耳钉；圆脸的人可选择带垂感的项链及耳环

②扎头纱注意事项。注意头纱与头饰、发型之间的距离。头纱必须紧贴发型；做头纱时必须注意形状，并可利用头纱、头饰配合修饰脸形。例如：长脸的人头纱不宜做高；做大头纱、抓纱造型时，一定要注意头纱之间的层次，固定头纱的时候，下卡子尽量横向夹，两侧头纱从外向内下来；做夸张的抓纱造型时，必须选择一定硬度的头纱；头纱左右两边尽量保持对称。

2）摄影晚宴妆。是指用于晚会、宴会的化妆。

摄影妆的最大特点是化妆必须通过照相机的镜头来欣赏。因此，化妆时必须考虑光线和镜头对脸部轮廓的影响。利用光影造型丰富明暗色调，制造视错觉。

晚宴妆的操作步骤、操作方法与注意事项见表 11—6。

表 11—6　　晚宴妆的操作步骤、操作方法与注意事项

	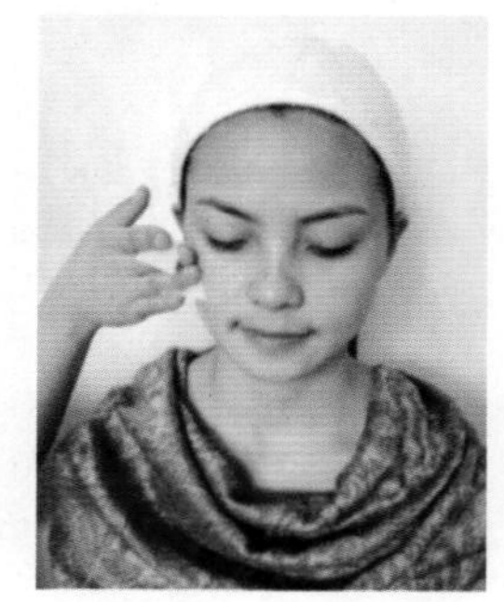
操作步骤：分析判断顾客的脸形和五官特点。 操作方法：仔细观察顾客的脸形和五官。 注意事项：观察要仔细、准确。	操作步骤：洁肤、爽肤、润肤。 操作方法：用洗面奶清洁皮肤、爽肤水、润肤露调理保湿肌肤。 注意事项：清洁皮肤要彻底，做好每一步护肤程序。
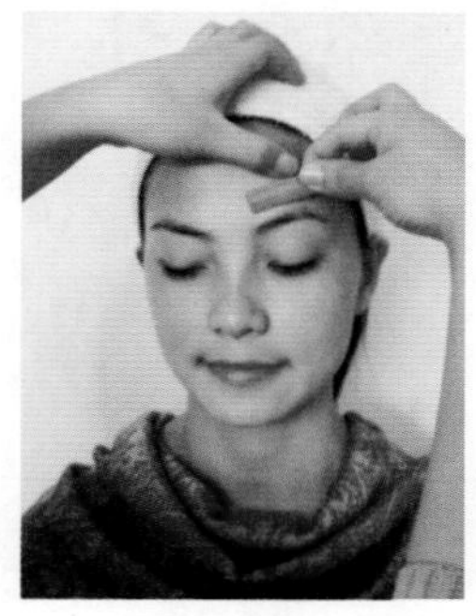	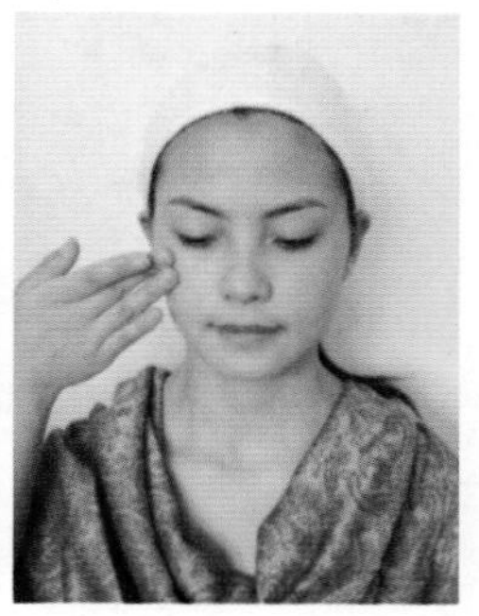
操作步骤：修饰眉形。 操作方法：摄影晚宴讲究面部立体感，对眉毛的修饰要高挑、有气质。 注意事项：注意眉形与脸型的协调。	操作步骤：修颜。 操作方法：用修颜液调整肤色。 注意事项：各人的皮肤颜色不同，选用修颜液的颜色要正确。

续表

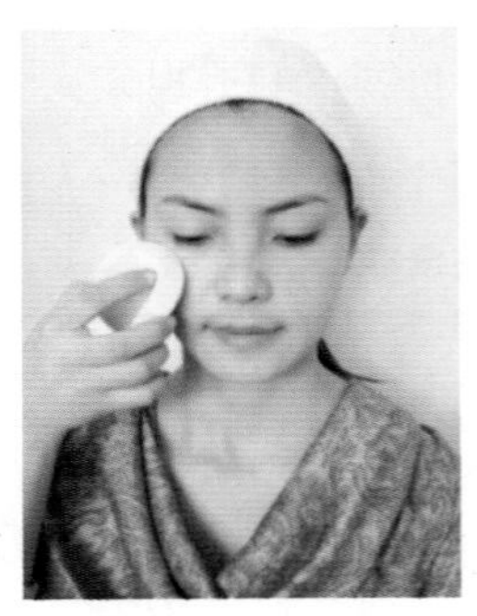	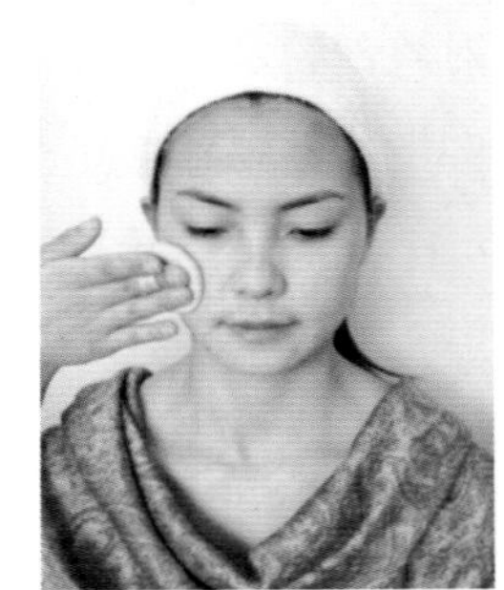
操作步骤：涂粉底。 操作方法：晚宴妆是浓妆，粉底可以涂抹的厚一些。在T字部位、下巴、下眼睑等地方上亮色，使之往前突出。 注意事项：1. 用遮盖力较强的粉底来遮盖瑕疵，以使清新光洁的皮肤能够正确清晰地反射光线；2. 强调脸部结构。	操作步骤：定妆。 操作方法：散粉按压要均匀、并用扫刷扫去浮粉。 注意事项：这个步骤必须确实做好，因为任何一丁点儿的油光都可能在镜头下扩散而影响全貌。
	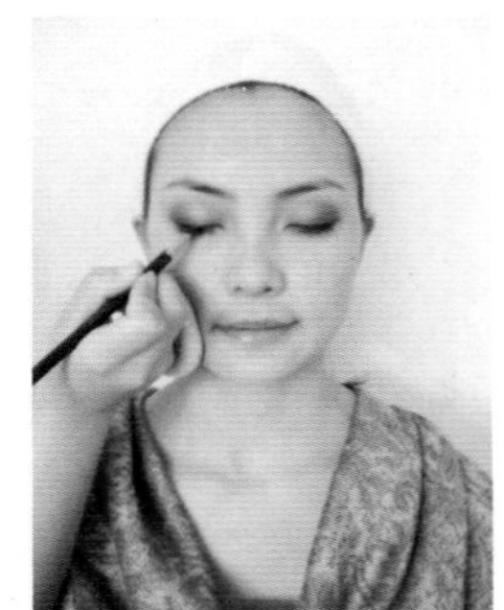
操作步骤：晕染眼影。 操作方法：根据服饰选择适当的眼影，并可加点荧光粉点缀。色彩的明暗对比可强些，强调眼影的凹凸结构。 注意事项：1. 用色丰富，妆色艳丽；2. 多色晕染时丰富而不浑浊。	操作步骤：描画眼线。 操作方法：上眼线描画可适当加粗，眼尾可略微上扬。 注意事项：摄影妆可以大胆地改变眼型，如双眼皮不够宽，可用美目贴，使眼睛看起来比较清亮有神。眼线要清晰、流畅。

续表

操作步骤：睫毛。 操作方法：根据不同的晚宴妆型来选择合适的假睫毛。 注意事项：根据妆型的变化，可选择不同假睫毛的颜色及不同浓密度的假睫毛，假睫毛要粘得自然，不能太夸张，除非有特殊需要。	操作步骤：鼻子的修饰。 操作方法：用阴影色勾勒鼻侧影，均匀自然过渡于鼻侧，并使用高光色提亮鼻梁及眉骨。 注意事项：色彩晕染要协调、柔和，描绘鼻侧影不可生硬。

操作步骤：画眉。 操作方法：眉形描绘可高挑艳丽。可用化妆刷蘸棕色眼影粉，涂刷出基本形状，再用黑色眉笔顺着眉毛的生长方向，最后用眉刷将颜色匀开。 注意事项：1. 根据眼形与妆型来确定眉形；2. 根据不同脸型来设计合适的眉形；3. 眉形要整齐，线条要自然、流畅。	操作步骤：晕染腮红。 操作方法：根据脸形结构的不同进行晕染，腮红色可以根据眼影的颜色来定，涂刷在阴影的位置，起到柔和作用。 注意事项：1. 注意与肌肤的融合性；2. 注意搭配适合肤色的腮红；3. 注意气候因素。

续表

操作步骤：涂唇膏。 操作方法：用深色唇线笔描绘唇线，再用相同色系的唇膏涂抹唇部，可在唇中部加亮色唇彩提亮。 注意事项：强调唇部结构，唇色与眼影用色、服饰色协调统一。	操作步骤：整体妆面效果。 操作方法：妆面、造型完成后，站在稍远一些的地方，观察一下妆型是否协调匀称。 注意事项：掌握好化妆的时间，留些时间做最后的整体造型观察。

操作步骤：梳理发型。 操作方法：根据服装、妆面的风格，梳理发型。 注意事项：整齐有序，发型配饰与着装整体统一。	操作步骤：整体造型效果。 操作方法：最后观察妆面、发型、饰品、服装是否协调。 注意事项：要求整体统一协调。

3）个人专辑（个性写真）。个性写真要突出个性两个字，化妆师要根据被摄影者的整体形象、肤色和面部轮廓来设计出具有时代感的个性化的妆容，不能千篇一律。个性写真的“个性”二字其实指的是被摄影者。因此，如果想真正拍出有个性的作品，就必须了解被摄影者，这需要花时间去进行深入沟通。由被拍照的人讲出自己的爱好，说出自己的想法，由于每个人性格、经历乃至梦想都各不相同，因此，化妆师只有围绕这些不同而进行设计，才能拍摄出人物丰富的内心世界来。个性写真如图 11—4 所示。

图 11—4　个性写真

除了深入了解沟通外，个性写真作品还要根据被拍照人的要求而进行特殊制作，如拍摄时间、拍摄地点等的选择。或者是崎岖的小巷，或者是斑驳的教堂，或者是清晨校园的林荫，或者是黄昏落日的湖畔……再结合拍摄环境的光线，突出被摄影者的个性。个人写真化妆的修饰部位与修饰方法见表 11—7。

表 11—7　个人写真化妆的修饰部位与修饰方法

修饰部位及方法	注意事项
粉底：根据顾客的皮肤而定，可选用液体或膏状粉底。底妆要薄而透，无瑕疵。瑕疵部位可选用正确色彩的遮瑕膏来遮盖，比较薄透自然。用透明的散粉定妆，不建议选用珠光散粉，除非有特殊的妆面要求	要注重脸部的立体感，用深浅不同的粉底打造出自然立体的效果。鼻侧影和修容也可以适当修饰出脸部的立体感
眼妆：一般会用上假睫毛，眼线以液体眼线笔和水溶性眼线膏为主，可以突显出眼线的饱和度	具体眼妆根据角色的要求来确定，或可爱，或浪漫，或妩媚，或高贵
眉毛：根据不同的风格，眉毛可以或浓或淡，或长或短，或弯或直	眉形和眼妆相符合
腮红：根据需求选用不同材质和颜色的腮红，粉状、液状、霜状、珠光或者亚光的在不同的脸颊部位打造出想要的效果	腮红要体现角色的不同风格的需要，可以或天真，或妩媚，或高贵，或典雅
唇：整个脸部的妆容要有一个重点部分，如果眼妆为重点，那么唇部要弱化。反之，可强化唇部，画出娇艳欲滴的唇	在镜头前不要过度提亮
整体妆面效果：要求妆面干净，精致具有一定的视觉冲击力。因为是摄影妆，所以脸部不要用太多的珠光，出外景的时候要特别注意光线的情况，要根据光线来调整妆面的浓度和色调	根据被拍摄者所期望达到的角色目标来确定妆面

（3）黑白摄影化妆与彩色摄影化妆。黑白摄影化妆与彩色摄影化妆的区别在于由于黑白照片看到的只是明度变化，色彩的层次感可以用不同深浅的同类色调平缓过渡

表现；彩色妆在黑白照片中表现为黑灰白，可以适当加重修容的分量。黑白摄影强调的是修容；彩色摄影强调的是色彩运用。

1）黑白摄影人像妆。黑白摄影妆指的是使用黑白胶片进行摄影的化妆，整体形象由人物个性特性、摄影主题意境、风格决定。黑白摄影化妆是最早的摄影化妆，起源于卓别林时代的无声电影，并一直沿用至今，所以，黑白摄影化妆仍是化妆师的必修课。黑白摄影所留下的影像，一般不会因色彩褪变而影响整张照片的表现力。黑白照片看到的只是明度变化，因此，化妆中色彩的明度高低都变成了照片里不同的明暗层次。黑白摄影人像妆如图11—5所示。

图11—5　黑白摄影人像妆

黑白摄影妆着重强调面部骨骼结构的立体感和五官轮廓的清晰度，特别强调素描结构化妆造型，所使用的色彩明暗度对比强烈，线条描画要柔和自然，妆型可略夸张。黑白摄影化妆的修饰部位、修饰方法与注意事项见表11—8。

表11—8　黑白摄影化妆的修饰部位、修饰方法与注意事项

修饰部位及方法	注意事项
粉底的处理： 1. 强调肤质与立体修容（选用咖啡色粉底或深咖啡色的修容饼进行修容） 2. 粉底可以选择遮盖性强的、比肤色稍白些的色彩 3. 选用不含珠光的透明蜜粉薄薄地按压	1. 粉底可以涂厚些，要完全遮盖皮肤瑕疵，使皮肤显得细腻而光洁 2. 加强立体感时，要特别注意深浅粉底的过渡均匀
眼影：以黑白灰或深咖啡色系的眼影抹出层次，加强立体效果。为加强眼部神采，可将眼影晕染到下眼睑外眼角至内眼角的1/3处 眼线：用黑色眼线笔或专用眼线刷描画眼线，可以适当拉长眼线或抬高眼尾 睫毛：睫毛膏宜用黑色，使眼睛显得更加明亮动人，根据眼部的需要，也可粘贴假睫毛，改善眼睛的下垂现象。创意性较强且风格前卫的摄影作品，也可以粘贴下眼睑专用的假睫毛，使眼睛更具戏剧色彩	眼影：由于图片是黑白效果，所以化妆时避免使用过多、过艳的颜色，根据眼型需要确定是否要强调立体结构 眼线：强调眼线的描绘，笔法要细腻自然 睫毛：注意真假睫毛的融合
鼻的修饰：修饰位置为鼻侧面	注意影色过度要自然
眉的修饰：根据脸形需要描画眉型，以灰黑色眉笔顺着眉的生长方向描出理想的眉形；也可以用眉刷蘸取少量的眉粉刷匀眉毛	眉色不宜过深，眉形不宜过粗，要自然生动，有虚实效果

续表

修饰部位及方法	注意事项
腮红的修饰：要为脸部结构的需要服务，因此一般选用咖啡色或棕红色晕染腮红，强调面部结构	颜色不宜太深，较深的腮红会变成深灰，使脸变脏
口红的修饰：线条与用色决定唇部妆效。用唇线笔勾勒出细而结实的唇线，加强唇型的立体感，再涂上薄薄的唇膏，使其显得真实自然	色彩不宜过艳，像大红色，图片效果就是黑色的嘴唇，不甚美观，稍浅的唇膏可以突出神采奕奕的眼睛，并符合黑白摄影含蓄怀旧的风格
发型与服饰：发型与服饰要与人物的个性相协调，可充分利用光线和布景的变化，塑造不同风格的人物形象	造型风格和摄影的主题相协调

2）彩色摄影人像妆（见图 11—6）。化妆对进行彩色摄影人像主题的表现有很大作用。彩色摄影化妆时，可借助不同色彩搭配组合，创造出多姿多彩的造型。展示多种风格的人物形象，如面部特写、新娘造型等。

图 11—6　彩色摄影人像妆

彩色摄影化妆是通过数码相机，使用数字成像元件而显现的妆型，化妆的色彩能比较真实地反映在图片上，因此化妆色彩要柔和、自然、均匀，讲究色彩的整体感，用色不宜对比强烈、繁杂。彩妆品要有比较强的附着力。粉底应比平常更慎选颜色与质地。光线的要求极为严格，化妆准确但是灯光不到位，也不会出现比较好的妆型效果。彩色摄影化妆的修饰部位、修饰方法与注意事项见表 11—9。

表 11—9　　彩色摄影化妆的修饰部位、修饰方法与注意事项

修饰部位及方法	注意事项
肤色的修饰：可选择遮盖性强的膏质粉底，借助密度较高的海绵一层一层慢慢上粉底，粉底要均匀自然细腻，粉底色彩选择偏黄偏暖色，避免脸色显得苍白，利用高光色和阴影色修饰出立体结构。选用不含珠光的蜜粉定妆	即使有后期的制作，也要注意遮盖瑕疵（斑点、红血丝、黑眼圈、眼袋等），可在涂粉底前用遮瑕膏遮盖，并注意与粉底的自然衔接

续表

修饰部位及方法	注意事项
眼影：根据眼型的需要确定是否强调结构，尽量避免使用带银粉的眼影，因其容易产生反光，沿着睫毛根部加深眼线轮廓的颜色，使双眸更加动人 眼线：眼线宜描画得细且自然，可适当夸张，调整眼型或强调眼部的神采 睫毛：假睫毛必不可少，但是要根据妆型风格选择假睫毛的颜色和长度，避免不伦不类或夸张造作	1. 眼影的颜色要符合人物造型的要求，如果是新娘造型，眼部强调喜庆柔和；若是艺术特写，则根据整体风格选择用色，可端庄，可妩媚，亦可表现前卫风格。根据摄影棚光线强弱和光色选择相应的色彩晕染 2. 透明洁净感的照片效果眼线要自然，可用深色眼影刷出效果
眉的修饰：可以选择深浅不同的咖啡色，深灰色及黑色等眉粉混合使用，眉型要有虚实效果，并用眉刷刷出自然的层次感	选择与模特毛发相近的眉笔或眉粉
腮红的修饰：颜色要柔和，并要与肤色自然衔接，调整肤色和脸部的立体结构	腮红的颜色会真实反映在图片上，面积不宜过大
唇红的修饰：由于摄影风格的不同，唇色可以多色搭配或使用荧光颜色，用化妆纸吸掉油分可以减少反光，使唇部色彩显得柔和自然，可轻按上蜜粉，同时也可以使唇色持久，不易脱落	保持唇的轮廓清晰及唇色的丰富饱满，以免影响整体效果 唇膏色与整体妆色一致
整体妆面：各年龄层人的化妆都要努力使其展示不同年龄段的美，儿童化妆绝不能失真，男女化妆需展示性别的差异	彩色摄影化妆对妆色应与服装光线、背景协调一致，强调整体色调的统一性，妆面要牢固、持久。如果是在室内的彩色摄影，色彩运用要以摄影棚内的光线为主
发型和服饰：强调发帘部分和轮廓，并与摄影作品的整体风格一致。服装也应与之相呼应	发型与服饰要符合人物的特点，发型的梳理要与脸形和谐

3. 影响摄影妆的相关因素

（1）光线对化妆的影响。同样的妆在不同的环境看出来的效果是不同的，如教室、商场、公园、晚上的饭店和酒吧。室内看上去很自然的妆容，到室外自然光下就变得很浓，光线变化能使妆容发生很大的变化。如果化妆时不考虑妆色所展示的光色环境，通常会使完美的妆色变得丑陋或滑稽。因此要根据光色选择妆色。

1）光色与妆色的关系（见表 11—10）

表 11—10　　不同色调光线对妆面的影响

不同色光	冷色妆面	暖色妆面
冷色光	妆面显得艳丽。例如，蓝色的光照在紫色的妆面上，妆面效果更加冷艳	妆面都会产生模糊，不明朗的妆型效果
暖色光	妆面都会产生模糊、不明朗的妆型效果	妆面颜色会变浅，效果比较柔和

2）光色对妆面的影响（见表 11—11）

表 11—11　　光色对妆面的影响

不同色光	暖色系妆色	冷色系妆色	化妆注意事项
红色光投照	红色、橙色与黄色等偏暖的妆色会变浅，变亮，妆型依然亮丽，醒目	蓝、绿、紫等冷色妆面上，妆色会显得暗	可以使妆面颜色变浅，立体结构不突出。化妆时，要强调刻画五官立体结构，利用阴影色使轮廓突出，这样经过红色光照射，面部不会显得过于平淡
蓝色光投照	黄色妆面变成暗绿色	紫色、棕色等妆色都会变暗，接近黑色。蓝色和绿色的妆面变得鲜亮	可以使红色的妆面变暗而成为紫色。因此，化妆时用色要浅，口红宜使用偏冷的颜色
黄色光投照	暖色妆面会显得更加明亮，红色越来越饱和，橙色接近红色，黄色接近白色，浅淡的粉红则显得艳丽	绿色成为黄绿色，蓝色与紫色成为暗黑色	黄色光使妆色变浅，化妆时用色可以浓艳
强光	会使妆色变浅	会使妆色变浅	强光的照射会使一切妆色变浅且显得苍白，在化妆时要刻意强调五官的清晰度
弱光	色彩变模糊	色彩变模糊	弱光的照射会使妆面显得模糊，所以要强调面部线条与轮廓的清晰

3）不同场合下的光线的特点与化妆（见表 11—12、表 11—13）

表 11—12　　自然光下妆色的特点与化妆注意事项

类别	特性	特点	化妆注意事项
盛夏的日光	光线明亮强烈	盛夏的日光会引起晕光效应，使皮肤泛白。直射的阳光会显露脸上的瑕疵。上了底妆后会显得妆面过厚，像面具脸，看起来很不自然	选择轻薄的产品，打造健康肤色，可以选择比本来肌肤稍深一些的粉底。不要选用浓烈的妆面色彩。应该选择具有光泽的自然颜色

续表

类别	特性	特点	化妆注意事项
晴朗的天空	光线明亮柔和	可以反映真实的颜色	适当遮瑕，以自然妆为主，不宜选择暗色调的眼影，会使眼睛看上去显小
阴天的光线	光线弱偏蓝色	面部阴影部分显得比较柔和、优美	—
夕阳的光线	光线呈红色调光	日落的夕阳光很美，但是这种虚幻会给人暗沉和寂寞的印象。在这种光线下，很容易暴露皱纹等肌肤问题	一定要用遮瑕膏等来遮盖问题部分。如果表情看上去还是很疲倦，可以强调眼妆，做些层次感，选用哑光色眼影。带有红光的颜色容易被光线吸收，变得模糊不清，应该尽量避免选用红色调

表 11—13　人造光下妆色的特点与化妆注意事项

类别	特性	特点	修饰技巧
冷色调荧光灯（办公室、会议厅、学校等）	色光偏蓝色调	肌肤易显苍白，皮肤纹理较粗，容易暴露面部缺陷，脸部也会显得平板	可以使用玫瑰色系的底妆，给皮肤增添红润感，用高光和腮红打造立体感，宜选择冷色调的妆色
白炽灯、暖色调荧光灯（摄影棚、咖啡厅、酒吧、酒店等）	色光偏橙黄	这种光线能给空间造出阴影，看起来很有质感，面部瑕疵不明显，柔和的橙色系的光线最能映出肌肤的柔美，彩妆容易吃妆（不显色）	妆色可选择偏深的色调，浓重的色泽会给人华丽、富贵、神秘的感觉，如金色、橙色、黑色等，强调脸部的立体感
昏暗的餐厅、酒吧	色调偏橙黄	光线浪漫梦幻，能让肤色看起来很好。但是缺乏对比度，令脸部很平。就算加重眼影，腮红的颜色，都会被周围的光线吸收而效果不佳	用线条来强调，画上清晰的眼线和唇线。有时也会因为光线角度的问题，皱纹会变得很明显，所以千万注意底妆要细致

相关链接

摄影师给人拍照时，总在下面加一块白板。这是让光线从下面反射上来，能让皮肤看起来更明亮。白色是最会反射的颜色，红色让皮肤显红，黑色是完全不能反射的。因此，化妆的桌面最好是白色的。根据这个原理，化妆师的工作服最好选择黑白两色，因为色彩强烈的衣服会反射，从而影响模特的化妆颜色。

（2）背景对化妆的影响。在摄影化妆中，背景颜色会影响模特皮肤和妆容的颜色。化妆时，如果背景光很强，肤色很浅。背景和妆色一致时，会产生统一的效果，浅色背景，肤色显深。反之，对比关系时，产生突出效果，造型鲜明，如浊色背景，肤色显亮丽。背景色对化妆肤色的影响见表 11—14。

表 11—14　背景色对化妆肤色的影响

背景色	特　　点
白色	适合任何妆容和发型
蓝色	妆面显得干净、明朗
蓝紫色	肤色会偏暗，妆色容易显暗淡
绿	使得皮肤发黄，暗淡无光
黑色	肤色显浅，容易突显彩妆的色彩和质感，但会掩盖黑发
灰色	最理想的背景色，不会影响整体化妆的色彩
红色	使皮肤偏红，显得人的气色较好
黄色	明度太高，使皮肤显得暗淡，偏黄黑

相关链接

服装对化妆的影响

肤色、化妆色与服装色彩构成了人体的色彩。在妆色和服色选配中，应充分考虑和谐性。为达到三色和谐，建议与大自然的四季相对应，以取得更好的美学效果。穿浅色衣服，底色要比穿深色服装略浅。穿艳色衣服时，妆色要明亮些。

学习单元 2　发 型 设 计

【学习目标】

1. 了解发型设计的主要设计要素
2. 传统发型和现代发型的特点梳理技巧
3. 盘编发型的类型及其主要特征

【知识要求】

发型设计是形象设计的组成部分，发型不能孤立存在，发型变化与整体形象的造型、色彩以及表现风格息息相关，并起着极其重要的作用，因此，选择恰当的发型，融入整体形象设计之中，能更好地起到衬托人物形象的作用。

一、发型设计概述

发型设计是一门综合性艺术，造型师在设计发型时应依据人体的头型，脸型，五官，身材的比例，发质状况、服装的选择等因素为前提，以扬长避短为原则，以创造美为目的，来构思发式。

1. 发型设计的要求与依据

任何一种艺术设计，在创作上都有明确的主观意图，而发型设计的意图有明显的实用性、装饰性。设计对象是这个发型的拥有者，同时又是鉴赏者，发型设计是否能达到预期的效果，取决于设计者能否满足设计对象的事业要求和审美心理，同时又要得到他人的赏识和肯定，带来形象效应，这就是一个好的发型的标准要求。

发型设计是一种艺术创作，与其他艺术形式相比，它有自身的设计原则与规律。在设计构思和操作中，必须分析设计对象的心理需要、可利用的条件，并综合各种可能的因素，作为设计操作的依据加以利用和发挥。发型设计的主要设计要素见表11—15。

表11—15　　发型设计的主要设计要素

设计要素	简　　介
年龄因素	年龄因素是除性别之外必须首先考虑的问题。发型是人们对生活经历和性情特性的一种认同。因此，设计发型时，设计者必须把握人物年龄范围及性格特征，对其性情加以分析，从而选择适合的发型
职业因素	身份和职业是一个人的社会角色。设计发型时，要注意被设计者的职业及其特点，并根据特定的环境加以考虑
心理因素	心理因素是指要了解设计对象的心理认同感，要了解他们的心态，尊重他们的选择，利用技术上的优势，达到令人满意的效果
环境因素	指发型的用途，人们根据所处的具体环境和场合氛围，将发型变换成适合这类活动需要的样式
协调因素	发型要与服饰的风格特点相协调
地区因素	由于民族和地域文化差异，在设计发型时应注意其风俗民情、地区生活习惯，乃至宗教信仰特点
季节因素	因季节气候变化而选择相应的发型

2. 发型的审美标准

发型是一门造型艺术，有其自身的创作原则、规律、要求和目的，它的审美标准是综合性的，受民族和地区传统文化的影响，同时还应具备以下要求（见表 11—16）。

表 11—16　　发型的基本审美标准与简介

审美标准	简　介
艺术韵味	发型要有艺术性，充分利用各种美化因素和手段，力求作品具有美感和创意，具有装饰性和鉴赏性
人物形象美	不但要看发型式样，外观轮廓的美感和创意，更要看能否衬托出人物的面部特征，并对人物的整体形象产生更好的美化效果
营造和谐愉悦的环境	发型的审美功能，会使人的生活增添情趣，漂亮的发型，会令人赏心悦目，给人带来身心畅快，增强自信心

二、传统和现代发型

纵观现代发型的发展，每个时期都有代表其潮流的时尚之作。其时尚发型的形成过程是一个从原来发型的基础上发展起来的过程。

1. 传统发型和现代发型的特点

传统发型是指在一段时间内曾广为流行的，经过历史筛选去其糟粕，存其优点，逐步完善，成为民族的精华而被保留下来的发型，它具有较强的民族性。传统发型必须具备历史性和流行性两大特点。

现代发型是指适合现代人的生活方式和审美心理，符合现代社会的文化和观念，符合现代发型设计的原则和规律的发式。这些发型基本是从中外古典传统发式演变而来，并为现代人工作、生活、活动中所喜爱和崇尚的发式。传统发型与现代发型的特点与区别见表11—17。

表 11—17　　传统发型与现代发型的特点与区别

类型	传统发型	现代发型
风格特点	1. 以稳重、含蓄为美的追求效果，发型总体光滑细腻，无论是卷发式、束发式或是直发，发丝均有整体感，内外通顺而牢固 2. 发型以静为主，轮廓清晰，边缘无散乱	1. 以自然、富有活力为美的追求目标，发丝自然、蓬松 2. 追求色调变化，或借助于漂、染、烫等技术强化修饰效果 3. 追求唯美，表现为开放、大胆、创新、不拘一格、变化性强

续表

类型	传统发型	现代发型
操作特点	传统发型的制作需要有严格的操作程序，对推、剪、剃、梳理、吹风造型的基本功底要求较高	借助于现代先进的科技手段，操作更趋简单化、科技化，又由于发胶、摩丝、定型剂等新型固发材料的出现，造型更加随心所欲，充满艺术魅力
共同点	它们都是历史的产物，并各自反映着当时的时代特征。任何发型都是在传统发型的基础上发展起来的，不是凭空想象杜撰的，所以，虽然现代发型与传统发型相比，发生了质的变化，但是在工艺、技巧、材质上却与传统发型有千丝万缕的联系	

2. 传统发型和现代发型的应用

传统发型具有较强的民族性，从这类发型中可以表现中华民族女性古朴、端庄、严谨、含蓄的内在美；现代发型反映时代的气息，符合人的心理追求，它的使用范围较广，同时也与人的着装、个性等因素密不可分。

（1）传统发型和现代发型色彩的应用。现代发型表现在原本单一颜色的头发中，如黑色为主的发色（见图11—7），加入色彩的搭配使发型更具立体感。这一点在各类比赛中尤为明显。用于比赛的发型作品，发型师往往通过精湛的梳理技术和艺术加工将其塑造的如艺术品一样供人们欣赏，当然色彩运用要与人的肤色、服饰、个性、年龄、职业等条件相协调（见图11—8）。

图11—7　传统发型

图11—8　现代发型

（2）传统短发发型和现代短发发型的修剪。传统发型基本都是平行弧形轮廓（见图11—9），现代短发设计和制作较以往变化很大，提倡定型定向修剪，发展几段型、几何型、不对称型（见图 11—10）及向前飘逸的 W 型轮廓，为发型创新提供了有利的条件。同时运用虚线虚实结合贴近自然使现代的短发更多姿多彩。

图 11—9　传统短发修剪造型

图 11—10　现代短发修剪造型

（3）传统发型与现代发型的波浪卷发。长波浪是传统发型的代表作，它端庄典雅深受女性朋友的喜爱，发型重点在于整齐的曲度，发型总体极具丰厚感，感觉非常隆重，不适合日常场合（见图 11—11）。

现代发型继承了原有的特点，以现代技术和工艺操作进行大胆的艺术处理，在造型上更注重修剪，运用新的修剪方法变单一层次为综合层次头发，重心变化增加，也就增加了发型的可变性。令头发柔和自然，同时放大了发丝的弧度，传统发型循规蹈矩可数日不走样，而现代发型自然简洁梳理方便能随人体动作而产生变化，表现出动态的美，造型更加飘逸更贴近生活，如图 11—12 所示。

图 11—11　传统大波浪发型

图 11—12　现代大波浪发型

3. 传统发型和现代发型的梳理技巧

（1）传统发型的梳理技巧。传统发型主要包括束发类和卷发类，传统发型的具体操作方法及注意事项见表 11—18。

表 11—18　　传统发型的具体操作方法及注意事项

分类	操作方法	注意事项
束发	1. 卷：将分出的发束卷成适当的形状，或长或短，或粗或细，用发卡固定在头部 2. 盘：将分出的发束或编或拧，盘绕在头部 3. 扎：将整个发束或分出的一部分发束扎结固定在进行适当的处理，或盘绕或卷 4. 填：用自身的头发作外包装，将假发填充在里面，使发量增多，发型显得饱满	1. 发丝要清晰，发型整齐，每束发之间不能有散乱的头发，发束要紧密相连，以不露头皮为宜 2. 束发的发卷高低匀称，适于脸型
卷发	1. 先将烫过的头发用空心卷做大花，烘干 2. 拆下发卷，梳理通顺，找出自然波纹 3. 用无声吹风机固定波纹 4. 用钢丝发刷反复滚刷，并再次用无声吹风机定型	1. 发丝清晰，发型整齐，内外无散乱发 2. 发型轮廓圆润饱满，适于脸型

1）束发类。有直发束发和卷发式束发两种，但无论是直发束发还是卷发束发在束发过程中，都先将发丝梳理通顺，梳理成一束或分成几束，盘卷在头上，用发卡将其固定，发型高贵而典雅。

2）卷发类。与束发类相比显得浪漫，传统的卷发类发型以波浪式为主要发型。

（2）现代发型的梳理技巧。现代发型包括束发类、直发类、卷发类，现代发型的具体操作方法及注意事项见表 11—19。

表 11—19　　现代发型的具体操作方法及注意事项

分类及特点	操作方法	注意事项
束发类：是在传统发型的基础上发展变化而来的，变严谨为宽松，变端庄为浪漫，变光滑为自然	1. 可先将头发做成卷，梳理通顺，分出一束或整束发型进行塑造 2. 根据需要将部分发束结扎起来，用梳子进行倒梳、打散，喷上发胶，使发量增多，发型加大 3. 借助于假发或饰物点缀：将饰物或毛发制成的发髻、发帘等放在所需要的位置，使发型适于脸型，并更有可看性 4. 借助于发丝的自然悬挂：这与传统束发有着根本区别，传统束发要求发丝整齐，现代束发则有意识地将鬓发或刘海留一束，既能点缀发型，又能修饰脸型	1. 发型梳理自然和谐、要有牢固感，但不能有造作感 2. 发型动静相宜，虚实相应

续表

分类及特点	操作方法	注意事项
直发类：以修剪为主要造型基础，发型自然、简洁，可加以漂染、彩焗等运用，使之产生无穷的魅力	1. 漂染：将全部发束或局部发束进行漂染，使发型的色调产生自然的变化，可分层漂染成两种或两种以上的颜色，使发型产生丰富的色彩变化 2. 梳理：先用大功率的吹风机将发丝吹至五成干，涂上护发啫喱或定型的摩丝，一边用大功率的吹风机吹，一边用手指拉开发丝，使发丝流向自然，追求与脸型的协调	1. 发型的色调变化符合整体需求 2. 发丝流畅，流向自然
卷发类：是在修剪基础上烫卷，配以漂染和化妆品的运用，以电卷棒或电卷器或吹风机定型而产生的	1. 修剪后进行烫发处理，可根据需要选择烫发的器具，如电卷棒或“热烫”或“冷烫” 2. 根据发型的需要进行漂染或彩焗处理，适用于长久性烫发后 3. 用吹风机将发丝吹至五成干，涂上定型啫喱或摩丝，再用吹风机将发帘定型，其他部分的头发梳理出自然弯曲即可	1. 发型的色调变化符合整体需求 2. 发丝流畅，流向自然 3. 烫发卷棒的大小直接影响烫发后的效果，需根据需要的发型选择合适的卷棒

三、盘发与束发

1. 盘发

（1）盘编发型的含义。盘编发型是指把头发收束起来，将其技巧地盘编在头上，用以装饰和美化发式的一种塑型技术。

现代盘编发型是在古典盘编发式的基础上变化的，已成为现代发型重要的组成部分，新娘发型和晚宴发型属于盘编发式的范畴。

盘编发型是发型设计中具有传统性的特殊技术，在创作理论、设计技巧乃至用途上，与以剪削技术为基础的现代发型上有很大区别，只要有适当的发量和发的长度，就可以运用盘编技艺，把头发极其精巧地构筑在头上，展示其风采。

掌握单项盘编和单元盘编技术，是学习和创作盘编发型的关键。

（2）盘编发型的类型及其主要特征（见表 11—20）

（3）盘编技术组合主题发型的分类与主要特征（见表 11—21）

表 11—20　　盘编发型的类型与主要特征

类型		主要特征
发辫类		发辫类盘发是以发束为股，将其编和成辫条的技艺，是有效收聚发型的一种编织方法。这种盘编技术对整理长发有很好的作用，这类发型是传统发式的基本式样
环圈类		环圈类盘发是把发束片状化后，将其弯卷出各种环状或圈形的式样，这是盘编发式塑形的技巧性方法之一。这种技巧对盘编发式的高度和量有很好的扩充作用
滚卷类		滚卷类盘编是一种在发式中大幅度制造变化形平面的包束方法。对凌乱的发丝有导向作用，这种表现头发质地的技法，对表现发式质地饱满感有很好的作用
塑物类		塑物类盘编是利用头发在头上塑造各色各样物状的发型，是将头发盘编物化的技巧方法之一。这种发式带有“刻意雕琢”的韵味，新颖别致

续表

类型		主要特征
波纹类		波纹类盘编是把发束片状化后，将其盘编出各种变化的波纹形状式样，是盘编发式塑型的技巧方法之一，多具有古典风格，也是单元组合盘编发型用以填充或衔接的一种方法
编织类		编织类盘发是以头发作为编织的材料，模拟平面型条形物状，编织出平面花样图案的盘编发式的技巧方法之一

表 11—21　　　　盘编技术组合主题发型的分类与主要特征

组合发型分类		主要特征
组合新娘装发型		组合新娘装发型是一种用于女子结婚时的发型，各民族地区各有特色，但都以端庄秀丽为特点，在造型上，形态大方俏丽，线条简洁
组合晚装发型		组合晚装发型是女子晚上出席社交场所的发型，在造型上典雅得体，线条流畅，力求在表现出人物独特品位的同时，又不失其华贵大方

续表

组合发型分类		主要特征
组合创意发型		创意发型是指跳出传统发式的设计模型，采取较夸张和联想的创作方法，以新的创作理念和设计模式表现发型的一种超前艺术意念
组合命题发型		命题发型是一种在特定的主题思想下设计的发型。设计者根据题目内涵展开形象思维，并把这种思维作为设计的创作过程

（4）盘编发型的头饰配置

1）头饰的定义。头饰是作为点缀或存托发型的各类装饰物件。

2）盘编发型头饰配置的原则和要求。

头饰作为盘编发型的装饰物件，选配时必须遵循一定的原则要求，讲究方法和技巧，这样发型和饰物才能相得益彰。盘编发型头饰配置的原则和要求见表11—22。

表11—22　　盘编发型头饰配置的原则和要求

头饰配置原则	要　求
符合发型的主题和风格	发型设计是一种创作，尤其是以古典发式为基础的盘编发型，虽说是实用功能突出，但也存在主题和风格的问题。头饰作为饰物，不能随意添配，盲目乱插，必须根据发型的创作理念加以选配
注重发型的效用和审美	发型设计首先要实用，实用又是其功能美的基础。盘编发式在选配头饰时，切忌为装饰面装饰，把一个典雅的盘编发型弄得繁杂、累赘

续表

头饰配置原则	要　求
符合现代审美心理	头饰配置是盘编发式的组成部分。古今中外都非常重视头饰在盘编发式上的装饰效果，因而在每个时期头饰都跟随发式的演变而不断创新。头饰的配置实际上是设计的一个组成部分。必须符合审美的要求，款式过时，工艺粗糙的头饰不宜使用，避免弄巧成拙

2. 束发

束发是长发型常用的手法，一般以束发位置的不同来区分造型，有高束发、低束发、单束发、双束发、侧束发等，近年来头顶部束发很受年轻女子的青睐，表现风格活泼、清爽、富于个性，应用范围广泛，不同位置的束发表现风格有很大差异，例如，低束发文静，高束发活泼，双束发纯真，侧束发俏丽、可爱，顶部束发则显示出个性和时尚（见图 11—13）。

1. 低束发　2. 高束发　3. 双束发
4. 侧束发　5. 顶部束发　6. 婚宴类束发

图 11—13　各种束发

束发也是经久不息的发型之一，现今又融进了现代的意识和技术，对不同的场合采用不同的梳理技术，产生不同的艺术效果。

日常的束发一般强调简洁明了、牢固易梳理和保养，参加宴会和婚礼的束发造型则要考虑如何能渲染吉祥和喜庆的气氛来表现女性的高雅娴静。

学习单元3　服装整体搭配

【学习目标】

1. 了解熟悉色彩搭配
2. 熟悉服装的服饰搭配

【知识要求】

一、色彩搭配

1. 色彩搭配知识

色彩搭配一定具有科学性，不同的色彩随便凑合在一起，会很不协调，只有按一定的规律进行搭配才能给人以美感。色彩搭配应遵循以下规律：

（1）色彩色相对比搭配。色彩色相对比搭配是指色彩色相差别而形成的色彩对比搭配，色彩色相对比搭配可分为冷色系、暖色系对比搭配，有彩色系和无彩色系搭配，色相搭配越远，效果越好，色相单纯的搭配，有素雅、恬静的效果，色相较多的搭配显得热闹、花哨，色相对比强烈的搭配有活泼动人之感，色相类似的搭配有稳健单调的效果，而冷暖搭配可以使人视觉平衡。

（2）色彩明度对比搭配。色彩明度对比搭配是指色彩中明暗程度产生的对比搭配效果，又称深浅对比，黑白对比。色彩的层次感和空间关系，主要靠色彩的明度对比表现，以高明度进行搭配，深浅反差大，强烈，明亮，壮丽，轻快，清晰度高，又称强搭配；以低明度进行搭配，深浅对比反差小，对比效果含蓄，柔和，舒适，清晰度低，庄严，凝重，阴暗，沉闷，又称弱搭配。

（3）色彩纯度对比搭配。色彩纯度对比搭配是指由于色彩纯度差别形成的搭配效果，用以产生艳丽或浑浊类型的色调。高纯度而色相疏远的色彩搭配，对比强烈，鲜艳夺目，效果明艳而跳跃，引人注目，活泼生动，但不能持久注视，易产生视觉疲劳，低纯度而色相疏远的搭配，色彩浅淡，柔和模糊，朴素大方，效果含蓄但色彩单一，运用纯度对比搭配时，要分清用色的主次关系，避免产生凌乱、单调的效果。

(4) 色域搭配。色域搭配分为同类色搭配、邻近色搭配、互补色搭配、对比色搭配等几种情况。

2. 色彩的选择搭配

(1) 无彩色搭配。无彩色对比搭配虽然无色相，但在使用方面它们的组合很有价值。如黑与白、黑与灰、中灰与浅灰等。对比效果大方，庄重、高雅而富有现代感，但搭配不当会产生单调感。

(2) 无彩色与有彩色的搭配。如黑与红、灰与紫等。对比效果大方又活泼，当无彩色面积大时，偏于高雅庄重，当有彩色面积大时活泼感加强。

(3) 同类色搭配。一种色相的不同明度或不同纯度变化的对比称为同类色对比搭配。如蓝与浅蓝对比、红与浅红对比等，对比效果统一，文静、含蓄、稳重，但也易产生单调呆板的感觉。

(4) 邻近色搭配。在色相环中处于 30°～60°之间的色彩对比，如黄与绿对比、黄橙与黄对比等。效果感觉柔和、和谐、雅致、文静，但搭配不当易产生模糊、单调、乏力，可以通过调节明度来加强效果。

(5) 对比色搭配。色相对比角度约 120°，为强对比类型，如红与黄、黄与蓝、蓝与红，对比效果强烈、醒目、有力、活泼、丰富，但也不易统一，容易让人感觉刺激，造成视觉疲劳，一般需要采用多种调和手段来改善对比效果。

(6) 补色对比搭配。色相对比角度为 180°，为极端对比类型，如红与绿、黄与紫、蓝与橙，效果强烈炫目，但若处理不当，易产生幼稚、原始、不安定、不协调的感觉。

常见服装配色方法见表 11—23。

表 11—23　常见服装配色方法

搭配形式	表现特征
同类色搭配	同类色配色是服装设计常用的表现方法，尤其在春秋和冬装中，内外衣与配饰物的搭配上，同类色方法能达到丰富和谐的效果
色彩的节奏变化	由于色相、纯度、饱和度以及色彩面积大小等因素不同，产生了色彩有序和无序的节奏变化
统一变化色彩搭配	运用某种颜色为主调，再用其他颜色穿插点缀其间，产生统一色调中又有变化的色彩效果
色彩面积搭配	由于色相明度不同，给人的视觉印象也有扩张和收缩的感觉，同样大小面积的红色和黑色，给人的感觉是红色大，黑色小

3. 四季变化的色彩搭配

在服装色彩的协调关系中，肤色是决定服装色彩设计的主要依据。人的肤色大致分为黑色、黄色、白色三种。每种肤色有明度的差异。中国人为黄种人，大体都是黄色肤色，但也有偏向白皙的肤色，也有偏向黄黑色的肤色和棕色的肤色。人的肤色、发色、眼睛色是从父母处秉承下来不变的，但也受自然界的影响，四季变化也会改变人的肤色（见表11—24）。

表11—24　　四季变化的色彩搭配

季节	服装色要点	妆容色要点
春季	春天，阳光明媚，在春季盎然的氛围下联想和肤色相应的色彩可以是粉黄色，像农田里的油菜花的花朵颜色，所以春装色彩可以黄色为基调与春天的气氛相和谐，如桃红色、淡蓝色、金黄色等	春天人们的肤色相应呈现粉黄色，故设计妆容时，妆色可以以黄色调或粉色调为主打色。主要去体现模特清新、亮丽及年轻富有朝气，富有活力的精神面貌
夏季	夏天，天空晴朗，树木茂盛，在炎热的夏季人们的肤色倾向于米黄色，所以服装色彩可以蓝色、灰色为基调	夏天人们的肤色倾向于米黄色，烈日的照耀下肤色宜偏深。在设计妆容时，在体现模特本身的肤色的同时再加以蓝色调可增添夏日里的一丝凉爽感
秋季	秋天，秋高气爽，落叶缤纷，一片金黄色的景象，所以服装色彩可以金黄色为主打色，也可用深褐色、米色、橘红色等	秋天人们的肤色经过夏季的日晒，肤色有时宜深。在设计妆容时，可增加巧克力色的点缀，来体现模特的健康感
冬季	冬天，大自然的色彩是冷色调，寒冬季节沉寂、灰茫茫的大地使人们的心情格外凝重。所以服装的颜色可以蓝色、玫瑰色、灰色为基调，也可选择藏青色、黑色、白色、红色等	冬天人们的肤色多为灰褐色或米色。设计妆容时，可增加带有银白色的高光色作为主打色系，通过银色的光泽来体现冬天的寒冷

4. 化妆品色彩与服装色彩搭配（见表11—25）

表11—25　　化妆品色彩与服装色彩搭配

服色	紫色	蓝	绿	黄	橙	棕	红	粉红
眼影色	粉红 紫 蓝 灰	蓝 灰 紫 粉红	绿 紫 灰 粉红	紫 绿 灰 棕	绿 橙红 粉红 棕	棕 绿 蓝 灰	红棕 紫 灰 蓝	粉红 紫 蓝 绿
唇膏色	桃红 粉红 红	红 桃红 粉红 橙	桃红 红 粉红 橙	粉红 橙 桃红	粉红 橙红	桃红 粉红 橙 红	橙红 桃红 红棕	桃红 红 棕

二、服饰搭配

服饰搭配不仅仅是上衣和裙裤的搭配，应该考虑整体统一的效果，如服装和服饰的搭配、服装和服色的搭配、服装和化妆的搭配等。服饰搭配还应该遵循“TPO”原则，根据时间、地点、场合（目的），搭配出正确和谐的服饰效果。

1. 服装搭配知识

（1）要建立个性的着装风格。一位给人们留下深刻印象的穿衣高手，不论是设计师还是名人，其原因只有一个——他们创造了自己的风格。一个人不能妄谈拥有自己的一套美学，但应该有自己的审美品位。而要做到这一点，就不能盲目跟随潮流，而应该在自己所欣赏的审美基调中，加入当时的时尚元素，融合成个人品位。融合了个人气质、涵养、风格的穿着会体现出个性，而个性是穿衣之道的最高境界。

（2）服装要与年龄、身份、地位相符合。西方学者雅波特教授认为，在人与人的互动行为中，别人对你的观感只有 7%是注意你的谈话内容，有 38%是观察你的表达方式和沟通技巧（如态度、语气、形体语言等），但却有 55%是判断你的外表是否和你的表现相称。随着年龄增加、职位改变，穿着打扮也应该与之相称。

（3）要有必备的基本服饰。服饰的流行是没有尽头的，但一些基本的服饰是没有流行不流行之说的，如及膝裙、宽腿长裤、白衬衫等，这些都是“衣坛常青树”，历久弥新，哪怕 10 年也不会过时。这些衣物是衣橱的必备，不仅穿起来好看，穿着时间也长。拥有了一批这样的基本服饰，每年、每季只要根据时尚风向，适当选购一些流行服饰来搭配即可。

（4）选购与身材、肤色、气质能够匹配的服装。专卖店精美的橱窗和优雅的店堂都是经过专业人士精心设计的，其目的就是营造出特别的气氛，突出服装的动人之处。但是，那些穿在模特身上或者陈列在货架上的漂亮衣服不一定适合每一位，因此，要懂得不同的身材、气质、肤色差异，选择适合的色彩和款式，扬长避短，展现顾客魅力。

2. 饰品的搭配

服装的配饰色彩是局部的点缀色彩，起到调整和辅助作用。使服装色彩更加完美，更具风格魅力（见表 11—26）。

表 11—26　　饰品的搭配要点

要点	饰品搭配
色彩	根据服装色来选择或与服装主色调一致，或与服装成强烈的对比色来突显服装色调
风格	要把握每个人的不同风格及想要设计的风格，才能使客人佩戴得体
材质	不同材质的面料使衣服看上去有高档和廉价之分，要保证饰品材质与面料组合中整体协调

续表

要点	饰品搭配
印花与图案	印花和图案的大小应与客人的体型成正比。所选择的印花或图案的颜色要与饰品颜色保持一致
轮廓	轮廓是所穿的衣服外部形态，它决定着体型的直观感，必须确定所选择的样式能改善轮廓和体型
配件	配件是给服装加以点缀的闪光点，选择一些品质精良的配件，配饰的色彩和形状要能突出服装的款式
主题	每个部分要协调搭配，紧扣主题，如领口或袖口增加毛绒材质时整体感偏柔和，选择配饰时不宜取刚硬的材质
头发与化妆	发型可烘托服装的主题，可成为服装型的延伸或与之相协调。故在发型设计中不能忽略发色和服装色及发饰色的协调统一

3. 服装与饰品的关系与饰品分类

（1）服装与饰品的关系。随着现代科技的日新月异、人类观念意识的多元化交融，以及对自我的深度关注，饰物的界定从头面装饰，即首饰，延展到了帽饰、颈饰、领饰、胸饰、腰饰、手饰、腕饰、臂饰、腿饰、脚饰、鞋饰、包饰等，且随着时尚行业的推进，饰物的范畴、材质和表现形式日渐多样化和多元化，服饰配件的定义早已超出了固有的珠宝和饰品的概念。如彩袜、羽饰睫毛、水晶义甲、袖扣、手帕、领带、眼镜（包括隐形彩色美瞳）、伞扇、假发、手机挂饰等，与服装一起最终形成不可割裂的整体造型关系。

（2）饰品分类。这些服装的附件和饰物的色彩及造型，点缀，调和，呼应，平衡，提高整体的效果（见表11—27）。

表11—27　　常用饰物

饰物	饰物分类	作用与效果
头饰	发夹、发髻、发花、头带、发网	在服饰搭配中起着点缀，调和，呼应，平衡，提亮整体的作用；服饰通过多种组合和多样配套，在造型上呈现出有主次、有节奏、有韵律的效果
耳饰	贴耳式、吊坠式、环状式、耳夹	
颈饰	项链、项圈、颈坠、串珠	
手饰	手镯、手链、戒指、袖扣、臂镯	
胸饰	胸花、胸针	
腰饰	腰带、挂刀、佩刀玉佩、带钩、带环等	
脚饰	脚镯、脚链等	
鞋、袜	皮鞋、时装鞋、旅游鞋、半透明连裤袜、透明紧身长丝袜、彩袜	
手套	礼服手套、棉绒手套、皮手套	
帽子	运动帽、遮阳帽、时装帽、休闲帽	

4. 服饰配件的基本造型和选择

(1) 服饰配件的基本造型。服饰配件种类繁多，且受制于材质和工艺的要求和局限。在图案的设计过程中有模仿具象的自然生物的写实派、抽象夸张的写意派和数理形态的几何派等，在形态设计中也有精致细弱和夸张粗强之分。

(2) 服饰配件的选择。首先要衬托对象的个人魅力和衣着美，这是服饰配件搭配环节中最基本的出发点和审美要求。

(3) 常用的饰物的使用介绍：

1) 项链。项链有极强的装饰作用，是一种普遍佩挂的饰品，根据长短可分为颈链和项链。可根据对象的脸型、脖颈的粗细长短和服装来选择项链，服装领子造型的关系也是重要的考虑因素。比如，颈短的人就应选择 V 字形衣领，如果选择细长的珠链，其形态最好由大到小，逐渐形成层次渐变，这样能增加颈部的视觉长度；颈长的人可穿一字形衣领，所戴项链不宜过长，可选择多串式样简单的颈链一起佩戴。

2) 耳饰。耳饰也是人们经常选佩的饰品，种类有很多，如耳钉、耳坠、耳环、耳夹等。

佩戴前脸形是考虑的首要因素，同时耳饰对脸形起到一种视觉平衡作用，又具有极强的修饰作用。

一般来说，理想的脸形是椭圆形脸，适合带任何款式的耳饰。圆形脸，可配长形耳环和垂坠耳环，塑造上下伸展的视觉效果，看起来更加成熟和俏丽；方形脸，适宜选用椭圆形、花形、心形的耳环，可以很好缓和修饰脸部的棱角感；长形脸，最好选用密贴耳朵的圆形耳环，减少纵向延展感；菱形脸，可以选择下端宽的耳环，用来平衡下巴过尖的感觉，水滴形、三角形或耳钉都适宜佩戴。脸庞偏大，最好佩戴较大的耳环或三角形、水滴形耳环，以减小脸颊的宽阔感；而小脸是最上镜的脸形，适宜中等大小的耳环，最好不要超过耳垂 2～3 cm。

常用的服饰品有鞋、帽、袜、腰带、围巾、领带、眼镜、胸花、别针、手套、手表、提包、项链、头饰、耳环等。

5. 服饰的选择搭配（见表 11—28）

表 11—28　　各种场合的服饰色彩搭配

场合	服饰色彩搭配规律
职业场合	职业（商务）场合，要求女性不过度展现性别特征，场合的一般氛围是严肃的、节奏快速的、思维冷静的，有时甚至是强硬的、严格的、针锋相对的。可选择灰色调、蓝灰色调等
非职业场合	非办公场合的商务洽谈，氛围介于职场和休闲之间，场合的氛围是开放的、友好的、互相尊重的、思路清晰的。可选择明度高的灰色调

续表

场合	服饰色彩搭配规律
时尚休闲场合	这个场合用自己最佳的色彩搭配，来表达自己独有的个性再适合不过了。结合当季的流行色彩，会更出色
运动休闲场合	色彩搭配要体现轻松愉悦，明朗活泼，朝气活力，健康动感
约会场合	约会因内容不同会有不同的要求，较正式的约会要体现时尚又不失端庄。亲密朋友约会，要体现浪漫、温情、细腻以及女性特质
晚会场合	灯光闪烁是晚会或宴会的一大特点，一般要求突出华丽、典雅、高贵、时尚、耀目感觉的色彩搭配

相关链接

季节印象配色法

春天会让人们想起桃花那样的淡色调，郁金香那样的明亮色调，它们宛如春日里的阳光，轻柔恬淡，所以，像春天的花园里，粉色、黄色、黄绿色等明亮色彩组合，都能充分表现春天的感觉。

夏天会让人们想起火热的阳光，碧蓝的海滩，所以有活力的色调和健康明亮的色调较适合夏季的印象。如红色与橙色、蓝色与绿色等。

秋天会让人们产生柿子、枫叶、麦穗等果实成熟的感觉，应搭配充满深沉而充实的暗色调。如红色、橙色、黄色、金色等。

冬天是白雪皑皑、枯木被冻僵的无色季节，灰暗的色调，像寒冷的夜空，而在圣诞节，却充满绿与红搭配的生动感。色调搭配有白色与黑色、红色与绿色等。

第12章 美容专业英语

学习单元1　美容院专业英语词汇

学习单元2　美容院常用接待英语会话

学习单元 1　美容院专业英语词汇

【学习目标】

1. 了解熟悉常用美容工具类词汇
2. 熟悉常用美容产品类词汇

【知识要求】

一、常用美容产品类词汇

skin care　护肤
toner　爽肤水
sun screen　防晒霜
night cream　晚霜
facial scrub　磨砂膏
exfoliating scrub　去死皮
alcohol-free　无酒精
essence　精华液
peeling　剥离式
repair　修护
cosmetics　彩妆
foundation　粉底
loose powder　散粉
brow pencil　眉笔
eye shadow　眼影
lipstick　唇膏
facial cleanser　洗面奶
moisturizer　保湿霜
day cream　日霜
facial mask　面膜
pore cleanser　去黑头
lotion　润肤乳
anti-wrinkle　抗皱
oil-control　控油
makeup remover　卸妆液
waterproof　防水
concealer　遮瑕膏
pressed powder　粉饼
shading powder　修容饼
liquid eyeliner　液体眼线液
mascara　睫毛膏
lip gloss　唇彩

manicure　美甲（手甲）
nail polish　指甲油
shampoo　洗发水
mousse　摩丝
pedicure　美甲（趾甲）
nail polish remover　洗甲水
hair conditioner　护发素
styling gel　发胶

二、常用美容工具类词汇

applicator　工具
beeswax　蜜蜡
moxibustion　艾灸
cuticle remover　指甲倒刺剔子
ear-pick　挖耳勺
sponge puffs　海绵扑
facial tissue　纸巾
cotton pads　化妆棉
alcohol　酒精
airbrush　喷枪
roller　卷发器
slimming stick　减脂棒
cosmetic brush　粉刷
lash curler　睫毛夹
oil-absorbing sheets　吸油纸

三、常用美容相关词汇

biological　生物学的
aesthetics　美学
virus　病毒
protein　蛋白质
vegetable　蔬菜
appetite　食欲
organ　器官
balance　平衡
treatment　治疗
cellulite　脂肪团
hepatitis　肝炎
pregnancy　怀孕
heart pacemaker　心脏起搏器
test　测试
hygiene　卫生学
bacteria　细菌
carbohydrate　碳水化合物
vitamin　维生素
fruit　水果
allergic　过敏的
heal　治愈
maintenance　保养，维护
chafing　皮肤发炎
fatty substance　脂肪物质
heart disease　心脏病
dandruff　头皮屑
voltage　电压
program　计划

protect 保护
highlight 提亮区
get rid of 祛除，丢弃
swell 肿胀
dynamics 力学
waistline 腰围
hipline 臀围
jawline 下颌的轮廓
adolescence 青春期
varicosity 静脉曲张
eyebrow tattooing 文眉
fat removal massage 抽脂按摩
simple obesity 单纯性肥胖
waxing hair removing 蜜蜡脱毛
malignant melanoma 恶性黑色素瘤
nonmalignant melanoma 良性黑色素瘤
party makeup and hair styling 宴会化妆与发型
establish the brand image 树立品牌形象
purpose 目的，意图
coarse 粗糙的
stimulate 刺激
paralysis 麻痹，瘫痪
sport measure 运动量
chest circumference 胸围
thigh width 大腿围
grooming 修饰
expiration date 产品有效期
photosensitive 感光性的
eye line tattooing 文眼线
defatting 减脂（术）
rinse 洗涤
combination skin type 混合性皮肤类型

学习单元 2 美容院常用接待英语会话

【学习目标】

1. 能用英语进行对话
2. 熟练掌握美容常用句型

【知识要求】

一、句型（Sentences）

1. Her beauty was enhanced by make－up.

化妆使她更美丽。

2. This is a beauty salon located in a charming park.

这是一家坐落在迷人公园里的美容院。

3. Someone like meat, someone don't.

有的人喜欢吃肉，有的人却厌恶它。

4. We should try our best to obey the rules.

我们应尽量按照规则行事。

5. This beauty salon will open at 9am, March 1st 2014.

美容院将于 2014 年 3 月 1 日早上 9 点开始营业。

6. I'd like to have a cup of coffee, and a glass of water.

我要一杯咖啡，还要一杯水。

7. There is no doubt that stress will cause physical disorders.

紧张无疑会导致身体疾病。

8. Try to relax and keep calm.

尽量放松保持镇静。

9. After stepping into our beauty salon, you will see an entirely new look.

步入我们的美容院，你会看到一个完全崭新的面貌。

10. How often do you go to a hairdresser?

你多长时间去一次理发厅？

11. Do you go to a hairdresser or a beauty salon more than twice a week?

你每周去理发厅和美容院多过 2 次吗？

12. This beauty salon guarantees that costumers will reduce at least 5KG after receiving one course of treatment.

这个美容院保证消费者用一个疗程就可以减至少 5 kg 的体重。

13. She lost at least ten pounds in the first course of treatment.

她在第一个疗程中至少减轻了 10 磅重。

14. No chocolate, please. I'm on a diet.

请不要放巧克力，我在节食。

15. If you don't have breakfast, you cannot lose weight.

如果你不吃早餐，你不会减重。

16. To lose weight, you should keep the fatty food away.

你要减肥，就别吃多脂肪的食品。

17. Wait a moment, please.

请稍等。

18. How many acupuncture points are there in the human body?

人体有多少穴位？

19. Are there any good methods to find the correct position of a acupuncture point?

那有什么好办法可以使我们正确找到穴位？

20. I know it is essential to find out the accurate acupuncture points during the massage.

我知道在按摩中找到确切的穴位很重要。

21. Could you help me to find my glasses?

你能帮我找到我的眼镜吗？

22. This is not good enough, so I want to improve it.

这还不够好，我要加以改良。

23. I am busy today. Could you please have my hair done?

今天我有事，能帮我整理下头发吗？

24. I suggest you doing some light exercises.

我建议你做些轻微的锻炼。

25. 3000 BC, acupuncture was first used in China.

公元前 3000 年中国人首次使用针灸。

26. She likes to walk. It's good exercise.

她喜欢散步，这是很好的运动。

27. She sat in front of the mirror, and painted her eyebrows lightly with an eyebrow pencil.

她坐在镜子前面，用眉笔轻轻地描着眉毛。

28. Would you like bust treatment too?

你也喜欢这个胸部护理吗？

29. I want to do a breast treatment. But is it effective?

我想做健胸护理。但是会有效果吗？

30. It is effective generally. Sometimes, the effect is perfect.

一般情况会有效果，有时效果会更好。

31. You may have some simple breast massage in your spare time.

你平时可以做一些简单的胸部按摩。

32. Is it painful?

痛吗？

33. May I have my ears pierced here?

这里能打耳洞吗？

34. May I have two holes in one side?

每侧各打 2 个洞可以吗？

35. Why is it painful?

怎么会有胀痛？

36. Do you like the eyebrow I have painted for you?

你还满意我为您画的眉毛吗？

37. You must eat food with vitamin A and vitamin B_2.

您应多吃一些含有维生素 A 和维生素 B_2的食品。

38. Is there a beauty parlor nearby?

这儿附近有美容院吗？

39. How are you feeling?

感觉怎么样？

40. Skin care is a preventive measure to retard the aging effects of the environment on the skin.

皮肤护理是一种有效减缓环境带来的皮肤衰老的措施。

41. I want to remove my black circles.

我想做去除黑眼圈。

42. Only when you get rid of the dead skin on your face, will your beautiful new skin reveal itself.

只有去掉了你面部的死皮，你漂亮的新皮肤才能显露出来。

43. You can enjoy the music and have a nap during this massage.

在按摩的时候你可以听听音乐，或者打个盹。

44. The makeup should enhance the natural beauty, but should not appear artificial.

化妆应该强化自然美，但不露人工的痕迹。

45. Sheer pink is lovely and soft for your lips.

透明感的粉红色非常可爱，对您的嘴唇来说非常温和。

46. Dark gray eye shadow works well for defining your eyes.

深灰色的眼影对强调您的眼睛来说非常有效。

47. Application of nail polish is most often the final step of the manicure service.
涂指甲油通常是美甲服务的最后一步。

48. Nail polish colors are also affected by fashion trends and fabric colors.
甲油的颜色也受到时尚潮流和搭配服装颜色的影响。

49. I am going to use a nailbrush to clean your nails.
我会用一个指甲刷来清理您的指甲。

50. You must get enough sleep.
你应保证充足的睡眠。

二、对话(Dialogs)

1. A：What are the basic skin types?
基本的皮肤类型有哪些?

B：The types of skin are normal, oily, dry and combination.
皮肤类型有中性、油性、干性和混合性。

A：How are they determined?
怎么鉴别它们呢?

B：They are determined according to the degree of oiliness or dryness.
根据油性或干性的程度，可以鉴别它们。

A：How can I determine my skin type?
那我怎么鉴别我的皮肤类型?

B：Wash your face and wait for 30 minutes. Then put a single piece of tissue paper against each area of your face：forehead, nose, chin, and cheeks. Your oily areas will leave oil on the tissue paper.
将脸洗干净后等 30 分钟，然后用一张面巾纸贴住面部的几个区域：前额、鼻子、下巴和两颊。油性区域会在面巾纸上留下痕迹。

2. A：Would you like to have your moles removed?
您是要做脱痣吗?
Which part of the moles would you like to remove?
您的痣在什么部位?

B：No, I just want to have the spots removed.
不，我想祛除脸上的色斑。

Could you remove these spots? How about the effect?
这块斑能祛除吗？效果怎么样？

A：The effect is excellent, madam. We are now using the freckle－removing cosmetics.
效果非常好，女士，我们使用的是祛斑产品。
Please use sunscreen oil with enough SPF (Sun Protection Factor). You should be very careful in the coming 2 weeks. Carry the sunscreen oil with you to avoid being browned.
请使用防晒系数足够高的防晒乳液，两周内，你需要很注意。带上防晒油，以免被晒黑。

B：Ok, I will.
好的，我会的。

3. A：I want to buy some skin products. Would you recommend me where I can buy them?
我想买一些面部产品。你推荐我去哪里买呢？

B：What products do you want to buy?
您想买什么产品呢？

A：I want to buy anti-wrinkle cleansing milk, moistening lotion, performing twenty-four hour cream, anti-wrinkle cream, effect moistening cream, and sunscreen cream.
我想买抗皱洗面奶、保湿乳液、24 小时显效面霜、抗皱面霜、高效保湿霜和防晒霜。
Oh, so many things. Why don't you order them online? It saves your time.
哇，好多东西。为什么您不在网上买呢？这样节省时间。

B：Good idea.
好主意。

4. A：Can you give me some advice on my skin care?
你能给我一些皮肤护理的建议吗？

B：Sure. The first step is getting to know your skin type.
当然，第一步要知道您的皮肤类型。

A：My skin burns and breaks out occasionally.
我的皮肤总是发热，偶尔会长痘痘。

B：In that case，you have combination skin. Foaming cleansers are gentle enough for combination skin.
这样的话，您是混合性皮肤。泡沫洗面奶对混合性皮肤来讲足够温和。

A：What is the next step?
下一步是什么？

B：The second step is getting serious about skin maintenance. A special mask will be very helpful to your skin.
第二步是重视皮肤的保养。特效面膜会对您的皮肤很有帮助。

A：Then，what's the next?
然后，下面呢？

B：The last step is moisturizing. Moisturizer will smooth and soften your skin，and help your skin maintain ideal moisture balance.
最后一步是保湿。保湿霜将会令你的皮肤光滑柔软，并帮助您的皮肤保持理想的水分平衡。

5. A：Do you have manicure service for baby?
我的小孩可以修指甲吗？

B：Yes，of course.
可以的。

A：Please do it gently.
修甲时，请你的动作轻一点儿。